THE BLACK HOLE WAR

My Battle with Stephen Hawking to Make the World Safefor Quantum Mechanics

我與史蒂芬・霍金的理論之戰
力保量子力學安全無虞

Leonard Susskind

李奧納德・瑟斯坎——著

畢馨云——譯

Boulder Media 大石文化

李奧納德・瑟斯坎《黑洞戰爭》各界讚譽

「瑟斯坎是個說故事高手，事實上他寫學術文章的方法也像在說故事一樣……他和學生的討論方式，並不是像大家想像中的充滿數學推導和計算，而是大部分時候像在聊天，偶爾畫些圖，物理學家稱這樣的研究方式為『思想實驗 』，在本書中便有許多這樣的示範。」

——葉振斌，國立東華大學物理系副教授

「這本書成功地以外行人能理解的方式解釋了這個主題……書中包含了豐富的軼事，充分展現了〔瑟斯坎〕的機智和說故事的能力。」

——尚・卡羅（Sean Carroll），理論物理學家，《潛藏的宇宙》作者

「太過癮了……條理分明又精采有趣……瑟斯坎就像最會教書的那種老師，讓學習變得非常好玩。他非常擅長比喻，又深諳文字的運用，把最艱深的概念駕馭得服服貼貼。」

——傑西・科恩（Jesse Cohen），《洛杉磯時報》書評

《華盛頓郵報》：「《黑洞戰爭》是把黑洞天文物理學的怪異世界講解得最淋漓盡致的書。加上你還可以看到一群真正的科學家如何解決一個基本的物理問題，這些正是造就一本好書的必要條件。」

——詹姆斯・特菲爾（James Trefil），美國物理學教授，科普作家

《紐約時報》：「瑟斯坎和霍金兩位物理學大將針對黑洞究竟會不會銷毀資訊，論戰了許多年。這場理論大戰的癥結，將決定我們對宇宙的根本理解。瑟斯坎這本書描述了黑洞的基本原理，以中學程度的幾何學、潮汐力和蝌蚪作為類比，還附上簡單易懂的圖解。這一切都證明了霍金是錯的。」

《時代》雜誌：「你可以認為這場戰爭只是兩個書呆子在吵架，沒什麼好看的，但這樣你就沒機會了解瑟斯坎解釋宇宙為什麼是個全像圖。」

——列夫・格羅斯曼（Lev Grossman），美國小說家，《時代》雜誌首席書評

《洛杉磯時報》書評：「這是一個科學家以邊緣策略打一場理論戰的故事……《黑洞戰爭》充滿了對話的溫度，彷彿瑟斯坎和我們同桌用餐，席間講述許多大科學家的故事，讓大家聽得津津有味。霍金和費曼先後出場，展現傳奇人物的風範……而且瑟斯坎使用我至今看過最厲害的視覺化隱喻，說明了弦論的多重維度，光為了這一點就值得你買這本書。」

——傑西・科恩（Jesse Cohen），科普作家

加拿大《環球郵報》：「瑟斯坎以非常高明的手法，把無比複雜的相對論、量子力學、弦論和黑洞理論舉重若輕地解釋出來，彷若無物地穿梭在微觀和巨觀世界之間。」

——席拉・瓊斯（Sheila Jones），理論物理學者，科普作家

明尼亞波利斯《明星論壇報》：「瑟斯坎優異地涵蓋了一片非常驚人的領域，從愛因斯坦的相對論到熱力學定律，再到弦論宇宙學背後的奇思妙想。論戰終於結束時，讀者不但享受到一場豐富的物理學饗宴，也對這門科學有了紮實的認識。」

——黛博拉・布魯姆（Deborah Blum），美國科學記者

《自然》期刊：「《黑洞戰爭》鉅細靡遺地敘述了這場歷時悠久然立意良善的論戰。瑟斯坎巧妙地說明了這個物理學議題背後的深奧細節，間而穿插趣聞軼事，使專業問題讀起來興味盎然。」

——保羅・戴維斯（Paul Davies），亞利桑納州立大學理論物理學教授

《新科學人》雜誌：「瑟斯坎是一位樸實無華、氣定神閒、言談風趣的導遊，帶我們置身理論物理學令人興奮的第一線戰場。」

——亞曼達・蓋夫特（Amanda Gefter），科普作家

《物理世界》月刊：「瑟斯坎和理查・費曼一樣，都對講述趣聞軼事很有一套……《黑洞戰爭》的成功展現在兩個層面：其一是以絕佳的說故事技巧寫成了一本引人入勝的回憶錄，其二是對某些難以捉摸但十分迷人的科學觀念做了令人嘆服的介紹。」

——約翰・普瑞斯基爾（John Preskill），加州理工學院理論物理學教授

《紐約時報》書評：「燒腦的傑作……完全改變你對宇宙的認知……對於這些令人頭暈的觀念，大概沒有人能比瑟斯坎解釋得更清楚了。」

——喬治・強森（George Johnson），科學記者

目錄

科學典範的嬗遞：《黑洞戰爭》導讀／陳丕燊 9

前言 21

第一部 風雲變色

1 第一槍 35

2 暗星 45

3 不是老祖宗的幾何學 71

4 「愛因斯坦，別指示上帝該做什麼」 101

5 普朗克創造了更好的衡量標準 139

6 在百老匯的酒吧裡 147

7 能量與熵 157

8 惠勒的子弟兵（或：黑洞裡可以裝進多少資訊？） 175

9 黑光 191

第二部 突襲

10 霍金的資訊是怎麼遺失，又不知從何找起的 213

11 荷蘭抵抗運動性 229

12 誰會在意？ 237
13 僵持不下 249
14 阿斯本的小衝突 263

第三部 回擊

15 聖巴巴拉之役 271
16 等等！把重接好的神經迴路還原吧 305
17 亞哈船長在劍橋 311
18 宇宙是個全像圖 331

第四部 縮小戰線

19 大規模推論性武器 351
20 愛麗絲的飛機（或：可看見的最後那個螺旋槳）......399
21 數黑洞 411
22 南美戰勝 441
23 核物理？你在開玩笑吧！ 471
24 謙卑 485

後記 495
謝誌 502
名詞解釋 503

THE BLACK HOLE WAR

科學典範的嬗遞

《黑洞戰爭》導讀

陳丕燊

國立臺灣大學

梁次震宇宙學粒子天文物理學研究中心

眾所週知，物理學在 20 世紀發生了兩大革命：相對論與量子力學。前者是由愛因思坦（又譯愛因斯坦）單獨創造完成的。他在 1905 年提出了狹義相對論，把千百年來人類對於時間與空間互相獨立及　對性的概念打破，讓人們了解到時間與空間的一體性——「時空」（spacetime）的概念因而誕生，他並且告訴我們，時鐘走的快慢及尺度的長短不是絕對的。十年後，愛因思坦在 1915 年發表廣義相對論，進一步把重力現象和時空的扭曲劃上等號。這是人類從牛頓以來對宇宙認知的最大改變。另一場科學革命——量子力學——雖然起始於 1900 年普朗克（Max Planck）

基於解決黑體輻射的數學需要，但真的主張光是由一顆顆「量子」（quanta）所構成（如今我們稱它為「光子」（photon））的人是愛因思坦（也是在 1905 年）。量子力學雖然是由他與普朗克所發起，但最終版則是由 20 年後的一群後起之秀，特別是海森堡（Werner Heisenberg）、薛丁格（Erwin Schroedinger）等人所完成。量子力學極為成功的解釋並預測各種微觀世界（原子、核子、基本粒子）的物理現象，但更重要的是，它建立在「機率」的概念上，最有代表性而且具象化的說明就是海森堡的「測不準原理」（Uncertainty Principle）。有別於傳統物理學建基於決定論（determinism）的認識論（epistemology），量子力學主張物理反應機制在本質上就是測不準的，而量子力學的方程只能預測事件發生的機率。這些推翻傳統思維的革命性概念，都是著名的科學哲學家湯瑪斯 · 孔恩（Thomas Kuhn）所強調的「科學典範嬗遞」。

必須指出的是，百年以來相對論與量子論早就廣泛應用在我們的日常生活之中。沒有相對論，就沒有精確的衛星定位系統，而沒有量子力學，就沒有半導體晶片、電腦、手機，更別說量子電腦了。換句話說，物理學革命，或是科學典範的嬗遞，並非只是一種形上學的不同品味。正相反，相對論與量子力學的典範轉移使我們對宇宙自然的描述與預測更為精確，應用更加廣泛。

孔恩在 1962 年發表了他的名著《科學革命之結構》（Structure of Scientific Revolutions），書中他反駁一個科學史學界長期以來的錯誤觀念，強調史上科學思潮的改變並不是每天逐漸在發生的。正相反，科學的發展總是在長時期中尊循某一個已經為眾所接受的典範（paradigm），持續用它來分析新的實驗、解釋新的現象，直到它出現裂痕。一開始，科學家們典型的反應就是試圖修改既有典範的細節，但如果無論如何修改，既有的典範都不能自圓其說的時候，真正的科學革命就發生了，它以全然不同的概念來成功的詮釋自然，不但相對論、量子力學如此，牛頓的萬有引力、馬克斯威（又譯馬克士威）的電磁場理論也都是歷史上的科學革命與典範的嬗遞。有趣的是，孔恩的主張本身也成了科學哲學（philosophy of Science）的新典範。半個多世紀以來，它不只影響了哲學家，也影響了無數的物理學家。譬如諾貝爾獎得主史蒂芬。懷恩伯格（Steven Weinberg，又譯溫伯格）就自謙他的電弱統一場論（Electroweak Unification Theory）並非孔恩意義下的科學革命，而比較像歷史上英國克倫威爾（Oliver Cromwell）的光榮革命（Glorious Revolution）。我之所以會如此不厭其詳的解釋這些，正是因為《黑洞戰爭》一書的作者列尼．瑟斯坎（Leonard Susskind，坊間又譯色斯金．蘇士侃）（之前我在史丹福大學的同事），雖然沒有明言自己是孔恩主義的信徒，但是他在這本科普書中所要傳達給讀者的最關鍵訊息，就是在 20 世紀末曾經又發生了一次科學典範的嬗遞。這裡需要強調，科學的典範革命只偶爾發生過幾次，在歷史的長河中多半的時候，科學家們都是承襲當時的典範做理論的計算與實驗的量測的。這和政治及社會的演化過程十分相似，譬如 1789 年的法國大革命及 1917 年的蘇維埃布爾雪維克共產革命，也都是數百年才會發生一次的。

物理學界有一個非常光榮的傳統，那就是做出過歷史性發現或大宗師級的物理學家，願意花自己寶貴的時間來撰寫科普書籍，和社會大眾分享科學最前沿且令人振奮的發展。從 20 世紀上半葉的愛因思坦、海森堡、薛丁格，到下半葉的霍京（又譯霍金）、羅哲爾·潘若斯（Roger Penrose）、馬丁·瑞斯（Martin Rees）等等，不一而足。而其中最膾炙人口的當屬霍京的名著《時間簡史》（A Brief History of Time）了。本書作者瑟斯坎是一位很有成就的理論物理學家，在過去 50 年對粒子物理及黑洞物理領域做出了許多貢獻，引領一代潮流，對物理學界有很大的影響。尤其是在黑洞「信息遺失悖論」（black hole Information Loss Paradox）這個論戰中，他提出了「全像原理」（Holographic Principle），終於戰勝偉大的史蒂芬．霍京（Stephen Hawking），奠定了他在物理學歷中的地位。瑟斯坎承襲了這個科普寫作的優良傳統，寫過幾本可讀性極高的科普書，但其中以這本由創造歷史的本人來親自回顧黑洞戰爭的歷史，以生動、淺顯、幽默的筆法娓娓道來，可讀性極高。

《黑洞戰爭》全書除了前言與後記之外，共有 24 章，分為 4 部。在「前言」中，瑟斯坎用回顧的方式解釋一部科學史就是一個科學典範嬗遞的歷史，預告了本書的主旨。第一部「風雲變色」（The Gathering Storm）主要是在舖陳這場黑洞戰爭爆發前戰雲密布的氛圍，但作者先用跳接的方式從 1983 年黑洞戰爭爆發的第一槍說起（好像盧溝橋七七事變一樣），增加了故事的戲劇性效果。這一年在舊金山的一個閉門會議中，1999 年諾貝爾獎得主傑拉．特胡夫特（Gerard t'Hooft）及本書作者正式質疑霍京在 1976 年就已經提出的黑洞信息遺失悖論。但作者同時利用這個機會，向讀者用最淺顯易懂的文字解釋相對論及量子力學包括黑洞的基本概念，而這些都是該書之後需要用上的。值得一提的是，作者在這第一部中對狹義相對論的解釋是我所見過最深入淺出，而且最能讓讀者理解它的真諦的介紹。甚至他對廣義相對論的時空扭曲，以及黑洞與蟲洞（愛因思坦——羅森橋（Einstein-Rosen Bridge））這些科幻電影裡常常出現的概念，也有很明確的解釋。作者對於量子物理現象，尤其是波粒二象性（wave-particle duality）的解釋也極為直觀易懂，這個議題在第一部就提出，其實也是為了瑟斯坎在黑洞戰爭最後致勝的概念預作鋪路。第一部在結束前介紹能量與熵（entropy）的關係，這也是了解黑洞信息遺失的重要關鍵。其實不只是第一部，作者在全書中經常不厭其煩的例用「思想實驗」（thought experiment）深入淺出地解釋物理概念。

本書的第二部「突襲」（Surprise Attack）正式開始解釋霍京在 1976 年所發起的攻擊。他主張信息一旦穿越了黑洞的事件視平線（Event Horizon，又譯事件視界）就會永遠被摧毀，無法經由霍京輻射還原到黑洞外的世界，但這個主張嚴重違反了量子力學「信息守恆」的金科玉律。這裡作者提出了他在 1983 年第一次遭遇攻擊時的反應，為了保護量子力學，他想到四種可能性：1. 黑洞其實並不會蒸發，2. 黑洞蒸發到最後會剩下一個殘骸（remnant），3. 嬰兒宇宙（baby universes）導致黑洞不斷的繁衍，4. 澡盆理論。但這些可能性都被霍京預先想過並且一一駁回了。值得一提的是，在 1983 年爆發黑洞戰爭之後的六年中，戰況沒有太大的進展，而是處於一種膠著狀態。但是作者在一場 1988 年在舊金山的科普演講中意識到問題的徵結，他自問，在面對霍京提出的挑戰時，廣義相對論的等價原理（Equivalence Principle）和量子場論（量子力學的進階版）的信息守恆原理是否可以和平共存？本書的第二部結束前，作者描述 1990 年他和霍京在美國科羅拉多州阿斯本（Aspen）的一場研討會再度相遇，但他在會議中對信息遺失悖論的分析反而使他看起來像是支持霍京的立場，在這次的阿斯本戰役中霍京得到了勝利。

第三部「回擊」（Counterattack）從 1993 年「聖塔巴巴拉戰役」的回顧開啟，這是黑洞戰爭（對瑟斯坎而言）發生後的十週年。為了一場在加州大學聖塔巴巴拉分校舉行的研討會中作出決定性的一擊，瑟斯坎和他的博士後、博士生一起想出了一個「黑洞互補原理」（Black Hole Complementarity），主張由於參考座標的不同，一個以自由落體方式掉進黑洞的 A 可以分毛無傷的穿越事件視平線，而懸在黑洞外的觀察者 B 卻認為 A 被視平線周邊超高的霍京溫度燒為灰燼。不但如此，灰燼在視平線上立即被打散後重新以霍京輻射攜帶著 A 所有原有的資訊回到黑洞以外的世界來。正像澡盆裡滴進一滴墨水一樣，雖然它的資訊逐漸擴散到整盆水裡，但最後還是保存在蒸發的原子分子之中。作者們主張，由於事件視平線的存在，A 和 B 之間無法溝通，所以二者的不同認定：一生一死，是無從判斷正誤的，就像光的波粒二象性一樣，這是一物之兩面，是互補而不是非此即彼的。這樣的說法合理嗎？合邏輯嗎？的確，連作者都無法說服自己。即使無法讓眾家武林高手接受，瑟斯坎決定至少要讓大家知道自己有這種看似瘋狂的想法。但令作者喜出望外的是，在會議結束前的一個「民意測驗」中，贊成黑洞信息不會遺失，而是隨著霍京輻射攜帶出來，持這個看法的物理學家有 39 位，而贊成霍京主張信息遺失的只有 25 位（贊成黑洞殘骸可以保存信遺的有 7 位），瑟斯坎終於第一次得勝。在此我必須強調，科學的真理是基於理論計算及實驗數據的實證結果，而不是投票的多數所能決定的，所以這種問卷調查只是科學家茶餘飯後的笑談而已。但認真的說，黑洞互補原理的確不夠成熟，還需要一個更具體的、由數學形式規範的指導原則。這個指導原則在本書作者 1994 年訪問劍橋大學及荷蘭烏得勒支大學（University of Utrecht）的特胡夫特教授之後終於有了一個重要的突破，這就是他們共同（或分別）發現的「全像原理」（Holographic Principle）。

全像原理主張一個系統的資訊並不是儲存在它的體積內，而是儲備在包含它的球面上。這就像光學的全像投影技術一樣的，透過雷射的干涉作用來拍攝一個三維空間的影像，然後把資訊儲存在二維的球面上，可以還原該物件的三維影像！換言話說，一個物理系統的資訊容量並不是正比於它的體積，而是正比於包圍它的球面積。一個讀者可能熟悉的例子是周杰倫曾經在某個演唱會中和由全像投影成像、栩栩如生的鄧麗君對唱。我相信您可以在網上找到這個鏡頭。

本書要說的故事終於到了收尾的階段。作者在第四部「縮小戰線」（Closing the Ring）中興奮的告訴我們他的最後勝利。作者先舉例說明歷史上科學典範的嬗遞常常是先有某位科學家提出令人訝異的非正統觀點來，然後其他的科學家進一步用更精確的數學方式證明它。作者以愛因思坦在 1905 年提出的光量子假說做例子，它直到 20 年後量子力學的最終成熟版出現後，才能夠圓滿解釋光的波粒二象性。另一個很好的例子是黑洞的熵。雅各．貝根斯坦（Jacob Bekenstein） 首先提出黑洞有熵的概念（這是一個熱力學的概念，完全在廣義相對論的範疇之外），這已經令人感到驚訝了，但更令人驚訝的是，他主張黑洞熵正比於黑洞的表面積（而不是體積）！霍京起初也是持懷疑態度的，但是他把廣義相對論和量子場論結合在一起，用嚴格的數學方程式不但發現黑洞有溫度，同時透過熟知的熱力學中溫度與熵的關係，把貝根斯坦的「正比於」的概略形式補強為精確的「等號」：黑洞熵等於黑洞表面積除以 4 倍的普朗克長度（Planck length ～ 10^{-35} 公尺）平方。

作者表示，類似的情況再度發生在全像原理的發展上。在他和特胡夫特（分別）提出全像原理不久，弦論（String Theory）專家提供了它的數學基礎。為了解釋這個重要的發展，作者在第四部花了不少篇幅解釋弦論的基本概念。為了數學上的自恰，弦論引進了 9 維的空間和 1 維的時間（物理學家一般以 9+1 維空間來稱呼它）。有了基本概念後，作者說明關鍵性的第一步是喬．普欽斯基（Joe Polchinski）發現弦論中存在減少一個維度的薄膜（Membrane，弦論專家把它縮寫為 Brane），類似我們身處的 3 維空間中的一張 2 維的紙，在普欽斯基的 D 膜（D-Brane）理論中，所有基本粒子的量子作用都只能活躍在膜上，只有重力作用可以進入額外維度的空間。之後弦論專家們，特別是阿根廷裔的茂德希納（Juan Maldacena）的發現，加上愛德華．威頓（Edward Witten）的進一步工作，證明在某種特定的「反迪希特時空」（Anti-de Sitter Space，又譯「反德西特空間」）幾何下的黑洞解，它的 3 維重力場物理對應於黑洞 2 維表面上的量子力學。有了這個嚴格的數學「證明」，全像原理終於找到了數學的精確規範。

茂德希納的發現為全像原理的假設劃上了可以證明的句點。瑟斯坎終於在 1998 年南美洲智利的一場戰役（研討會）中大獲全勝，但是直到 2004 年霍京才正式改變自己的想法，認為信息不會遺失，這也就間接承認他在 1976 年提出的看法是錯的。

但是黑洞戰爭真的如作者所說的已經結束了嗎？首先我們需要問，黑洞互補原理與全像原理之間真的是一對一的對應關係嗎？其實不然。全像原理對於資訊（能量）掉進黑洞時，是否會在穿越事件視平線的第一時間就化為灰燼，並沒有持任何立場。如果情形真的是這樣，那麼要如何解釋所有物理學家都同意的，在黑洞的中央有一個時空曲率無限大的奇點（singularity，又譯奇異點）？潘若斯正是因為證明了廣義相對論的時空奇點定理，因而在理論上預測黑洞的存在，而榮獲 2019 年諾貝爾獎的。曲率無限大就等於質量密度無限大，這表示黑洞的質量集中在原點，所以黑洞霍京蒸發的燃料不可能只是瑟斯坎所主張的在邊界上現買現賣那麼簡單。的確，在 2012 年普欽斯基及合作者就提出質疑，認為瑟斯坎的黑洞互補原理所引用的三個假設互相間並不能自恰。他們加以修正後主張事件視平線上存在一堵火牆。但是這個「火牆假說」（Firewall Conjecture）後來在 2015 年，被我和唐．佩舉（Don Page）及其他共同作者推翻了。進一步探討，我們注意到瑟斯坎的黑洞互補原理和百年前波爾（Niels Bohr，又譯波耳）的古典量子互補原理有著本質上的差異，甚至和著名的薛丁格在量子疊加態下半死半活、亦死亦活的貓，也有本質上的差異。那就是，古典與量子的互補，或是生死疊加狀態的貓，這些概念都有提供邏輯的連貫性與可檢驗的運作性。但瑟斯坎的黑洞互補原理中 A 到底是被化為灰燼還是無害通過，A 和 B 雙方各執一詞，卻無法檢驗！我個人的看法是，A 和 B 應該可以達成共識，那就是 A 的確是無害通過視平線而沒有化為灰燼。這是因為他們都應該知道比爾．翁汝（Bill Unruh）1976 年的著名發現：以自由落體的加速度下墜到黑洞的觀察者不會感受到霍京溫度，這是一個事實，不會因為觀察者的座標系不同而得到不同的結論。所以不但掉進黑洞的 A 沒有化為灰燼，而且懸在黑洞外的 B 在測量出 A 以自由落體的加速度下墮黑洞時，他應該也會得到相同的結論。換句話說，雖然從他的角度會看黑洞表面有很高的霍京溫度，但 A 不會感覺到高熱的。翁汝是我的好朋友和合作者，我確信他一定也能夠看出瑟斯坎的這個思路盲點。但我不免覺得奇怪，為什麼整個黑洞物理學界都沒有注意到黑洞互補原理的軟肋呢？我們不禁要問，黑洞互補原理的確引發了又一次科學典範的嬗遞嗎？

退一步說，茂德希納發現的「反迪希特時空——量子場論對應」（AdS-CFT Correspondence）有普適性嗎？我們所在的宇宙因為暗能量的存在而更可能遵循的是迪希特（de Sitter Space）時空，而不是反迪希特時空。20 多年過去了，茂德希納的對應原理仍然只有在反迪希特時空得到證明，但如上所述，這並不是我們宇宙真正的時空。其實不只是黑洞物理，重力與其他三種基本作用力的量子場最終如何達成統一，也同樣需要找到一個類似於廣義相對論中的等價原理，來侷限黎曼幾何所提供的豐富數學結構，成為一個可以解釋我們身處世界的物理理論。或許理論物理學家們繼續努力下去，有朝一日能夠擴大重力場與量子場論對應原理的普適性，成為最終量子重力場論（Quantum Gravity Theory）的指導原則或典範吧。

可以這麼說，正如本書作者所生動描述的，做為物理學近代史中充滿人性互動的黑洞戰爭，在社會學的意義下的確是結束了，但是清理戰場的工作還遠遠沒有結束。自從 2004 年霍京承認黑洞的信息不會遺失之後，天下一統，絕大多數的黑洞學者都紛紛歸降。但問題仍然存在：黑洞的信息到底是如何守恆的，就是說，信息是如何在黑洞蒸發的過程中復原的？這是一個非常不簡單的問題，需要使用高深的數學。在過去 20 年間許多物理學家，包括我自己，持續投入大量的心智來探索這個問題，連霍京本人也不例外。他在 2018 年逝世前幾年的最後一系列著作，正是在找尋如何從黑洞帶出信息的機制。黑洞仍然是一個迷人的課題！

前言

有太多東西需要深知，卻沒有什麼可從中深知的。

—— 羅伯特．海萊因，《異鄉異客》

東非莽原上，有一頭年邁的母獅子在窺伺牠想獵得的晚餐。牠偏好年老、反應較慢的獵物，但年輕、健康的羚羊是牠的唯一選擇。羚羊敏銳的眼睛位於頭部兩側，非常適合眼觀四處，搜尋危險的掠食者。獅子的雙眼直視前方，非常適合鎖定獵物，判斷距離。

這一次，羚羊的廣角掃描器沒看見掠食者，而且牠就在對方的襲擊範圍內游蕩。獅子孔武有力的後腿一蹬，就撲向驚慌失措的受害者。永恆的競賽再度展開。

儘管受年事拖累，這頭獅子仍是優秀的短跑健將。起初差距縮小了，但獅子力大無窮的快縮肌逐漸缺氧。沒過多久，羚羊天生的耐力勝出，到某一刻，獅子和獵物的相對速度翻轉了；縮小的差距又開始拉開。察覺到命運逆轉的瞬間，獅子殿下自認失敗，潛回矮樹叢中。

五萬年前，有個疲憊不堪的獵人發現一個巨石堵住的洞口：要是他能搬開沉重的障礙物，就有個安全的安身處。這個獵人能挺直站著，跟長得像人猿的祖先不一樣。他用那種直立的姿勢，使勁推巨石，但巨石一動也不動。為了取得更有利的角度，獵人讓腳遠離大石一些。當他的身體幾乎呈水平時，施力在恰當方向上的分量會大得多。巨石移動了。

距離？速度？正負變號？角度？作用力？分量？獵人未受過教育的腦袋裡，進行過哪些十分複雜的計算，更不必說那頭獅子了？我們通常會在大學物理教科書裡初次遇到這些專門的觀念。那頭獅子從哪裡學會判斷獵物的速度，甚至相對速度？那個獵人修過物理課，學了作用力的觀念嗎？也學到三角學，會計算正弦值和餘弦值來算出分量嗎？

事實當然是，所有複雜的生命形式都有內建好了的、出於本能的物理觀念，這些觀念已經透過演化放進天生的神經系統中，[1]沒有這個預先編寫好的物理軟體，就不可能生存下來。突變與天擇讓我們成為物理學家，甚至動物。人類腦容量大，就讓這些本能演變成我們意識層次上的觀念。

1　沒有人真正知道有多少是與生俱來的，有多少是童年時學會的，但這之間的區別在這裡不重要，重點是等到我們的神經系統成熟時，個人經歷或演化方面的經歷已經給我們很多直覺，明白物質世界的運作方式。無論是生來就有，還是在幼小的時候學會的，這種知識都很難忘掉。

替我們自己重新接線

事實上，我們都是古典[2]物理學家。我們憑本能感受力、速度與加速度。羅伯特．海萊因（Robert Heinlein）在科幻小說《異鄉異客》（Stranger in a Strange Land, 1961）中，發明了 grok（深知）這個字[3]，來表達對於某個現象有這種極為憑直覺、幾乎發自內心深處的理解。我深知力、速度與加速度。我深知三維空間。我深知時間和數字 5。石子或長矛的軌跡是可深知的。但當我嘗試把它應用到十維時空或 101,000 這個數字，甚至應用到充滿電子的世界和海森堡測不準原理時，我的內建標準規格深知器就故障了。

在 20 世紀之交，直覺大規模故障了；物理學忽然發現自己對完全陌生的現象感到困惑不已。亞伯特．邁克生（Albert Michelson）和愛德華．莫立（Edward Morley）發現偵測不到地球穿過假想以太（ether）的軌道運動時[4]，我的祖父已經十歲了。他二十多歲時，世人才知道有電子；在愛因斯坦發表狹義相對論

2 古典（classical）一詞是指不需要考慮量子力學（Quantum Mechanics）的物理學。

3 grok 的意思是理解得很透澈且出於直覺。

4 邁克生和莫立的著名實驗，首度證明光速與地球的運動無關。這個結果所導致的悖論，最後由愛因斯坦的狹義相對論解決了。

那年，他三十歲，而當海森堡發現測不準原理時，他已步入中年。演化的壓力不可能讓人類出於本能理解這些完全不同的世界。不過，我們神經網路中的某種東西，至少在我們當中的某些人身上，已經準備好做一次非比尋常的重接線，不僅能讓我們詢問這些晦澀難解的現象，還能建構出數學上的抽象概念（非常難憑直覺理解的新概念）去處理並解釋這些現象。

快速，創造了第一個重新接線的需求——速度快到幾乎比得上轉瞬即逝的光束的速度。在 20 世紀之前，沒有任何一種動物的移動速度快過每小時 100 英里，即使在今天，光行進得實在太快了，除了科學上的目的外，對其他各方面而言它根本沒行進：燈一打開，光就即刻出現了。早期人類根據像光速這樣的超高速進行調適，不需要與生俱來的大腦線路。

為了速度重新接線，是突然間發生的。愛因斯坦不是異類；他默默無聞努力了十年，把自己的老舊牛頓物理接線換掉。但在當時的物理學家看來，想必就像他們當中自然出現了一種新人類——某個能從四維時空（space-time）而不是三維空間的角度觀看世界的人。

為了把他所稱的狹義相對論與牛頓的重力論統合起來，愛因斯坦又奮戰了十年——這次是在物理學家萬目睽睽下。最後出現的就是廣義相對論，完全改變了對於幾何學的所有傳統看法。時空變得柔韌、扭曲或變形，有物質存在時，它幾乎就像一張處於壓力下的橡皮紙。在過去，時空是被動的，它的幾何性質是固定不變的；在廣義相對論中，時空成為主動的參與者：行星、恆星等大質量物體可讓它變形，但無法把它視覺化——不管怎麼樣，沒有大量額外的數學就辦不到。

1900 年，也就是愛因斯坦站上舞臺的前五年，還有一個更古怪的典範轉移啟動了：有人發現光是由光子[5]或光量子這種粒子組成的。光的光子理論只在暗示即將到來的革命；思想上的訓練會遠比史上所見的任何事情來得抽象。量子力學不僅僅是新的自然律，還需改變古典邏輯法則，也就是每個心智健全的人用來作推論的普通思考法則。它看起來很荒誕，但無論荒誕與否，物理學家都能用一種叫做量子邏輯（quantum logic）的新邏輯替自己重新接線。我在第 4 章會解釋你必須熟悉的量子力學知識，請做好被它搞迷糊的準備。每個人都一樣。

相對論和量子力學從一開始就是勉強湊成對的夥伴。它們一奉子成婚，就開始出現暴力行為了——針對物理學家每一個可能的提問，數學都會爆發出狂暴的極大數字。量子力學和狹義相對論花了半個世紀才調解，但數學上的不一致性最後終於消除了。到 1950 年代初期，理查．費曼（Richard Feynman）、朱利安．許溫格（Julian Schwinger）、朝永振一郎（Sin-Itiro Tomanaga）和弗里曼．戴森（Freeman Dyson）[6]已經為狹義相對論與量子力學的綜合體，稱為量子場論（Quantum Field Theory），打下基

5 直到 1926 年化學家吉伯特・路易斯（Gilbert Lewis）創造了光子（photon）一詞，才有人用這個名詞。

6 1965 年，費曼、施溫格和朝永振一郎因他們在這方面的工作獲頒諾貝爾獎，不過，戴森對近代思考量子場論的方法的貢獻，和這三位同等重要。

礎，但廣義相對論（愛因斯坦為狹義相對論和牛頓重力論所提出的綜合體）與量子力學仍然調解不了，儘管不乏嘗試。費曼、史帝芬．溫伯格（Steven Weinberg）、布萊斯．德威特（Bryce DeWitt）和約翰．惠勒（John Wheeler）都曾嘗試把愛因斯坦的重力方程式「量子化」，但得到的結果全是數學垃圾。這也許不令人意外；量子力學管轄非常輕的東西所構成的世界，相形之下，重力似乎只對非常重的大團物質很重要。假設沒什麼東西夠輕，讓量子力學變得重要，而且又要夠重，使重力變得重要，似乎是很保險的做法。因此在整個 20 世紀下半葉，許多物理學家認為追求這樣的統合理論一無是處，只適合瘋子和哲學家。

但其他人認為這個看法目光短淺，在他們看來，有兩種不相容甚至矛盾的自然理論，是智識上無法容忍的想法。他們相信，在決定物質最小構成要素的性質方面，幾乎可以肯定重力發揮了作用，問題是物理學家探究得不夠深入。他們確實是對的：在世界的地下室，距離小到無法直接觀測的地方，自然界最小的東西就在彼此身上施加強大的重力。

今天普遍認為，重力和量子力學在確定基本粒子定律方面，將扮演同等重要的角色。但自然界基本構成要素的體積小到無法想像，如果需要徹底重新接線才能理解這些要素，應該不會有人感到意外。不管新的線路是什麼，都會稱為量子重力（quantum gravity），即使不知細部形式，我們還是可以有把握地說，新典範會牽涉到非常陌生的空間與時間概念。空間位置和時間瞬息的客觀現實正走上解決之道，走上同時性[7]、決定論[8]和渡渡鳥的路。量子重力描述一種比我們所想像的主觀許多的現實。我們將會在第 18 章看到，這種現實在很多方面就像全像術投射出來的幽靈般三維幻覺。

理論物理學家正努力在陌生的國度立足。就像在過去，想像實驗（thought experiment，又稱為思想實驗）揭露了基本原理之間的自相矛盾與分歧，這本書要談的，正是為了一個想像實驗而引發的爭論。史蒂芬·霍金（Stephen Hawking）在1976年設想，要把一點資訊（譬如一本書、一部電腦，甚至是一個基本粒子）丟進黑洞。霍金認為黑洞是終極羅網，因此外界大概會遺失那點資訊，無法挽回。這種看似單純的評述，絕不像聽起來那麼單純；它在預示整個近代物理學體系的根基可能會動搖，搖搖欲墜。有什麼東西出了極大的問題；最基本的自然律（即資訊守恆律）岌岌可危。對於關注此事的人來說，要麼霍金錯了，不然就是物理學 300 年來的核心支撐不了。

起初很少人關注。在將近二十年裡，這場爭論多半進行得很低調。荷蘭大物理學家傑拉德．特胡夫特（Gerard 't Hooft）和我是站在知識分水嶺其中一邊的雙人組，霍金和一小群相對論學

7　伴隨 1905 年相對論革命而來的頭幾件事之一就是，兩個事件客觀上可以同時發生。

8　決定論（determinism）是指未來完全由過去決定的原則。根據量子力學，物理定律與統計有關，沒有什麼事可以確實預測。

者站在另一邊。大多數的理論物理學家，尤其是研究弦論的物理學家，直到 1990 年代初期才開始意識到霍金提出的預兆，接著他們大部分還弄錯了。反正錯了一段時間。

黑洞戰爭是一場真正的科學爭論——與關於智慧設計論[9]或全球暖化是否存在的偽辯論，完全是兩回事。那些假論點是政治操弄者為了讓天真的大眾分不清是非真偽而編造的，無法顯現科學上真正的意見分歧。相較之下，在黑洞問題上產生的分歧是實際存在的。哪些物理學原理該信賴，哪些該捨棄，卓越的理論物理學家意見不一致。他們應該追隨霍金，支持他的保守時空觀點，還是追隨特胡夫特和我自己，支持我們的保守量子力學觀點？每個觀點似乎只會導致弔詭和矛盾，要麼時空（自然律發生的舞臺）可能不是我們所想的那樣，不然就是熵和資訊的崇高原理是錯的。幾百萬年的認知演化和數百年的物理經驗再次愚弄我們，我們發現自己需要新的心智接線。

《黑洞戰爭》在頌揚人類心智及其發現自然律的非凡能力，它解釋了一個遠比量子力學和相對論離我們的官能更疏遠的世界。量子重力在處理比質子小一億兆分之一的物體。我們從未直接體驗這麼小的事物，而且可能永遠也不會，但人類的聰明才智已經讓我們推斷出真有它們存在，而且令人驚訝的是，進入那個

9　智慧設計論（intelligent design）認為地球上的生物是某種超級智慧的產物，而天擇無法解釋生命形式的複雜性。

世界的入口是質量與體積都非常大的物體：黑洞。

《黑洞戰爭》也是關於某項發現的編年史。全像原理（Holographic Principle）是所有物理學當中最難靠直覺理解的抽象概念之一。這是二十多年來對掉入黑洞的資訊的命運進行論戰的最高點。這不是仇敵之間的戰爭；主要的參與者甚至都是朋友。然而這是激烈的知識理念之爭，論戰雙方相互尊重，而且意見分歧。

有一種普遍的見解必須澄清。物理學家，尤其是理論物理學家的公眾形象，往往是書呆子氣，交遊不廣，興趣怪異、非人類又無聊。這真是大錯特錯。我所認識的大物理學家，還有很多偉大的物理學家，都極具個人魅力，滿懷熱情，想法有趣十足。個性和思考方式的差異一直讓我很感興趣。在我看來，寫給普通讀者看的物理書裡沒把人的成分寫進來，似乎就遺漏了有趣的東西。除了科學的一面，在寫這本書的過程中，我還試圖記錄這個故事的某些情感面。

關於大數字和小數字的補充說明

你在整本書中會發現很多非常大和非常小的數字。人腦的構造並不是為了設想大於 100 或小於 1/100 的數字而打造的，但我們可以訓練自己做得更好。舉例來說，我因為非常習慣處理數字，所以多少能想像得出一百萬，但兆和千兆的差距就超出我的想像能力範圍。這本書裡許多數字都遠遠超過兆和千兆，我們要怎麼記下這些數字？答案牽涉到史上最偉大的重新接線功績之一：指數與科學記號的發明。

我們就從某個相當大的數字開始說吧。地球上的人口約有60億，10億等於10自己乘自己九次，也可以寫成1後面接九個0。

十億 =10×10×10×10×10×10×10×10×10=1,000,000,000

10 自乘九次的簡略記法是 10^9，也就是十的九次方，因此地球上的人口大致可以寫成：

60 億 = 6×10^9

在這裡，9 稱為指數。

接下來是更大的數字：地球上的質子與中子總數。

地球上的質子與中子數量（大約）＝ 5×10^{51}

這顯然比地球上的人口數多得多。究竟多了多少？ 10 的 51 次方有 51 個因數 10，10 億只有 9 個，所以 10^{51} 比 10^9 多了 42 個因數 10，這就讓地球上的核粒子數量大約是人口數的 10^{42} 倍。（請注意，我忽略了前面各等式中的乘數5和6。5和6相差不大，因此如果你只想要概略的「數量級估計值」，就可以忽略它們。）

我們來取兩個非常大的數字。用最高倍的望遠鏡可看到的部分宇宙中，電子總數大約是 10^{80} 個。光子[10] 總數大約是 10^{90} 個。好了，10^{90} 聽起來可能不比 10^{80} 大多少，但這是騙人的：10^{90} 是 10^{10} 倍，而 10,000,000,000 是非常大的數字。事實上，10^{80} 和 10^{81} 看起來差不多，但第二個數字是第一個數字的十倍。因此，指數部分的變化雖然不大，卻能讓它代表的數字有極大的變化。

現在我們再來考慮非常小的數字。原子的大小差不多是百億分之一公尺，用小數來表示就是：

原子的大小 = .0000000001 公尺

請注意，1 出現在小數點後第十位。百億分之一的科學記號需要用到負的指數，即 -10。

$$.0000000001 = 10^{-10}$$

帶有負指數的數字很小，帶有正指數的數字很大。

我們再做一個小數字。跟普通物體比起來，電子等基本粒子是非常輕的。1 公斤是 1 公升的水的質量，電子的質量遠比這輕多了。事實上，單個電子的質量大約是 9×10^{-31} 公斤。

最後一件事是，在科學記號中非常容易做乘除，只要加減指

10　別把光子和質子搞混了。光子是光的粒子，質子與中子一起構成原子核。

數部分就行了。以下是幾個例子。

$$10^{51} = 10^{42} \times 10^{9}$$

$$10^{81} \div 10^{80} = 10$$

$$10^{-31} \times 10^{9} = 10^{-22}$$

指數並不是我們用來描述特大數字的唯一簡略形式。其中一些數字有自己的名字，例如 googol 是 10^{100}（1 後面跟著一百個 0），googolplex 是 10^{googol}（1 後面跟著 10 的 100 次方個 0），這是個非常非常非常大的數字。

看完這些基礎知識之後，我們要轉往不那麼抽象的世界——轉往舊金山，時間則回到雷根總統第一個任期的第三年——冷戰局勢達到白熱化，新一波的戰爭即將展開。

第一部

風雲變色

歷史會善待我，因為我打算寫下歷史。

——邱吉爾*

*本書英文版第一及第四部的篇名，取自邱吉爾《第二次世界大戰回憶錄》第一卷和第五卷。

1

第一槍

舊金山，1983 年

起初的小小爭論在傑克・羅森伯格（Jack Rosenberg）舊金山豪宅的閣樓發生之前，戰爭的烏雲已經籠罩八十多年。傑克，又名華納・艾爾哈德（Werner Erhard），是靈性導師、超級業務員，也有點像騙子。在 1970 年代初期之前，他還只是平凡的百科全書推銷員傑克・羅森伯格。後來有一天，在橫越金門大橋時，他頓悟了。他要拯救世界，而且一邊拯救一邊發大財。他只需要改個更氣派的名字，還有新的提案。他的新名字會是

Werner Erhard（Werner 取自海森堡 Werner Heisenberg 的名，Erhard 取自德國政治家 Ludwig Erhard 的姓）；新的提案是艾爾哈德研討訓練（Erhard Seminars Training，簡稱 EST）。他確實成功了，即使並沒成功拯救世界，至少讓他發了財。成千上萬害羞又缺乏自信的人每人付幾百美元，在華納或他的眾多追隨者之一所辦的 16 小時勵志研討課程上，讓自己被訓斥、騷擾，而且（根據傳說）還告知不能上廁所。它比心理治療便宜許多，快速許多，而且某種程度上是有效的。參加者走進去時害羞又猶豫不決，走出來時顯得充滿自信、堅定又友善——就像華納一樣。儘管他們偶爾看起來像興奮狂熱、老愛握手的機器人。他們感覺自己提升了。由畢雷諾斯（Burt Reynolds）主演的有趣電影《匹夫之勇》（Semi-Tough），甚至拿這個「訓練」當話題。

EST 狂熱追隨者圍繞在華納身邊。奴才一詞鐵定太過頭了；我們就稱他們義工吧。有參加過 EST 訓練的主廚替他做飯，有私家司機載著他在城裡到處跑，他的宅第還有形形色色的幫傭幫忙。但諷刺的是，華納本人也是追星族——物理學追星族。

我喜歡華納，他很聰明、有趣又滑稽，而且對物理非常著迷。他想成為其中的一分子，因此花了大把鈔票，把一群優秀的理論物理學家帶到他的豪宅，有時只有幾個特別的物理好友在他家裡聚會，包括席尼·寇曼（Sidney Coleman）、大衛·芬克斯坦（David Finkelstein）、費曼和我，享用名廚準備的佳餚。但說得更中肯些，華納喜歡主辦小型菁英會議。閣樓上有設備齊全的研討室，有一批義工包辦伙食，迎合我們的興致，地點又是在舊金山，因此這些迷你會談有趣極了。有些物理學家認為華納很可疑，覺得他會用某種不正當的手段利用物理界人脈去自我推銷，但他從未如此。照我的理解，他不過就是喜歡聽聽催生出最新觀念的人物親口談這些想法。

我記得總共有三到四次 EST 會談，但只有一次讓我留下永不磨滅的印象，而且銘記在我的物理研究中。那是在 1983 年，賓客當中有很多顯要，包括莫瑞．葛爾曼（Murray Gell-Mann）、謝爾頓．格拉肖（Sheldon Glashow）、法蘭克．威爾切克（Frank Wilczek）、薩瓦斯．迪瑪普勒斯（Savas Dimopoulos）和芬克斯坦。但對這裡要講的故事來說，最重要的與會者是黑洞戰爭的三個主要交戰者：特胡夫特、霍金和我自己。

儘管我在 1983 年之前只見過特胡夫特幾次，但他給我留下了很深刻的印象。每個人都知道他很聰明，但我所感覺到的不止這樣。他似乎有鋼鐵般的核心，知識上的剛強堅毅，勝過我所認識的其他人，費曼可能是例外。他們兩人都善於引起公眾注意。費曼是美國代表——傲慢不恭，而且滿腦子大男人主義、想要勝人一籌的行為。有一次，在一群加州理工學院年輕物理學家當中，他講了一些研究生對他開的玩笑。帕沙第納（Pasadena）有一家三明治專賣店供應「名人」三明治，你可以點一份「亨弗萊鮑嘉」、「瑪麗蓮夢露」等等。午餐時那些學生帶他去那家店，我猜是幫他慶生，他們一個接一個點了「費曼」三明治。他們事先跟店經理串通好了，站櫃檯的店員面不改色，眼睛都沒眨一下。

他講完故事後，我說：「哇，我真想知道『費曼』三明治和『瑟斯坎』三明治有什麼不一樣。」

「噢，大概差不多，」他答道，「只是『瑟斯坎』三明治裡的火腿[1]會多一點。」

「對啦，」我答道，「但燻腸[2]少了很多。」那大概是我在這類玩笑中勝過他的唯一一次。

特胡夫特是荷蘭人。荷蘭人是歐洲身高最高的民族，但特胡夫特很矮，體型健壯，留著小鬍子，一副中產階級的樣子。和費曼一樣，特胡夫特也有很強的競爭意識，但我確信我沒有擊敗過他。和費曼不同的是，特胡夫特是舊歐洲的產物——歐洲最後一位大物理學家，愛因斯坦和波耳的衣缽繼承者。儘管他小我六歲，但在 1983 年我對他肅然起敬，而且理所當然如此。他所做的理論研究促使其他人提出基本粒子的標準模型（Standard Model），這項貢獻讓他在 1999 年獲諾貝爾獎。

但華納的閣樓會議當中，我最記得的不是特胡夫特，而是我在那裡初識的霍金。霍金就是在那裡投下炸彈，發動黑洞戰爭。

霍金也善於引起公眾注意。他身材矮小（我懷疑他有超過 45 公斤），但他那瘦小的身體卻容納了不同凡響的智慧，和同樣大得驚人的自我。那時霍金坐著還算普通的電動輪椅，還能用自己的聲音說話，但他說的話很難理解，除非你在他身邊待了很久。有一位護士和一個年輕同事和他隨行，年輕同事會很仔細聽

1　火腿的英文字 ham 也有「蹩腳演員」的意思。

2　燻腸的英文字 baloney 也是「鬼扯」的意思。

他講話，然後重述他說的話。

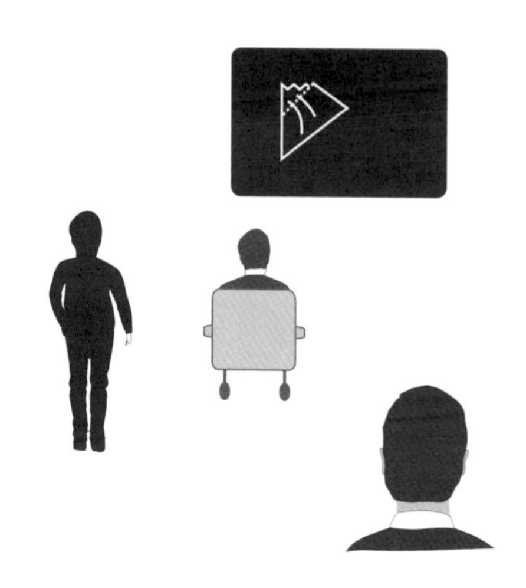

在 1983 年，他的翻譯是馬丁・羅切克（Martin Rocek），羅切克現在是著名的物理學家，也是超重力（Supergravity）這個重要主題的先驅之一。然而在 EST 會議的時候，他還很年輕，不太有名氣。儘管如此，從之前的會面我知道他是一位能力很強的理論物理學家。在我們的談話間，霍金（透過羅切克）說了某些話，我認為他說錯了。我看向羅切克，請他說明一下物理，他一臉嚇傻的表情看著我。後來他告訴我發生了什麼事。看來翻譯霍金說的話需要非常專注，所以他通常沒辦法記下談話內容；他幾乎不知道我們在談什麼。

霍金看起來很與眾不同。我講的不是他的輪椅，或他身上明顯的缺陷。儘管臉部肌肉不能動，他的隱約微笑還是很獨特，既似天使又像惡魔般，投射出一股神祕愉悅感。EST 會議期間，我覺得和霍金交談非常困難，他要花很長的時間答話，而且通常回答得很簡短。這些簡短、有時只有單字的答覆，他的笑容和幾乎脫離軀體的智慧，都令人緊張不安。那就像和德爾菲神殿傳達神諭的人溝通；有人向霍金提了問題之後，起初的反應是默默無語，最後輸出的訊息往往很難聽懂，但那抹會意的微笑在說：「你可能不懂我在說什麼，但我懂，而且我是對的。」

世人把身材矮小的霍金視為偉大的人，充滿非凡勇氣和毅力的英雄。認識他的人會看到其他方面：愛開玩笑的霍金和大膽的霍金。在 EST 會議期間，某天晚上我們當中的幾個人外出，到舊金山布滿煞車痕的著名斜坡之一散步。霍金也和我們一起去，駕著他的電動輪椅。我們一走到最陡的路段，他就露出了惡魔般的笑容，毫不遲疑地用最快的速度衝下斜坡，我們其他人全嚇了一跳。我們在他後面追趕，擔心最糟糕的事會發生。等我們跑到坡底，卻發現他坐得好端端的，臉上掛著微笑。他想知道有沒有更陡的斜坡可以嘗試。史蒂芬．霍金：物理學界的特技車手。

的確，霍金是非常敢向危險挑戰的物理學家。但他所做過最大膽的舉動，也許是他在華納家的閣樓投下的炸彈。

我不記得他在 EST 的講座效果如何。今天，由霍金主講的物理研討會，是讓他安靜坐在輪椅上，同時由事先錄製好的合成電腦語音來講話。電腦化的聲音已經變成霍金的商標；儘管很死板，但充滿個性和幽默。但在當年，也許是他說，然後由羅切克翻譯。不管是怎麼發生的，炸彈全落在特胡夫特和我身上。

霍金聲稱「資訊會在黑洞蒸發的過程中遺失」，更糟糕的是，他似乎證明了這點。特胡夫特和我意識到，如果那是對的，我們的研究題目的基石就垮了。華納家閣樓中的其他人對這個訊息有什麼反應呢？就像嗶嗶鳥經典卡通裡的威利狼衝出懸崖邊緣：他們腳下的地面已經消失，但還渾然不知。

據說宇宙學家經常失誤，但從不會沒把握。如果是這樣，霍金只是半個宇宙學家：從不會沒把握，但幾乎不曾出錯。在這個例子裡，他出錯了。不過，霍金的「錯誤」是物理史上影響最深遠的錯誤之一，最後可能會導致空間、時間及物質本質方面的重大典範轉移。

霍金的演講是那天的最後一場演講。他講完後，特胡夫特站在那裡瞪著華納黑板上的圖，瞪了大約一個小時。其他人已經離開了。我現在仍然可以看到特胡夫特臉上緊皺著的眉頭，和霍金臉上開心的微笑。幾乎一言不發。那真是緊張刺激的一刻。

黑板上畫著潘若斯圖（Penrose diagram），這是一種代表黑洞的圖。視界（黑洞的邊緣）在圖中畫成虛線，而位於黑洞核心的奇異點（singularity），則是一條看起來不妙的鋸齒線。穿過視界向內指的線，代表通過視界、落入奇異點的資訊。沒有回到視界外的線。根據霍金的說法，那些資訊已經遺失，無法挽回了。更糟的是，霍金已經證明黑洞終會蒸發而消失，掉進去的東西不會留下任何蹤跡。

霍金的理論還再更進一步。他假設真空（空無一物的空間）充滿「虛擬」黑洞，這些黑洞飛快閃現，一轉眼又不見了，我們根本來不及察覺。他聲稱，這些虛擬黑洞的結果是清除資訊，即使附近沒有「真實的」黑洞。

在第 7 章，你會確切了解「資訊」的意義，以及遺失資訊是什麼意思。現在就暫且相信我說的吧：這是徹頭徹尾的災難。特胡夫特和我知道，但那天聽見這件事的其他人的反應卻是：「嗯哼，資訊在黑洞中遺失了。」霍金本人很樂觀。對我來說，與霍金打交道最棘手的地方一直是，我對他的自滿感到惱怒。資訊遺失是不可能有道理的事情，但霍金看不出來。

散會之後，我們都回家了，對霍金和特胡夫特來說是分別回到劍橋大學和烏得勒支大學；對我來說，是在 101 號公路上向南行駛 40 分鐘車程，回到帕羅奧圖（Palo Alto）和史丹佛大學。很難專心注意路況。那天是一月間的某個冷天，只要我停下來或減速，我都會在結霜的擋風玻璃上畫出華納家黑板上的那個圖。

回到史丹佛後，我把霍金的說法告訴我的朋友湯姆．班克斯（Tom Banks）。我和湯姆很認真地思索這件事。為了努力多加理解，我甚至邀請霍金以前的一位學生從南加州北上。我們非常懷疑霍金的說法，但有段時間我們不確定為什麼存疑。在黑洞內部遺失一點資訊，有什麼好難過的？後來我們明白了。遺失資訊就等於產生了熵，而產生熵又代表產生熱。霍金樂觀假設的虛擬黑洞，可能會在真空中製造出熱。我們和另一位同事麥可．佩斯金（Michael Peskin）一起根據霍金的理論做估算。我們發現，如果霍金是對的，真空的溫度可能會在瞬間飆到 100 萬兆兆度。我雖然知道霍金說錯了，卻找不出他推論中的漏洞，或許那就是最讓我惱怒的地方。

接著發生的黑洞戰爭不單單是物理學家之間的論戰，也是理念之戰，或許可說是基本原理之間的論戰。量子力學原理和廣義相對論原理總像是在互鬥，不確定雙方能不能共處。霍金是廣義相對論學者，信任愛因斯坦的等效原理；特胡夫特和我是量子力學派，確信在不破壞物理學基礎的情形下，量子力學定律是無法違背的。在接下來的三章，我要解釋黑洞、廣義相對論和量子力學的基礎知識，為黑洞戰爭鋪路。

2

暗星

赫瑞修，天地之間有更多事物，是你的哲學裡料想不到的。

——威廉・莎士比亞，《哈姆雷特》

最早有人意識到有類似黑洞這樣的東西，是 18 世紀後期的法國大物理學家皮耶－西蒙　拉普拉斯（Pierre-Simon de Laplace）和英國教士約翰　米契爾（John Michell），兩人有同樣的非凡想法。當時所有的物理學家都對天文學興趣濃厚。和天體有關的一切了解，都是透過這些天體所發出的光，或月球和行星所反射的光得知的。在米契爾和拉普拉斯的時代，牛頓雖然已經去世半個世紀，在物理學方面還是最有影響力的人。牛頓認為光是由微小粒子組成的，他稱之為光粒子（corpuscle）；如果真是如此，為什麼光不會受重力影響？拉普拉斯和米契爾想知道，會不會有質量非常大、密度也非常大，而讓光逃不出自身重力的恆星存在。這樣的恆星如果存在的話，難道不會十分暗淡因而看不見嗎？

像石塊、子彈甚至基本粒子這樣的拋體[1]，究竟能不能逃脫如地球這般的質量塊的重力？從某種意義上說，可以，從另一種意義上說，逃脫不了。質量塊的重力場永遠不會終止；它會綿延不絕，隨著距離變遠而愈來愈弱。因此，拋體永遠無法完全逃離地球的重力。但如果拋體向上拋出的速度夠快，它就會永久向外運動，遞減的重力弱到無法讓它回頭，把它拉回地面。這就是拋體可逃脫地球重力的含意。

再怎麼孔武有力的人類，也不可能把石塊丟進外太空。美國職棒投手的垂直投球距離也許能到達 69 公尺高，大約是帝國大廈高度的四分之一，若忽略空氣阻力，手槍可以把子彈發射到大約 4.8 公里的高度。然而，有某個速度剛好快到可以讓物體發射到永久的飛離軌跡上，這個速度就順理成章稱為脫離速度（escape velocity）。初始的速度只要沒達到脫離速度，拋體就會落回地球，

1 《The American Heritage Dictionary of the English Language》（第 4 版）給拋體（projectile）的定義是「發射、拋出或以其他方式推進的物體，且沒有自身推進能力，如子彈」。拋體可以是單一個光粒子嗎？根據米契爾和拉普拉斯的說法，答案是：可以。

只要比脫離速度大，這個拋體就會逃到無窮遠處。地球表面的脫離速度高達每小時 40,000 公里。[2]

我們暫且把質量龐大的天體都稱為星星，無論它是行星、小行星還是恆星。地球只是一顆小星星，月球是更小的星星，以此類推。根據牛頓的定律，星星的重力影響和本身的質量成正比，因此脫離速度也順理成章會看那顆星星的質量而定。然而質量只說了一半，另外一半和星星的半徑有關。想像你站在地球表面，有某股作用力開始把地球的體積擠壓到更小，但沒有讓地球的質量減少一分一毫。如果你站在地球表面，這種壓縮會讓你更靠近地球的每一個原子。愈靠近這個質量塊，重力的影響會變得愈強大，你自己的重量（這是重力的函數）也會增加，而且正如你可能料想到的，脫離地球的引力會變得更加困難。這說明了一個基本物理學法則：縮小星星（但質量絲毫沒有減損）會使脫離速度增加。

現在想像恰恰相反的狀況。基於某種原因，地球在膨脹，因此你會遠離質量塊。位於表面的重力會變小，所以變得容易逃離。米契爾和拉普拉斯問道，一顆星星可不可能有這麼大的質量和這麼小的體積，使脫離速度超過光速。

米契爾和拉普拉斯初次提出這個預言般的想法時，光速（用

2　脫離速度是忽略空氣阻力等因素的理想化結果，若考慮到這些，這個物體就需要高出許多的速度。

字母 c 表示）已經眾所周知一百多年了。丹麥天文學家歐勒 羅默（Ole Rømer）在 1676 年定出 c，發現光的行進速度高達每秒 300,000 公里（或繞地球七圈），相當驚人。[3]

c = 300,000 公里／每秒

速率這麼飛快，就需要極大或非常集中的質量才能把光困住，但顯然是有可能發生的。米契爾提交給皇家學會（Royal Society）的論文首次提到了後來惠勒稱為黑洞的物體。

你可能會驚訝地發現，就作用力而言，重力是極弱的。舉重選手或跳高選手的感覺也許不同，但有個簡單的實驗可以證明重力多麼微弱。先從很輕的重物開始：一顆保麗龍小球的效果就很好。想辦法用一點靜電讓這個重物帶電。（拿著它跟你的毛衣摩擦一下應該就行了。）現在，用細線把小球懸在天花板上。小球停止擺動後，細線會直直垂下來。接著，讓第二個用類似方法帶電的物體靠近懸掛物。靜電力會推開懸掛物，使細線和鉛直線之間產生一個夾角。

3 若用英制單位，光速大約是每秒 186,000 英里。

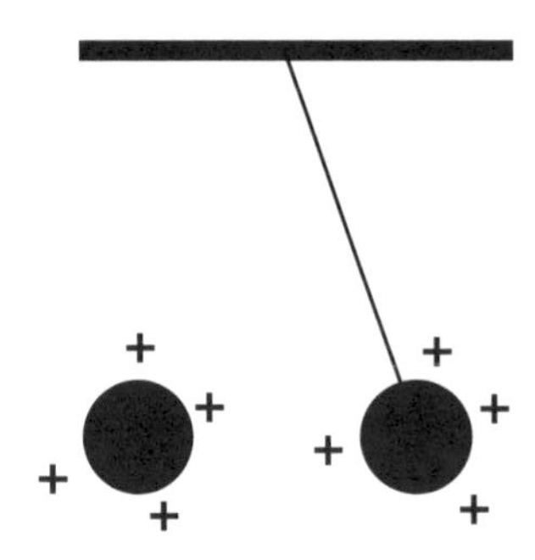

如果懸掛物是鐵製的，用磁鐵也可以做出同樣的結果。

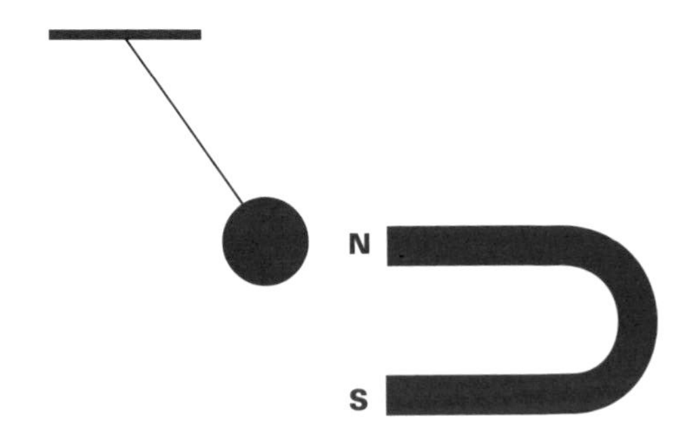

現在移開電荷和磁鐵，然後嘗試讓某個非常重的質量靠近，使小重物偏離。那個很重的質量體的重力會吸引懸掛物，但影響實在太小了，所以偵測不到。與電力和磁力比起來，重力是極微弱的。

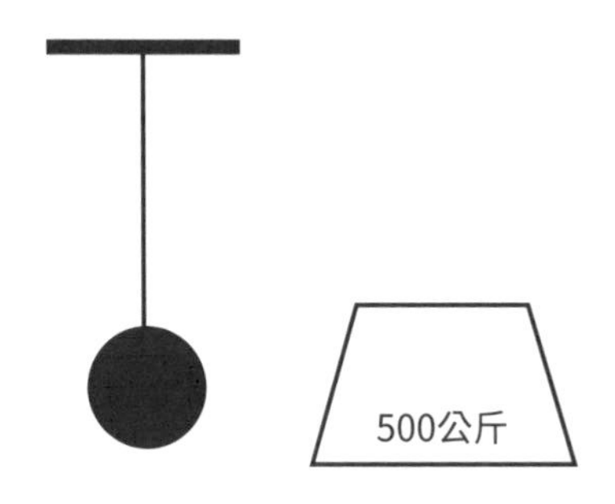

不過，如果重力這麼弱，為什麼我們沒辦法跳到月球上呢？答案是，地球的龐大質量（6×10^{24} 公斤）輕易彌補了重力的弱點。但就算質量那麼大，地球表面的脫離速度還是不到光速的萬分之一。如果脫離速度要大於 c，米契爾和拉普拉斯想像中的暗星就必須有極大的質量，壓縮到極小。

為了讓你理解這裡所談的大小，我們就來看看幾個天體表面的脫離速度。脫離地球表面大約需要每秒 11 公里的初速度，也就是我在前面說過的每小時 40,000 公里。按照陸地上的標準，這非常快，但比起光速，這簡直是龜速。

脫離小行星的可能性比脫離地球大得多。在半徑 1.6 公里的小行星表面，脫離速度大約是每秒 2 公尺：輕鬆一跳。相較之下，太陽的半徑和質量都比地球大許多[4]，這兩件事情互唱反調。質量更大，會更難脫離太陽表面，而半徑更大，卻讓這件事變容易。然而質量贏了，太陽表面的脫離速度差不多是地球表面的 50 倍，這仍然比光速慢得多。

然而，太陽的體積並非注定永遠維持不變。一顆恆星最後終究會耗盡燃料，由內部熱能產生的向外壓力就會消失，這時重力會像巨大的老虎鉗，開始把恆星壓成原來體積的一點點。大約 50 億年後，太陽會耗盡燃料，然後塌縮成所謂的白矮星（white

4　太陽的質量大約是 2×10^{30} 公斤，差不多是地球質量的 33 萬倍。太陽的半徑約為 70 萬公里，大概是地球半徑的 100 倍。

dwarf），半徑變得和地球的半徑差不多。到時候，從它的表面脫離會需要每秒 6,500 公里的速度——很快，但仍然只有光速的 2%。

如果太陽再重一點，大約有實際值的一倍半，額外的質量就會把它摧毀到超過白矮星的階段。恆星內部的電子會擠壓進質子，形成一個非常緻密的中子球。中子星（neutron star）的密度非常大，只要一茶匙就會超過 5 兆公斤重。不過，中子星還不是暗星；中子星表面的脫離速度會接近光速（約為c的80%），但還有一段差距呢。

如果塌縮的恆星更重，比如說大約是太陽質量的五倍，那就會連緻密的中子球也無法再承受向內的重力。在最終的內爆（implosion）過程中，它會壓擠成奇異點，這是個密度幾乎無限大，破壞力也極大的點。那個微小核心的脫離速度可能就會遠遠超過光速，因此，一個暗星就誕生了——或如我們今天所說的，一個黑洞誕生了。

愛因斯坦非常不喜歡黑洞這個概念，所以否定了黑洞存在的可能性，聲稱黑洞永遠不可能形成。但不管愛因斯坦喜不喜歡，黑洞都是真實存在的。如今天文學家經常研究黑洞，不只是單一塌縮恆星的黑洞形式，還有在星系中心的黑洞，在星系中心，已有上百萬甚至數十億顆恆星合併成巨型黑洞。

太陽的質量還不足以把自己壓縮成黑洞，但如果可以透過宇宙老虎鉗，把太陽擠壓到半徑只有短短三公里，推它一把，它就會變成黑洞。你大概會認為，如果鬆開老虎鉗的壓力，它的半徑就會回到八公里，但到那時已經來不及了；太陽內部的物質已經變成某種自由落體。它的表面很快就會通過兩公里點、兩公尺點和兩公分點，直到形成一個奇異點，這個過程才會停下來，而那個可怕的內爆是不可逆的。

不妨想像我們發現自己在黑洞附近，但所站的位置離奇異點還很遠。從那個位置發出的光會脫離黑洞嗎？答案要看黑洞的質量和光究竟從哪個位置出發而定。有個叫做視界（horizon）的假想球把宇宙一分為二，從視界內出發的光必然會被拉回黑洞，但從視界外出發的光就能脫離黑洞的重力。如果太陽變成黑洞，視界的半徑大約是三公里。

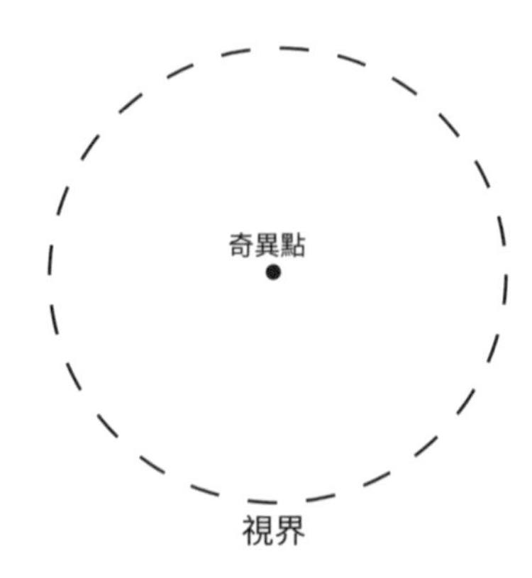

視界的半徑稱為施瓦氏半徑（Schwarzschild radius），命名自第一位研究黑洞數學的天文學家卡爾·施瓦茲席德（Karl Schwarzschild）。施瓦氏半徑依黑洞的質量而定；事實上，它和質量成正比。舉例來說，如果把太陽的質量換成 1,000 個太陽質量（solar mass），那麼光線不管是從 3 公里還是 5 公里外出發，都沒有機會逃離，因為視界的半徑也會變成一千倍大，達到 3,000 公里。

質量與施瓦氏半徑的比例關係，是物理學家對黑洞了解到的第一件事。地球的質量大約是太陽的百萬分之一，因此施瓦氏半徑也是太陽的百萬分之一。地球必須擠壓成大概像蔓越莓般的大小，才會形成暗星。相較之下，潛藏在銀河系中心的超大黑洞，施瓦氏半徑大約是 1.6 億公里——相當於地球繞太陽公轉的軌道半徑。在宇宙的其他區塊，還有比這更大的怪物。

沒有哪個地方比黑洞的奇異點更糟糕了。沒有任何東西能熬過它的無限強大作用力。奇異點的概念讓愛因斯坦震驚，所以他抗拒這個想法。但沒有解決的辦法；如果堆積起來的質量夠多，沒有任何東西頂得住拉向核心的極大引力。

潮汐和 3,000 公里巨人

什麼原因讓海面漲落，彷彿每天呼吸兩大口氣一樣？當然是月球，但月球是怎麼辦到的？為什麼一天兩次？稍後我會解釋，但我要先講講 3,000 公里巨人的墜落。

想像一個巨人，身高有 3,000 公里長，從外太空墜落到地球，腳先著地。在很遙遠的外太空，重力很弱，弱到他毫無感覺。但當他愈來愈接近地球，他的修長身體內產生了一種奇怪的感覺——不是墜落的感覺，而是被拉長的感覺。

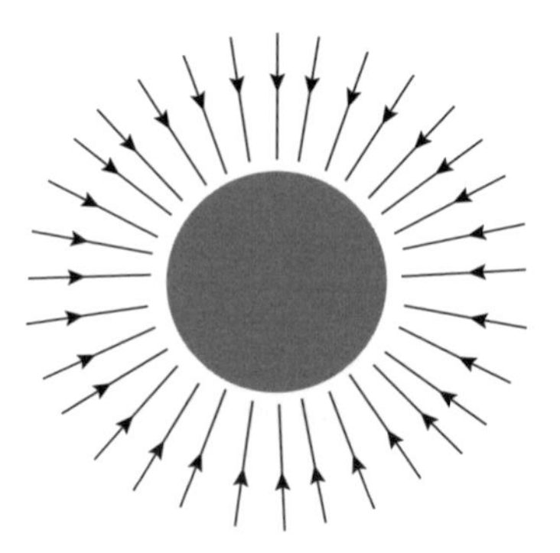

問題不在於巨人落向地球的整體加速度。讓他感到不舒服的原因是，重力在整個空間中並不是均勻一致的。離地球很遠時，幾乎完全沒有重力；但當他靠近一些，重力的引力就增加了。對3,000 公里巨人來說，即使他處於自由落體狀態，這還是會出現難題。這個可憐的人實在太高了，導致腳所受到的引力比頭承受的引力大得多，總結果就是頭和腳被拉往相反方向的不適感。

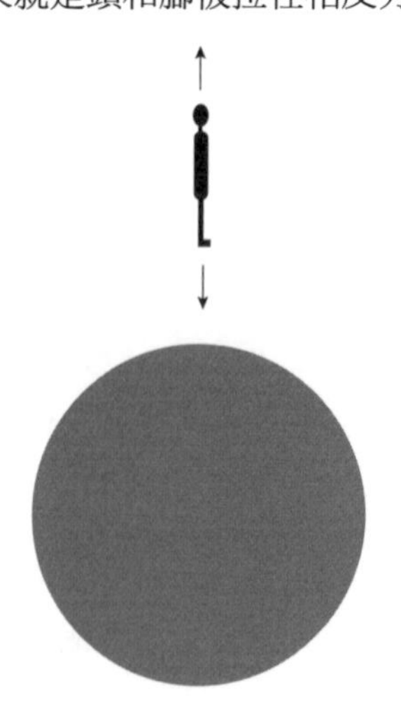

也許他可以換成水平的姿勢落向地球，讓腿部和頭部處於同樣的高度，來避免被拉扯的感覺。然而巨人試著換姿勢後，卻有了另一種不舒服感；拉長的感覺換成了同等程度的壓縮感。他感覺自己的頭像是被壓向腳似的。

為了弄懂原因，我們暫且假設地球是平的。情形會像下圖這樣。帶著箭頭的鉛直線指出了重力的方向——筆直朝下，這想也知道。但更重要的是，重力的強度完全相同。3,000 公里巨人在這種環境下不會有什麼不舒服，不論是直立著還是平躺著墜落——至少在他撞到地面之前沒有問題。

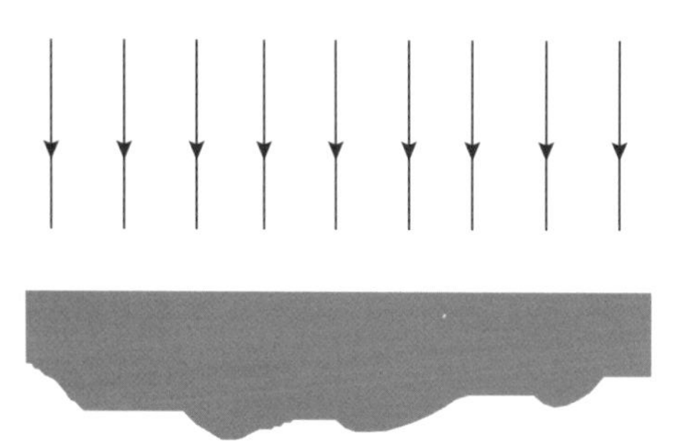

但地球並不是平的。重力的強度和方向都會變動。重力不是拉往單一方向，而是直接拉向地心，就像這樣：

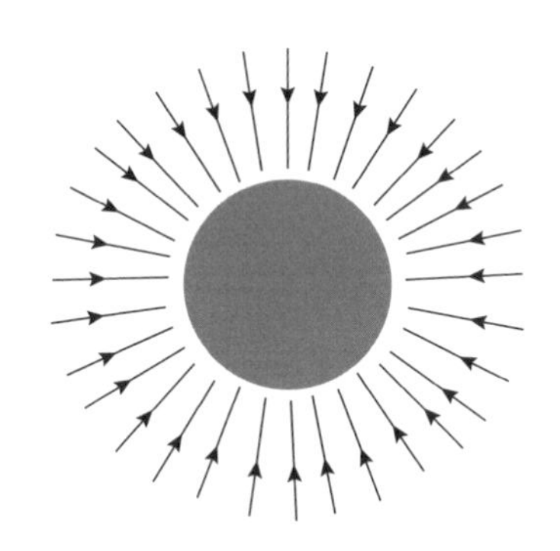

如果這個巨人平躺著落下，就會造成新的問題。他的頭和腳所受到的力會不一樣，因為拉向地心的重力會把他的頭部推向腳，產生被壓縮的奇怪感覺。

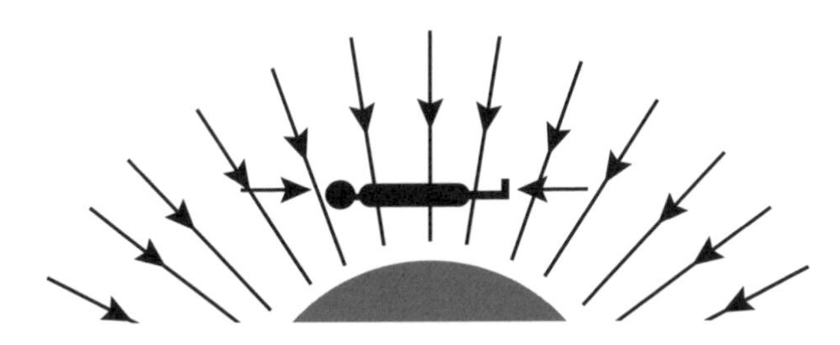

我們回到海洋潮汐的問題。海面每天兩次漲落的原因，與3,000 公里巨人感覺不舒服的原因完全相同：重力是不一致的。但在潮汐的例子中，起因是月球的重力，不是地球的重力。月球對海洋的引力在地球面向月球的一側最強，在背向月球的一側最弱。你也許會預料，月球會讓離它較近的一側形成單一個海洋隆起，但這就錯了。就像讓巨人頭和腳感覺被拉扯開的同樣成因，地球面向和背向月球兩側的海水都會從地表隆起。有一種思考方式是，在面向的一側，月球把海水拉離地球，但在背向的一側，月球是把地球拉離海水。結果，地球的兩側就各形成一個隆起，一個朝向月球，另一個背向月球。地球在海面會隆起的情況下自轉一圈

時，每個位置就會經歷兩次漲潮。

由重力的強度和方向變化引起的扭曲力，稱為潮汐力（tidal force），無論是由月球、地球、太陽還是其他天文質量體引起的。普通身高的人能不能感受到潮汐力——譬如從跳水板跳下時？不能，但這只是因為我們太小了，因此地球的重力場在我們全身幾乎沒有不同。

墮入地獄

我踏上幽深蠻荒之路。

——但丁，《神曲》

要是你掉入 1 個太陽質量的黑洞，潮汐力就不會那麼仁慈了。壓縮進黑洞微小體積中的所有質量，不但會讓視界附近的重力非常強大，還會讓這個重力非常不一致。早在你到達施瓦氏半徑之前，在你離黑洞還有 16 萬多公里時，潮汐力會變得令人難受。對於黑洞快速變化的重力場來說，你太大了，就像 3,000 公里巨人一樣。在靠近視界之前你就會變形了，差不多就像從軟管裡擠出的牙膏般。

應付黑洞視界的潮汐力有兩種對策：要麼讓自己變小，不然就是讓黑洞變大。細菌察覺不到位於 1 個太陽質量的黑洞視界的潮汐力，但你也不會察覺到 100 萬個太陽質量的黑洞視界的潮汐力。這看起來可能和直覺相反，因為質量更大的黑洞的重力會有更強大的影響才對。但這種想法忽略了一個重要的事實：更大的黑洞會有非常大的視界，大到看起來幾乎像是平的。在視界附近，重力場會非常強，但幾乎是均勻的。

如果你懂一點牛頓重力論，就能算出位於暗星視界的潮汐力。你會發現，暗星的體積愈大，質量愈大，視界潮汐力就愈弱。基於這個原因，穿過一個非常大的黑洞的視界會是平靜無波的。但潮汐力終究避不開，就算是最大的黑洞；體積大只是讓不可避免的事情延後發生。最後免不了掉入奇異點，這段歷程會和但丁（Dante）想像的任何折磨，或托爾克馬達（Torquemada）在西班牙宗教裁判所任職期間執行的任何酷刑一樣可怕。（想到了把手腳往不同方向拉開的刑具。）就連最小的細菌，也會在縱軸的方向上被拉開，同時在水平方向上被壓扁。小分子會比細菌撐得久，原子又會撐得更久一點，但奇異點遲早會勝出，甚至贏過一顆質子。我不知道但丁所稱的沒有罪人能逃過地獄的折磨，是不是真有其事，但我相當確定，沒有什麼東西能逃過黑洞奇異點的可怕潮汐力。

儘管奇異點有這些怪異殘酷的性質，這還不是黑洞最玄妙的奧祕。我們知道不幸被吸進奇異點的物體會發生什麼事，而且並不美好。但不管愜意與否，奇異點不像視界那麼弔詭。在近代物理學中，幾乎沒有什麼比這個問題更讓人困惑的了：物質穿過視界往下掉落時會發生什麼事？不論你的答案是什麼，可能都是錯的。

米契爾和拉普拉斯比愛因斯坦早一個多世紀出生，所以不可能猜到他會在 1905 年提出的兩個發現。第一個是狹義相對論，這個理論依據的原理是，不論是光還是其他任何東西，沒有哪個東西會超過光速。米契爾和拉普拉斯明白光無法逃出暗星，但不了解其他一切東西也逃不掉。

愛因斯坦在 1905 年提出的第二個發現是，光確實是由粒子構成的。米契爾和拉普拉斯推測有暗星存在後不久，牛頓的光粒子理論就失寵了，愈來愈多證據顯示光是波組成的，就像聲波或海面上的波濤。到 1865 年，詹姆斯．克拉克．馬克士威（James Clerk Maxwell）已經理解光是由高低起伏的電場和磁場組成的，以光速在空間中傳播，而光粒子理論顯然已經徹底死了。看來還沒有人想到電磁波或許也會受重力拉扯，暗星就這樣被遺忘了。

直到 1917 年，天文學家施瓦茲席德求解出愛因斯坦新提出的廣義相對論方程式，重新發現暗星。[5]

等效原理

就像愛因斯坦的大部分研究成果一樣，廣義相對論很難又不可思議，但它其實源自極其簡單的觀測結果。事實上，這些結果簡單到任何人都有可能觀測到，只是沒有人辦到。

5　黑洞有很多種。尤其是如果原始恆星有自轉（所有的恆星某種程度上都有自轉），黑洞就能繞著軸旋轉，而且可以帶電。把電子放進黑洞，會讓黑洞帶電。唯有沒自轉、不帶電荷的黑洞稱為施瓦氏黑洞（Schwarzschild black hole）。

從最簡單的想像實驗作出影響非常深遠的結論，正是愛因斯坦的作風。（我個人一向最欽佩這種思維方式。）在廣義相對論的例子中，這個想像實驗需要一個在電梯裡的觀測者。教科書往往會把電梯改成火箭推進式太空船，但在愛因斯坦的年代，電梯是令人振奮的新技術。他先想像這部電梯在外太空自由漂浮，遠離任何受重力作用的物體。電梯裡的每個人都會感受到完全失重狀態，拋體會以等速度沿著完美的直線軌跡運動。光線的行進方式也完全相同，但當然是以光速行進。

愛因斯坦接著想像，如果電梯向上加速會發生什麼事，加速的方式可能是靠連接在遠處某個錨上的鋼索，或是靠拴在底面的火箭推進。這時電梯乘客應該會被推向地板，而拋體的軌跡會向下彎曲，在拋物線形的軌道上。一切都和受重力影響時的狀態一模一樣。伽利略以後的每個人都知道這點，但要到愛因斯坦，才會把這個簡單的事實變成影響力強大的物理學新原理。等效原理（Equivalence Principle）主張，重力的效應和加速度的效應是完全一樣的。在電梯裡做的任何一項實驗，都區別不出電梯是在重力場中靜止不動，還是在外太空中加速。

這本身並不出乎意料，但產生的結果很重要。愛因斯坦提出等效原理之際，大家幾乎不了解重力會如何影響其他現象，例如電流、磁鐵的行為或光的傳播。愛因斯坦所用的方法，是先理解加速度如何影響這些現象，這通常不需要什麼新的或未知的物理學，他只須想像，從加速中的電梯會看到怎樣的已知現象，然後等效原理就會告訴他重力的效應。

第一個例子牽涉到光在重力場中的行為。想像有一道光束從左到右水平穿過電梯，如果電梯自由運動，遠離任何一個受重力作用的質量體，光束就會沿著水平直線運動。

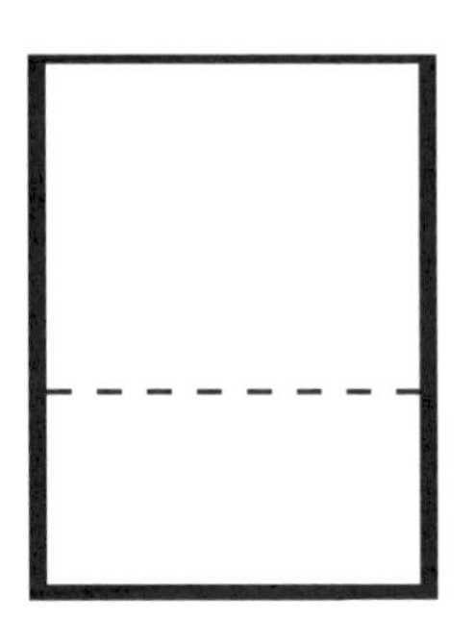

但現在要讓電梯向上加速。一開始，光束從電梯左側水平運動，但因為電梯加速了，所以當光束到達另一側時，看起來會有個向下運動的分量。從某個觀點看，電梯向上加速，但在乘客看來，光束好像是在向下加速。

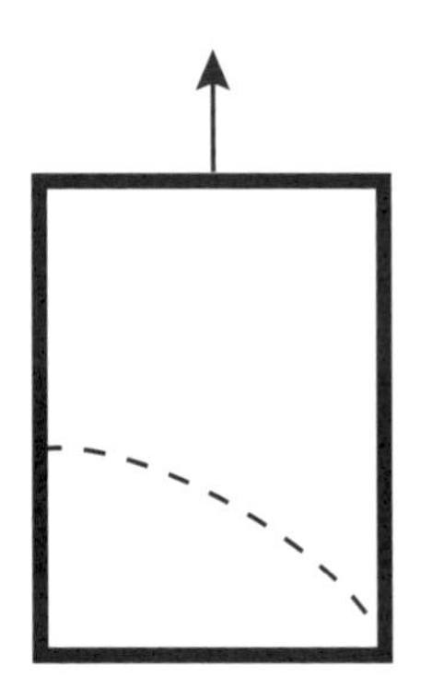

事實上，光線路徑的彎曲方式和移動得非常快的粒子軌跡是一樣的。這個效應和光究竟是由波還是粒子組成，毫無關係；它只不過是向上加速的效應。但愛因斯坦主張，如果加速會讓光線的軌跡彎曲，重力一定也辦得到。甚至你可能會說，重力會拉扯光束，讓它往下落。這正是米契爾和拉普拉斯的推測。

事情的另一面是：如果加速可以模擬重力的效應，它也可以抵消那些效應。不妨想像同一部電梯不再是漂浮在遙不可及的外太空，而是位於摩天大樓的頂端。如果它靜止不動，乘客會感受到重力的全面效應，包括光線穿過電梯時會彎曲。但隨後電梯鋼索啪的一聲斷了，電梯開始朝地面加速。在電梯像自由落體般落下的短暫過程中，電梯內的重力似乎完全抵消了。[6] 乘客在電梯車廂內漂浮，感覺不到自己是在往上還是往下。粒子和光束沿著完美的直線行進，這就是等效原理的另一面。

排水洞、啞洞和黑洞

凡是嘗試不用數學公式來描述近代物理學的人，都知道類比多麼有用。譬如把原子想成縮小版的太陽系，就很有幫助，而用平常的牛頓力學去描述暗星，可幫助還沒準備好開始看廣義相對論高等數學的人。然而類比本身有局限性，如果我們推想得太過頭，用暗星類比黑洞就會出現漏洞。還有一個效果更好的類比，是我從黑洞量子力學的先驅之一比爾．翁汝（Bill Unruh）那裡學到的。我之所以特別喜歡這個類比，也許是因為我的第一份職業

6　在這裡我假設電梯夠小，小到潮汐力可以忽略不計。

是水管工人。

想像一座無邊無際的淺水湖，深度只有幾公尺，但在水平方向上無限延伸。有一種瞎眼的蝌蚪終其一生都生活在這座湖裡，完全不知道光這種東西，但很擅長用聲音確定物體的位置和進行溝通。有個牢不可破的法則是：任何一個東西在水中移動的速度都不得超過聲速。在大部分的情況下，這種速限並不重要，因為蝌蚪移動得比聲音慢許多。

這座湖裡有個威脅。許多蝌蚪發現時已經來不及自救，沒有一隻能活著回來。湖中央是一個排水洞，湖水從那個洞流入下面的洞穴中，然後像瀑布般傾瀉到致命的尖石上。

如果從上方俯視湖面，你可以看到湖水流向排水洞。在離排水洞很遠的地方，水流的速度慢得察覺不到，但離得愈近，水流會加速。我們就假設排水洞排水的速度非常快，到某段距離處，速度會和聲速一樣快，在更靠近排水洞時甚至會變成超音速。現在我們有了一個非常危險的排水洞。

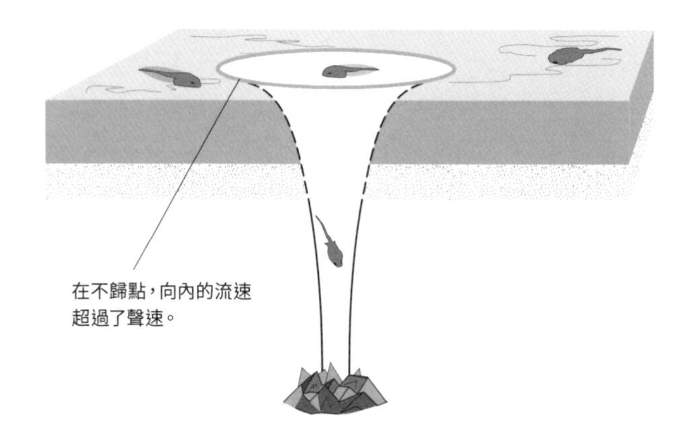

漂浮在湖水中的蝌蚪，只感受到自己的液態環境，從來不知自己移動得多快；牠們附近的一切都用同樣的速率掠過。重大的威脅是，牠們可能會被吸進排水洞，葬身尖石上。事實上，其中一隻一旦越過向內速度超過聲速的半徑，就在劫難逃了。越過不歸點之後，牠無法游得比水流快，也沒辦法出聲警告還在安全區域的同伴（在水中沒有什麼可聽見的訊號傳播得比聲音快）。由於沒有聲音逃得出來，翁汝就把排水洞和它的不歸點稱為啞洞（dumb hole）。

關於不歸點最有趣的事情之一是，粗心大意的觀測者在漂過這個點時，起初不會注意到任何異狀。沒有路標或警報聲警告他，也沒有障礙物阻止他，沒有任何事物通知他危險近在眼前。前一秒看起來一切沒事，下一秒一切看起來還是沒事，過了那個不歸點就令人大失所望了。

有隻自由漂浮的蝌蚪，我們就叫她愛麗絲吧，她一邊漂向排水洞，一邊對著遠方的朋友鮑伯唱歌。愛麗絲就和她的瞎眼蝌蚪同伴一樣，會唱的歌非常有限，她只能唱出的音是中央 C，這個音的頻率是每秒振動 262 次——用專門術語來說就是 262 赫茲（Hz）。[7] 雖然愛麗絲離排水洞還很遠，她的移動卻幾乎難以察覺。鮑伯注意聽愛麗絲的聲音，聽見了中央 C。但當愛麗絲開始加速，聲音就

7 赫茲（簡稱赫）是頻率的單位，命名自 19 世紀的德國物理學家海因利希・赫茲（Heinrich Hertz）。一赫茲等於每秒循環一次。

變低沉了，至少在鮑伯聽來是這樣；從中央 C 換成 B，再換成 A。原因是大家熟知的都卜勒頻移（Doppler shift），在高速行駛的火車鳴笛經過時可以聽到。火車接近時，汽笛聲在你聽起來會比火車上的駕駛員聽到的來得高。接著，汽笛聲經過你面前然後遠去，聲音就變低沉了。接連的每個振盪都比前一個行進得遠一點，到達你耳朵的時間就會稍微延遲。前後聲音振盪之間的時間拉長了，你聽到的頻率就比較低。此外，如果火車加速遠去，我們感覺到的頻率就會愈來愈低。

同樣的事情也發生在愛麗絲她漂向不歸點時所唱出的音上。起初鮑伯聽到的是 262 Hz 的音，後來它會變成 200 Hz，然後是 100 Hz、50 Hz，以此類推。在很靠近不歸點發出的聲音，需要非常久的時間才能逃離；湖水的移動幾乎抵消了聲音向外傳播的移動，讓它變慢到差不多快停住不動。不多久，聲音會變得非常低沉，低到鮑伯要靠特殊設備才聽得到。

鮑伯可能有特殊設備，讓他能夠集中聲波，生成愛麗絲在漂近不歸點時的影像。只不過，接連的聲波傳到鮑伯的時間愈來愈久，因此讓和愛麗絲有關的一切事物都像放慢了似的。她的聲音變低沉了，但不僅如此；她揮手臂的動作放慢到幾乎停住了。鮑伯彷彿花了無盡漫長的時間才偵測到最後一個波，在鮑伯看來，愛麗絲事實上花了很久才到達不歸點。

同一時間，愛麗絲並沒有察覺到什麼怪事，她開心地漂過不歸點，絲毫感覺不出速度慢下來還是加快了。等到後來被沖向致命的岩石，她才意識到自己危在旦夕。在這裡我們看出黑洞的其中一個關鍵特徵：不同觀測者對同一事件有看似互相矛盾的不同看法。對鮑伯來說，至少從他聽到的聲音來判斷，愛麗絲需要極漫長的時間才能到達不歸點，但對愛麗絲來說可能只是一眨眼的工夫。

現在你也許已經猜到不歸點是黑洞視界的類比。把聲音換成光（還記得沒有什麼東西跑得比光速快吧），你就會對施瓦氏黑洞的性質有相當準確的印象。就像排水洞的例子所說的，凡是越過視界的東西都逃脫不掉，甚至無法站住不動。在黑洞裡，威脅不是尖石，而是位於中心的奇異點，進入視界的所有物質都將被拉向奇異點，在那裡會被擠壓到無限大的壓力和密度。

當我們用啞洞的類比，和黑洞有關的許多弔詭現象就更清晰了。譬如我們來考慮鮑伯，這次他不再是蝌蚪，而是在太空站的太空人，這個太空站在安全距離外繞著一個很大的黑洞運行。同時間，愛麗絲正落向視界，但沒有唱歌（外太空沒有空氣可傳播她的聲音），而是用藍色手電筒發信號。在她落入的過程中，鮑伯看到光的頻率從藍色逐步轉移成紅色、紅外線、微波，到最後的低頻無線電波。愛麗絲本身好像愈來愈無精打采，快要停下來了。鮑伯從未見過她落入視界；在他看來，愛麗絲花了無限長的時間才到達不歸點。但在愛麗絲的參考坐標系中，她剛越過視界，要到接近奇異點時才開始覺得不舒服。

施瓦氏黑洞的視界就在施瓦氏半徑處。愛麗絲跨越視界時或許定數難逃，但就像蝌蚪一樣，在她葬身奇異點之前還有一段時間。有多少時間呢？要看黑洞的大小或質量而定，質量愈大，施瓦氏半徑愈大，愛麗絲的時間就愈多。如果是質量和太陽一樣大的黑洞，愛麗絲只有大約 10 微秒的時間。若是星系中心的黑洞，質量可能是太陽質量的 10 億倍，那麼愛麗絲的時間就會有 10 億微秒，也就是半小時左右。我們可以想像更大的黑洞，愛麗絲可以在裡面活過一生，甚至還可以歷經愛麗絲的幾代子孫，奇異點才會讓他們消失。

當然，根據鮑伯的觀測，愛麗絲甚至連視界都到不了。到底誰是對的？她究竟會不會到達視界？實際上發生了什麼事？有「實際上」可言嗎？物理學終究是一門根據觀察和實驗的科學，因此我們必須相信鮑伯的觀測結果本身是站得住腳的，儘管這些結果顯然跟愛麗絲對事件的描述不一致。（在後面幾章我們要先討論貝根斯坦和霍金發現的驚人黑洞量子性質，再回來談愛麗絲和鮑伯。）

排水洞的類比在很多方面都很好，但就像所有的類比一樣有其局限性。舉例來說，當物體落入視界時，它的質量會加到黑洞的質量中。質量增加，就代表視界擴大了。我們把幫浦接到排水管來控制水流，就可以在排水洞的類比中模擬這件事，這是毋庸置疑的。每當有東西掉入排水洞，就把幫浦稍微開大一點，加快水流，把不歸點推向更遠的地方。但這個模型很快就會變複雜了。[8]

黑洞的另一個性質是，黑洞本身是可移動的天體。如果把一個黑洞放在另一個質量體的重力場中，這個黑洞就會像其他的質量體一樣加速，甚至會掉進更大的黑洞中。如果想描述真實黑洞的這一切特徵，用排水洞類比大概會比用數學解釋還要複雜。排

8　喬治・埃利斯（George Ellis）教授提醒了我，水流可變動時會有什麼細微的變化。如果是這樣，不歸點和水速到達聲速的那點就不完全相同。若類推到黑洞的例子中，這個細微的不同處就是表面可見的視界與真實視界的差別。

水洞類比儘管有局限性，仍然是非常有用的描述，讓我們不用精通廣義相對論裡的那些方程式就能了解黑洞的基本特徵。

給喜歡公式的人看的幾個公式

這本書是為不太喜歡數學的讀者所寫的，但如果你喜歡一點數學，這裡提供幾個公式及其含意。如果你不喜歡公式，就直接跳到下一章吧，沒有小考。

根據牛頓的重力（萬有引力）定律，宇宙中的每個物體都會吸引其他的物體，這個萬有引力與兩物體的質量乘積成正比，與兩者間距離的平方成反比。

$$F= \frac{mMG}{D^2}$$

這個方程式是物理學中最有名的方程式之一，名氣和 $E = mc^2$（這是愛因斯坦把能量 E 和質量 m 及光速 c 搭上關係的著名方程式）差不多。等號左邊是兩個質量體之間的引力 F，如月球和地球，或地球和太陽。在等號的右邊，較大的質量是 M，較小的質量是 m，舉例來說，地球的質量是 6×10^{24} 公斤，月球的質量是 7×10^{22} 公斤。兩質量體之間的距離用 D 表示。地球到月球的距離大約是 4×10^{8} 公尺。

方程式中的最後一個符號 G 是個數值常數，稱為牛頓常數。牛頓常數不能從純數學推導出來，要找出它的值，就必須測定相隔了某段已知距離的兩個已知質量之間的引力。只要找到了這個常數值，你就可以計算出相隔任意距離的任意兩個質量之間的引力。諷刺的是，牛頓根本不知道這個常數的值。由於重力太微弱了，所以 G 小到無法測量，一直到 18 世紀末，有位名叫亨利 · 卡文迪西（Henry Cavendish）的英國物理學家，設計出測量極小作用力的巧妙方法。卡文迪西發現，兩個相距 1 公尺的 1 公斤質量體之間的吸引力大約是 6.7×10^{-11} 牛頓。（牛頓是計算力的公制單位，大約等於英制的五分之一磅。）因此牛頓常數的值就是

$$G = 6.7\times10^{-11}$$

牛頓在替自己的理論做出結論時，遇到了天大的好運：平方反比律（inverse square law）的特殊數學性質。你量自己的體重時，把你拉向地球的重力有一部分是來自你腳底下的質量，一部分來自地球深處的質量，還有一部分來自 1 萬 3,000 公里外的對蹠點（antipodal point）。但透過某個數學奇蹟，你就能假設所有的質量都集中於單一個點，也就是在地球的幾何中心。

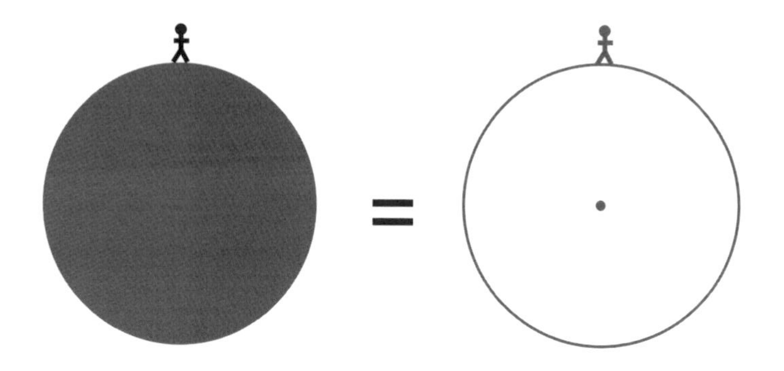

具有質量的球的重力，完全等同於所有的質量都集中於中心點。

這個方便的事實就讓牛頓可以把大的質量體換成小的質點，進而計算出大物體的脫離速度。下面就是結果。

$$\text{脫離速度} = \sqrt{\frac{2MG}{R}}$$

這個公式清楚顯示，當質量愈大，半徑 R 愈小，脫離速度就愈大。

現在，計算施瓦氏半徑 Rs 就是簡單的習題了。只要令脫離速度等於光速，然後求解方程式中的半徑。

$$R_s = \frac{2MG}{c^2}$$

要注意的重點是：施瓦氏半徑與質量成正比。

關於暗星，要說的都說完了——至少就拉普拉斯和米契爾所能理解的部分。

3

不是老祖宗的幾何學

從前，在高斯、鮑耶、羅巴切夫斯基和黎曼[1]等數學家亂來之前，幾何學是指歐氏幾何，也就是大家在高中學到的幾何。首先是平面幾何學，研究二維平面的幾何學。基本概念是點、線和角。我們學到，三個點如果不共線，就可以決定一個三角形；平行線

1 高斯（Carl Friedrich Gauss, 1777-1855）；鮑耶（János Bolyai, 1802-1860）；羅巴切夫斯基（Nikolai Lobachevski, 1792-1856）；黎曼（Georg Friedrich Bernhard Riemann, 1826-1866）。

永遠不會相交；還有，任何一個三角形的內角和都是 180 度。

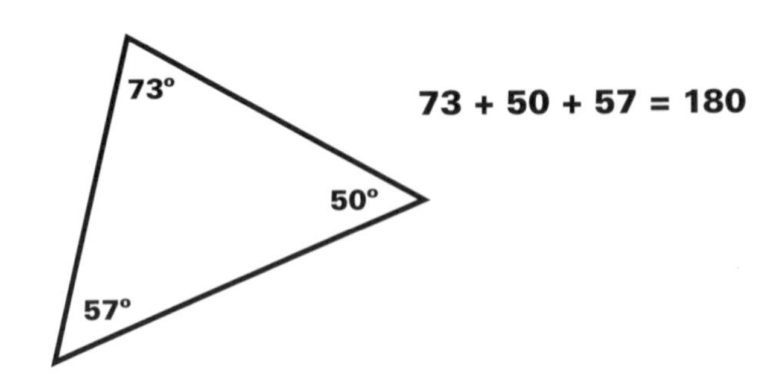

接下來，如果你也上了我上過的課，你的想像能力就會延伸到三個維度。有些事物和在二維時一樣，但有些東西必須改變，要不然二維和三維就沒什麼區別了。舉例來說，在三維中會有永不相交但也不平行的直線，稱為歪斜線（skew line）。

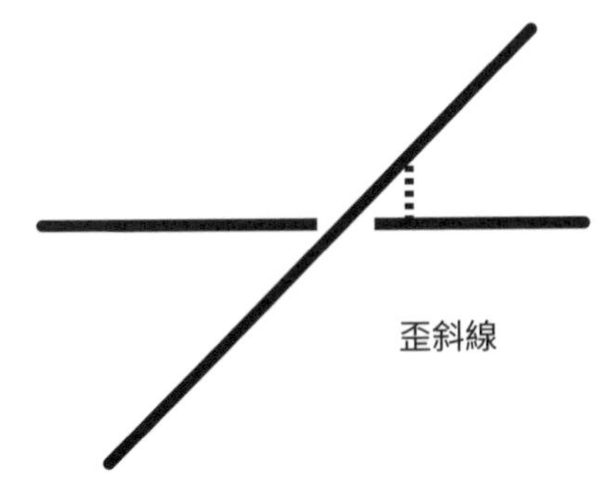

無論是二維還是三維，幾何學法則仍是歐幾里得在大約公元前 300 年立下的法則。然而即使在二維中，採用不同公理體系的其他幾何類型也是可能的。

幾何學的英文字 geometry 的字面意思是「測量地球」。諷刺的是，如果歐幾里得肯花力氣實際去測量地球表面上的三角形，就會發現歐氏幾何是行不通的。原因在於，地球表面是個球面 2，不是平面。球面幾何當然也有點和角，但它有沒有我們應該稱為直線的東西，就沒那麼明顯了。我們來看看能不能理解「球面上的直線」這幾個字的意思。

描述歐氏幾何中的直線，我們熟悉的說法就是它是兩點間最短的路線。如果我想在足球場上畫一條直線，我會在地上放兩根木樁，然後在它們之間拉一根繩子，拉得愈緊愈好。拉緊繩子可以確保這條線盡可能短。

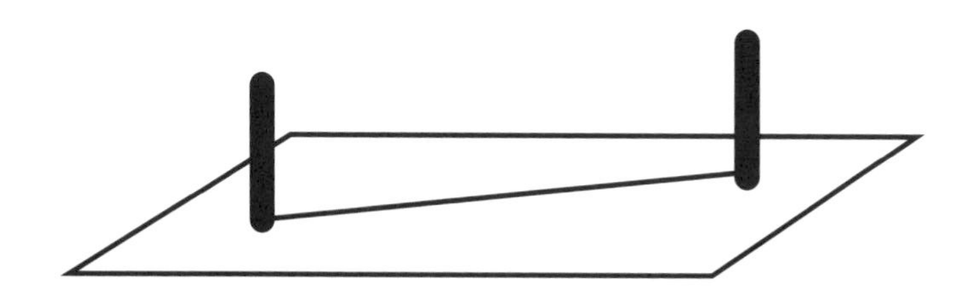

兩點間最短路線的概念，很容易推展到球面上。假設我們的目標是找出莫斯科和里約熱內盧之間的最短航線。我們需要一個地球儀、兩個圖釘和細線。先把圖釘固定在莫斯科和里約熱內盧，然後就可以把細線拉過地球儀表面，找出最短路線。這些最短路線稱為大圓（great circle），如赤道和子午線。把它們稱為球面幾

2 我當然是指理想化的正圓形地球。1792–1856）和黎曼（Georg Friedrich Bernhard Riemann, 1826–1866）。

何的直線說得通嗎？我們怎麼稱呼它們無所謂，重要的是點、角、線之間的邏輯關係。

既然是兩點間的最短路線，這樣的線就某種意義來說可能就是球面上最直的線。這種路線的正確數學名稱叫做測地線（geodesics）。平面上的測地線是普通的直線，球面上的測地線卻是大圓。

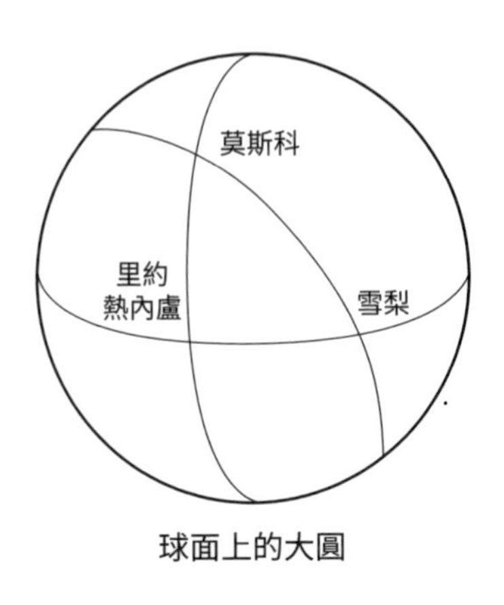

球面上的大圓

有了這些球面上的直線替代物，我們就可以開始作三角形了。先在球面上選取三個點，好比莫斯科、里約熱內盧和雪梨。接下來，畫出三條測地線，把這三點兩兩相連：莫斯科－里約測地線、里約－雪梨測地線，最後是雪梨－莫斯科測地線。得到的結果就是一個球面三角形。

在平面幾何中，如果把任意三角形的三個角相加，會得到整整 180 度。但仔細觀察一下球面三角形，我們可以看到三邊向外彎，讓三個角比它們在平面上稍微大一些。因此，球面三角形的內角和永遠大於 180 度。曲面上的三角形若帶有這個性質，這個曲面就稱為正曲率（positively curved）曲面。

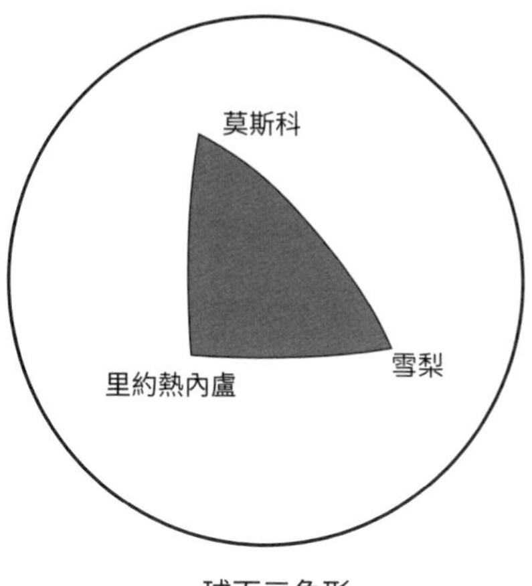

球面三角形

有沒有帶著相反性質的曲面，也就是三角形內角和小於 180 度的曲面？馬鞍就是這種曲面的例子。鞍形的曲面是負曲率（negatively curved）曲面；在負曲率曲面上構成三角形的測地線，不是向外彎，而是向內縮。

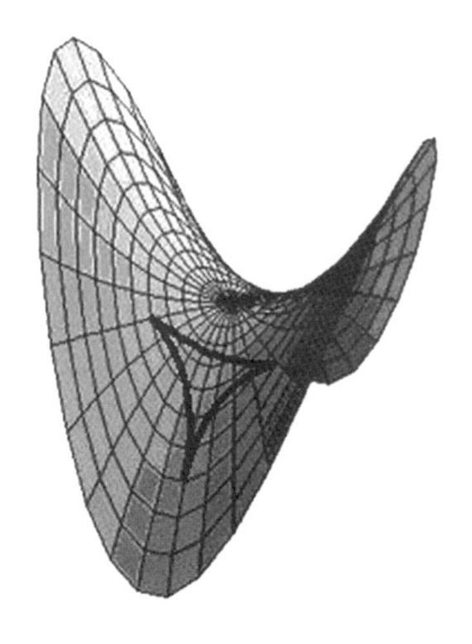

因此，不論我們的有限腦袋是否能想像彎曲的三維空間，我們都知道如何透過實驗去驗證曲率。三角形是關鍵。在空間中任選三點，然後盡可能拉緊細線，構成一個三維的三角形。如果每個像這樣的三角形內角和都是 180 度，這個空間就是平的，如果不是，就是彎曲的。

遠比球面或鞍面複雜的幾何形狀有可能存在——有不規則山丘和河谷的幾何形狀，會同時有正曲率和負曲率的區域。不過，繪製測地線的規則總是很簡單。想像自己在這樣的曲面上爬行，直直往前爬，不要轉頭。別東張西望；別擔心你的來路或去路；只管注意眼前，直直向前爬。你的路徑將會是一條測地線。

想像某個坐在電動輪椅上的人，試圖在滿是沙丘的沙漠中前行。他帶的水有限，所以必須快快走出沙漠。圓弧形的小丘、馬鞍狀的隘口和深谷，構成一片有正曲率和負曲率的大地，電動輪椅怎麼走最好，還不完全明顯。坐在輪椅上的人推想，小丘和深谷會讓他放慢下來，所以一開始他繞過這兩種地形。轉向機制很簡單——如果他讓其中一個輪子相對於另一個輪子放慢，輪椅就會朝那個方向轉。

但幾個小時後，坐輪椅者開始懷疑他經過的地形是他先前走過的。讓輪椅轉向把他帶上了危險的隨機漫步。他現在意識到，最佳策略是一律直行，不要左轉也不要右轉。「就直直往前走吧，」他自言自語道。但要怎麼確定他沒有走歪呢？

答案很快就會變得顯而易見。這種輪椅有個機制，可把兩個輪子鎖定在一起，這樣它們就會像不能彎曲的啞鈴一樣轉彎。用這種方式鎖住輪子之後，他就一往直前，奔向沙漠邊緣。

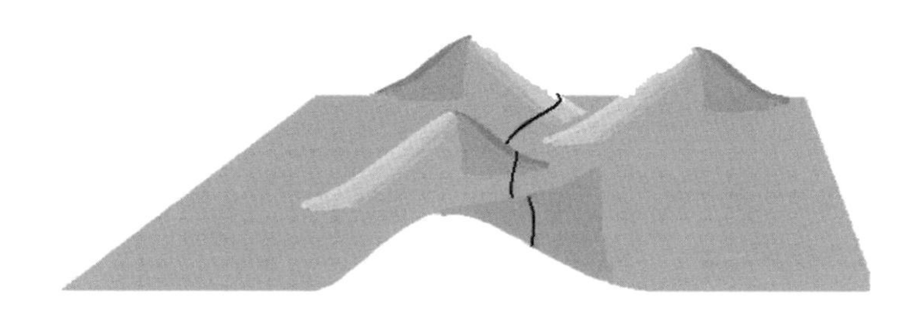

在軌跡上的每一點，這個旅人看上去像在走一直線，但從整個軌跡來看，他的路徑是一條複雜又曲折的曲線。儘管如此，它可能是最直又最短的。

直到 19 世紀，數學家才開始研究具有非傳統公理體系的新幾何學。像伯恩哈德．黎曼（Georg Friedrich Bernhard Riemann）等少數人，準備考慮「真實」幾何（真實空間的幾何）可能不全然是歐氏幾何的想法。不過，愛因斯坦是第一個認真考慮這個想法的人。在廣義相對論中，空間（或更應該說是時空）幾何變成實驗物理學家的問題，而不是哲學家甚至數學家的問題。數學家可以告訴你什麼類型的幾何是可能存在的，但只有測量才能確定空間的「真實」幾何。

在創建廣義相對論時，愛因斯坦以黎曼的數學工作為基礎。黎曼設想出超越球面和馬鞍曲面的幾何結構：有隆起和凸塊的空間，有的地方是正曲率，有的地方是負曲率；測地線是彎曲、不規則的路徑，在這些地形特徵之上和之間蜿蜒。黎曼只考慮了三維空間，但愛因斯坦和與他同時代的赫曼．閔考斯基（Hermann Minkowski）帶入了新的東西：時間是第四個維度。（設法想像一下。如果能夠想像，你有非比尋常的腦袋。）

狹義相對論

閔考斯基在愛因斯坦開始思考扭曲空間之前，就想到時間和空間應該結合起來，形成四維的時空（space-time），他相當優雅，儘管有點自大地宣稱：「從現在起，空間本身和時間本身注定逐漸消失，最後僅僅是影子，唯有這兩者的某種結合才會維持獨立的現實。」[3] 閔考斯基的平坦或非扭曲時空，稱為閔考斯基空間（Minkowski space）。

閔考斯基在 1908 年第 80 屆德國自然科學家暨醫師大會發表的演講中，以時間為縱軸，而將就用一個橫軸表示所有三個空間維度。聽眾不得不發揮一點想像力。

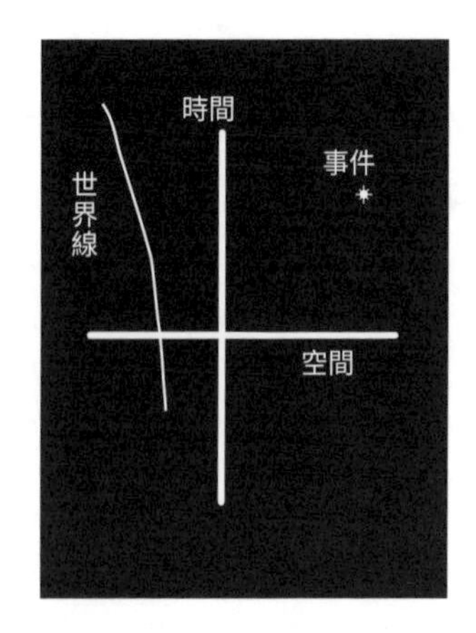

3　閔考斯基最先意識到，新的四維幾何是愛因斯坦狹義相對論的適當架構。引述自「時間與空間」（Space and Time），1908 年 9 月 21 日在第 80 屆德國自然科學家暨醫師大會（Assembly of German Natural Scientists and Physicians）發表的演講。

閔考斯基把時空點稱為事件（event）。事件一詞的普通用法不只包含時間和地點，還有在那裡發生的事。例如：「1945 年 7 月 16 日早上 5 點 29 分 45 秒，新墨西哥州三一試爆場（Trinity）發生了一件非常重大的事件——史上第一個原子彈在那裡進行試爆。」閔考斯基用事件一詞的企圖小一些，他只想指特定的時間和地點，不管是不是真有什麼事在那裡發生。他真正的意思是指某個事件可能發生或可能沒發生的地點和時間，但這有點拗口，所以就乾脆稱為事件。

在閔考斯基的研究中，穿過時空的直線或曲線扮演了特殊的角色。空間中的一點代表某個質點的位置，但要畫出質點在時空中的運動，就需要畫一條掃出某個軌跡的直線或曲線，這個軌跡稱為世界線（world line）。必然會有某種運動，即使質點完全靜止不動，仍會穿過時間。這種靜止質點的軌跡會是一條鉛直線。向右移動的質點軌跡，會是向右偏斜的世界線。

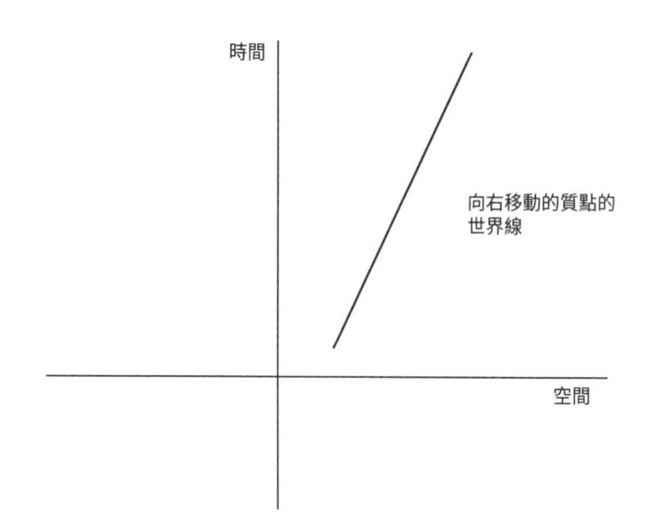

同樣的，把世界線向左傾斜，描述的就會是向左移動的質點。偏離鉛直線愈多，質點移動得愈快。閔考斯基用傾斜 45 度的線描述光線的移動——在所有物體當中是最快的。由於質點不可能移動得比光快，因此真實物體的軌跡偏離鉛直線的角度不可能超過 45 度。

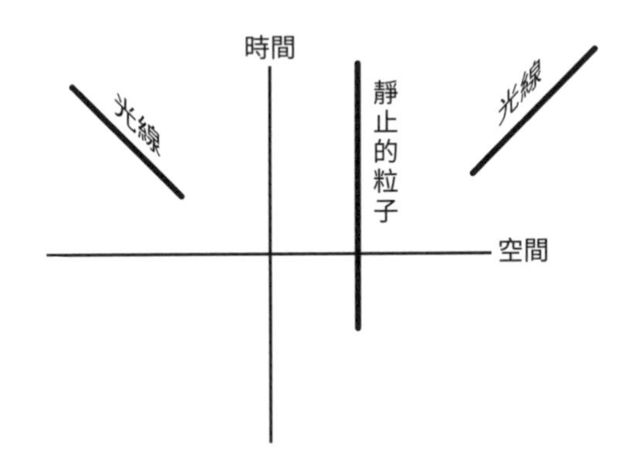

閔考斯基把運動得比光慢的質點的世界線，稱為類時（time-like），因為這種世界線靠近鉛直線。他把傾斜 45 度的光線軌跡稱為類光（light-like）。

原時

距離算是人腦容易理解的概念，尤其是沿著直線測量的距離。要測量直線距離，只需要一把普通的直尺。沿著曲線測量距離就有點難了，但難度不高，只要用捲尺代替直尺就行了。然而時空距離更難捉摸，不是一下子就清楚該如何測量。事實上，在閔考斯基提出方法之前，並沒有這樣的概念。

閔考斯基對定義沿著世界線的距離概念特別感興趣。譬如拿靜止質點的世界線來說吧，由於這條軌跡沒涵蓋空間距離，因此直尺或捲尺一定不是理想的測量工具。但就如閔考斯基領悟到的，即使完全靜止的物體也會隨時間移動。測量世界線的理想方法不是用直尺，而是時鐘。他把這個測量世界線距離的新工具稱為原時（proper time）。

不妨想像每個物體無論走到哪裡，都隨身帶著小時鐘，就像有人可能會帶著懷錶一樣。兩個事件沿著世界線的原時，是指兩事件間經過的時間量，這個量就由沿著那條世界線移動的時鐘來測量。時鐘的滴答聲類似捲尺上的單位刻度，但測量的不是普通距離，而是閔考斯基原時。

下面舉個具體的例子。烏龜先生和兔子先生決定比賽誰穿越中央公園的速度比較快。裁判在兩端都擺放了仔細同步過的馬錶，好讓他們替獲勝者計時。兩位選手在中午 12:00 開跑，兔子穿越公園跑到一半的時候，已遙遙領先，所以決定小睡片刻再繼續跑。但他睡過頭了，醒來時正好看見烏龜即將抵達終點線。非常不想輸掉比賽的兔子急起直追，就在最後一秒追上烏龜，同時衝過終線。

烏龜拿出他非常可靠的懷錶，自豪地向等候的群眾亮出原時，沿著他的世界線從起點到終點是 2 小時 56 分鐘。但為什麼要用原時這個新術語？為什麼烏龜不直接說，他從起點到終點的時間是 2 小時 56 分鐘？時間不就是時間嗎？

牛頓當然這麼認為，他相信上帝的萬能時鐘定義出普遍適用的時間流，所有的時鐘都可以和它同步。不妨想像一下空間滿是全都同步過的小時鐘，來設想牛頓的世界時。這些時鐘都是運轉速度完全相同的可靠時鐘，所以一旦同步，就會保持同步。不論烏龜或兔子碰巧在哪裡，他都可以看一下附近的時鐘，得知時間。或是可以看看自己的懷錶。對牛頓來說，無論你去哪裡，用什麼速率，沿著直線或彎曲軌跡，你的懷錶（假設它也是個可靠的時鐘）都會和你附近的時鐘一致，這是不需證明的。牛頓時間有絕對的真實性；沒有什麼相對性可言。

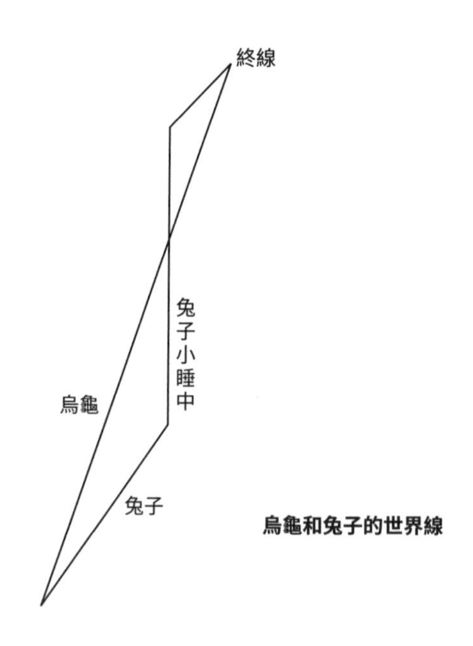

烏龜和兔子的世界線

但在 1905 年，愛因斯坦重新表述了牛頓的絕對時間。根據狹義相對論，時鐘滴答走的速度和它們的運動方式有關，即使這些時鐘是彼此的完美複製品。這種效應在一般情況下是察覺不出來的，但當時鐘的運動速度接近光速，就會變得非常明顯。根據愛因斯坦的說法，每個沿著自身世界線移動的時鐘，都以自己的速度滴答走。閔考斯基就這樣定義出原時的新概念。

為了說明起見，當兔子掏出他的懷錶（也是很可靠的時鐘），他的世界線的原時顯示著 1 小時 36 分鐘。[4] 雖然起點和終點在同一個時空點，但烏龜和兔子的世界線卻有十分不同的原時。

在進一步討論原時之前，再思考一下用捲尺沿著曲線測量的普通距離，會大有助益。取空間中任意兩點，然後在兩點之間畫一條曲線。這兩個點沿著這條曲線相距多遠？答案顯然要視曲線而定。下圖中有兩條曲線，讓同樣兩個點（a 和 b）相連，但相距長度大不相同。沿著上方的曲線，a 和 b 之間的距離是五英寸；沿著下方的曲線，則相距八英寸。

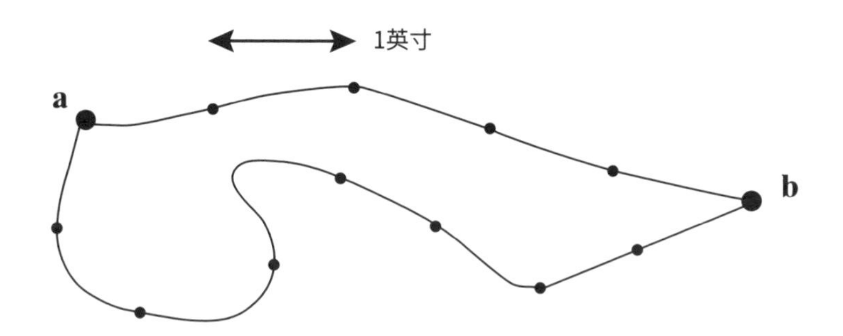

把 a 和 b 相連的不同曲線有不同的長度，這當然毫無奇怪之處。

現在回來看測量時空世界線的問題。下圖是典型的世界線，

4　這是極度誇大的差異，兔子必須用接近光速的速率來跑才有可能。

要注意世界線是彎曲的，這代表沿著軌跡的速度不一樣。在這張圖中，有個快速移動的質點慢了下來。曲線上的點表示時鐘的滴答聲，每個間隔都代表一秒。

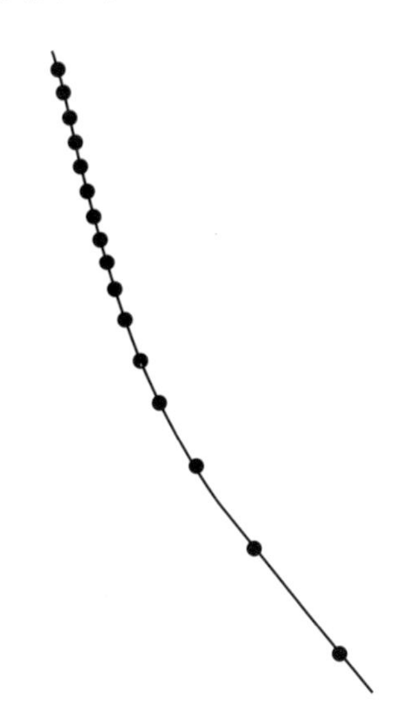

請注意看，當角度比較接近水平時，一秒看起來變慢了。這不是出錯；它其實代表愛因斯坦發現的時間膨脹（time dilation）現象：和慢速時鐘或靜止時鐘比起來，快速移動的時鐘走得比較慢。

我們來考慮兩條把兩個事件連接起來的彎曲世界線。向來就是想像實驗家的愛因斯坦，想像了同時出生的雙胞胎——我準備稱呼他們愛麗絲和鮑伯。他們的誕生標為 a 事件。在出生的那一刻，雙胞胎就分開了；鮑伯留在家裡，愛麗絲被人火速帶走。一段時間之後，愛因斯坦讓愛麗絲轉身回家。最後，鮑伯和愛麗絲在 b 重逢。

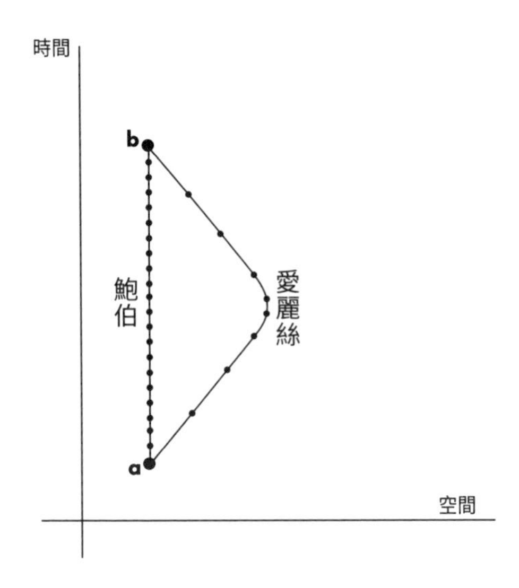

在雙胞胎出生時，愛因斯坦給他們完全同步的相同懷錶。鮑伯和愛麗絲終於在 b 重逢時，拿出懷錶比對一番，就會發現可能讓牛頓吃驚的事情。首先，鮑伯臉上有長長的花白鬍子，愛麗絲卻維持青春的相貌。按照他們各自的懷錶顯示的，沿著愛麗絲世界線的原時比鮑伯的短了很多。就像兩點之間的普通距離取決於連接這兩點的曲線，兩個事件之間的原時取決於連接兩事件的世界線。

愛麗絲有沒有注意到她的懷錶在途中慢了？一點也沒有。她的懷錶不是唯一慢了的東西；她的心跳、大腦功能和整個代謝作用也慢了。在旅行途中，愛麗絲沒有什麼東西可以拿來和懷錶對時，但當她終於和鮑伯再度相逢時，卻發現自己明顯比他年輕。這個「孿生子弔詭」（twin paradox）令物理系學生迷惑了一百多年。

可能你已經發現了一件令你好奇的事。鮑伯沿著直線穿越時空，而愛麗絲沿著彎曲的軌跡行進。然而沿著愛麗絲的軌跡的原時，比沿著鮑伯軌跡的原時來得短。這說明了閔考斯基空間的幾何學中有個違反直覺的事實：筆直的世界線在兩個事件之間產生最長的原時。不妨把這件事放進你的重新接線元件中。

廣義相對論

和黎曼一樣，愛因斯坦也相信幾何（不單單是空間，而是時空）是扭曲且可變的。他所指的不只是空間，還包括時空幾何。愛因斯坦效法閔考斯基，讓一個軸代表時間，另一個軸代表三個空間維度，但他不把時空描繪成平面，而是想像成一個扭曲變形、帶有凸塊和隆起的曲面。質點仍然沿著世界線移動，時鐘滴答滴答報出原時，但時空的幾何更加不規則。

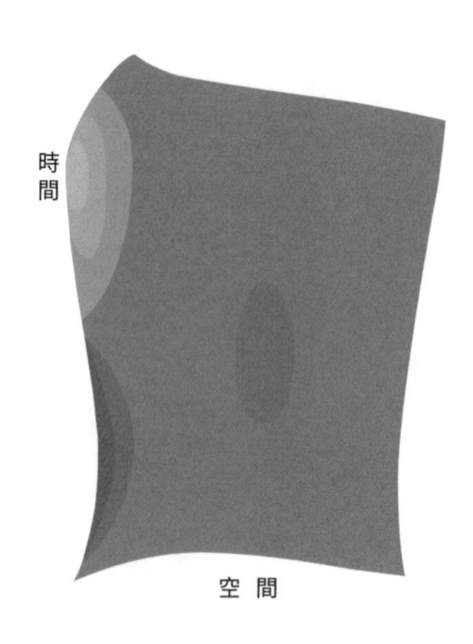

愛因斯坦的定律

令人大吃一驚的是，從許多方面來看，扭曲時空中的物理定律比牛頓物理學中的定律簡單。就拿質點的運動來說吧，牛頓的第一個定律是慣性原理：

在不受外力的情況下，物體的運動狀態會保持不變。

這個聽起來簡單的法則，以及「運動狀態保持不變」這幾個字，隱藏了兩個概念。首先，運動狀態保持不變是指沿著空間中的一條直線運動。但牛頓的意思更明確：運動狀態保持不變也意味著速度始終不變——也就是沒有加速。[5]

那重力呢？牛頓補了第二個定律，關於運動狀態會改變的定律——力等於質量乘上加速度，換句話說，就是：

物體的加速度等於該物體所受的力除以本身的質量。

如果這個力來自重力，就要運用第三個法則：

5　加速這個術語是指在速度上的任何變化，包括我們通常說的減速。對物理學家來說，減速就等於負的加速。

物體受到的重力和本身的質量成正比。

閔考斯基運用獨到的見解，把牛頓的運動狀態不變概念簡化，同時總結了兩種情況：

在不受外力的情況下，物體會沿著筆直的世界線穿過時空。

世界線是直線，不只意味著空間中的直線，也意味著速度不變。

閔考斯基的筆直世界線假說，完美融合了等速運動（運動狀態不變）的兩個層面，但只適用於完全不受外力的情況。愛因斯坦把閔考斯基的想法應用到扭曲時空，又提升到另一個層次了。

愛因斯坦的新運動定律簡單無比。質點在本身世界線上的每一點，都會做最簡單的事：（在時空中）一直往前走。如果時空是平坦的，愛因斯坦的定律就等同於閔考斯基的定律，然而時空（在大質量物體讓時空變形扭曲的區域）若是扭曲的，這個新的定律就會命令質點沿著時空測地線運動。

正如閔考斯基解釋過的，世界線彎曲代表物體受到外力作用。根據愛因斯坦的新定律，扭曲時空中的質點會盡可能做直線運動，但測地線必然是弧線，配合局部時空地形轉彎。愛因斯坦的數學方程式顯示，扭曲時空中的測地線表現得和穿過重力場的質點的彎曲世界線完全一樣。因此，重力只不過是扭曲時空中的測地線彎曲。

愛因斯坦用了一個簡單到近乎可笑的定律，把牛頓的運動定律和閔考斯基的世界線假說結合起來，還解釋了重力是怎麼作用在所有物體上的。牛頓把重力（萬有引力）當成自然界未作解釋的事實，愛因斯坦則把重力解釋成非歐時空幾何的結果。

質點沿測地線運動的原理，提供了看待重力的有力新思考方法，但對彎曲的成因什麼也沒說。為了讓理論完整，愛因斯坦就必須解釋，控制了時空的扭曲隆起和其他凹凸不平之處的因素是什麼。在舊有的牛頓理論中，重力場來自質量：像太陽這樣的質量體，會在周圍產生重力場，進而影響行星的運動。因此愛因斯坦自然而然猜測，質量（或說能量）的存在會導致時空扭曲或彎曲。近代相對論的偉大先驅和老師之一惠勒，用一句簡潔的標語做出總結：「空間告訴物體如何運動，物體告訴空間如何扭曲。」（他指的是時空。）

愛因斯坦的新見解意指時空不是被動的；它有扭曲等性質，而這是在回應質量的存在。時空幾乎像是有彈性的物質，甚至像流體，會受到穿過它的物體影響。

有時我會用一個讓我五味雜陳的類比，來描述大質量物體、重力、扭曲和質點運動之間的關聯。概念就是把空間想成一張水平的橡膠布，有點像彈跳床的東西。沒有質量讓它變形時，這張橡膠布會維持平坦，但在上面放一個像保齡球那樣的重物之後，保齡球的重量就會讓它變形。現在加一個質量小很多的物體（彈珠就很適合），然後觀察彈珠滾向質量較大的保齡球的情形。也可以給彈珠某個切向速度，這樣它就能繞著質量較大的物體運行，像地球環繞太陽一樣。橡膠布表面的凹陷讓質量較小的物體不會飛走，就像太陽的重力束縛住地球一樣。

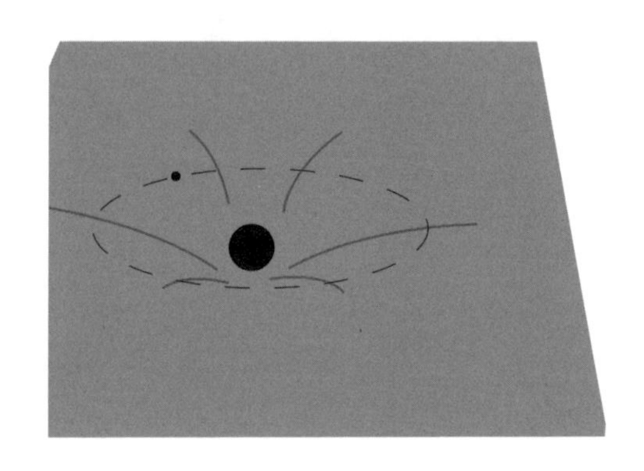

這個類比本身會產生一些誤導。首先，橡膠布的彎曲是空間上的彎曲，不是時空上的。它無法解釋質量對附近時鐘的特殊影響（我們在這章的後面會看到這些影響）。更糟糕的是，這個模型是用重力解釋重力。讓橡膠布表面產生凹陷的，是現實中的地球對保齡球的引力。不管從哪個專門意義來說，橡膠布模型都是錯的。

儘管如此，這個類比還是表現出廣義相對論的一部分精神。時空是可變形的，很重的質量確實會讓它變形。小物體的運動會受到重物體造成的彎曲影響。凹陷的橡膠布看上去很像我待會要解釋的數學嵌入圖。如果有幫助，就用類比，但要記住它只是個類比。

黑洞

拿一顆蘋果，從中間切開。蘋果是三維的，但露出來的截面是二維的。把蘋果切成薄片後得到的所有二維截面疊起來，就可以重建出這個蘋果。有人也許會說，每塊薄片嵌入到更高維的切片堆疊中。

時空是四維的，但把它切片之後，就可以露出三維的空間切片。你可以把它想像成一疊薄片，每一片都代表某一瞬間的三維空間。設想三個維度，比設想四個維度容易得多。切片的圖像稱為嵌入圖（embedding diagram），能夠直覺式地描繪出彎曲的幾何結構。

我們就拿太陽的質量產生的幾何結構為例吧。先暫時忽略時間，集中注意力想像太陽附近的扭曲空間。嵌入圖看起來會像橡膠布上的輕微凹陷，太陽在凹陷的中央，和放了保齡球的彈跳床大致相似。

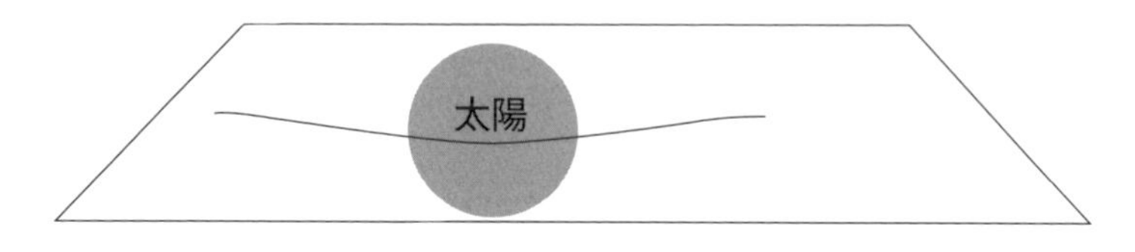

如果同樣的質量集中在更小的體積裡，太陽附近的變形會更明顯。

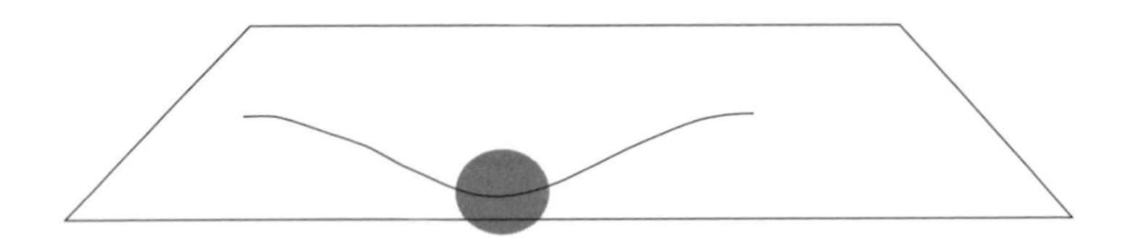

白矮星或中子星附近的幾何結構更加扭曲，但仍然是光滑的。

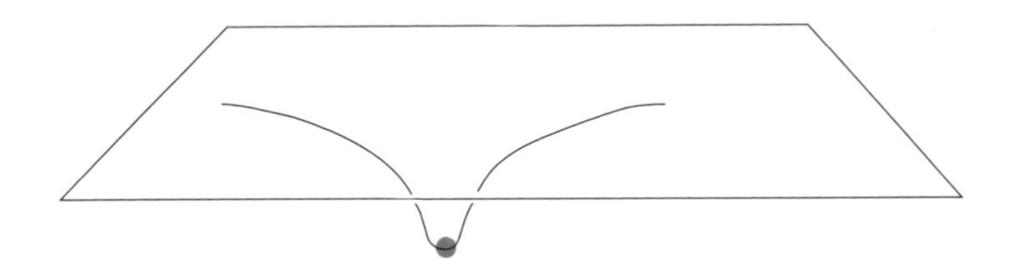

就如我們在前面了解到的，如果塌縮中的太陽變得夠小，小到包含在它的施瓦氏半徑內（太陽是 3 公里），那麼太陽的粒子將會像陷入排水洞的蝌蚪被吸進去，不能自拔，塌縮到它們形成一個奇異點（曲率無限大的點）為止。[6]

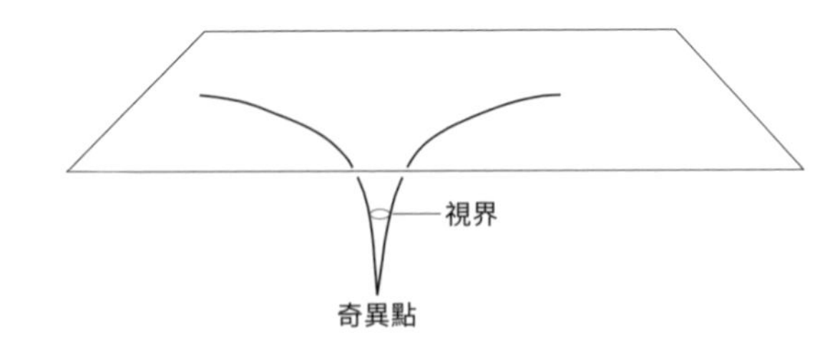

6　給內行人看的說明：下面這個嵌入圖的施瓦氏時間不是常數。它是採用克魯斯卡坐標（Kruskal coordinates）並選 T = 1 這個面所得到的。

黑洞並不是什麼

有些讀者對黑洞的認識完全來自迪士尼電影《黑洞》（The Black Hole），我預料這一節會引發其中一些人寫投訴信表達憤怒。我不想掃大家的興，老天都知道黑洞是很迷人的東西，但黑洞並不是通往天堂、地獄或其他宇宙的入口，甚至不是回到我們這個宇宙的通道。在情場、戰場和科幻片裡可以為達目的而不擇手段，所以我實際上不介意電影製作人追逐夢想，但理解黑洞需要的不只是仔細研究低成本電影而已。

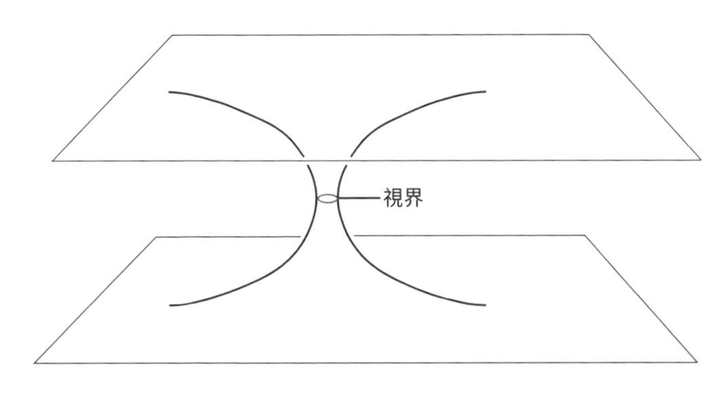

愛因斯坦－羅森橋

《黑洞》這部片的前提實際上源自愛因斯坦和奈森．羅森（Nathan Rosen）共同研究，後來再由惠勒推廣的成果。愛因斯坦和羅森推測，黑洞的內部或許可以透過惠勒後來稱為蟲洞（wormhole）的結構，連接到非常遙遠的地方。背後的構想是，兩個可能相距數十億光年的黑洞，可以在它們的視界連結起來，形成一條穿越宇宙的奇異捷徑。一旦進入視界，黑洞的嵌入圖會變成寬廣的新時空區域，而不是結束在尖尖的奇異點。

從一端進入然後從另一端離開，會像從紐約進入隧道，走了不超過幾公里之後卻在北京甚至火星出隧道。惠勒的蟲洞根據的是廣義相對論真正的數學解。

這就是「黑洞是通往其他世界的通道」這個都市傳說的由來。但這種幻想犯了兩個錯誤。首先，惠勒的蟲洞只會開啟很短的時間，然後就關上了。蟲洞開啟和關閉的速度太快了，任何東西都來不及通過，包括光在內。這就好像通往北京的捷徑在任何人通過前就會坍塌。有些物理學家推測，量子力學也許有辦法讓蟲洞穩固，但沒有任何證據可以證明。

更重要的是，愛因斯坦和羅森在研究的是「永恆的黑洞」——不僅會在未來永遠存在下去，在無限久遠前的過去也存在。但連宇宙也不是無限古老的。幾乎可以肯定，現實世界中的黑洞起源自大霹靂過後很久才發生塌縮的恆星（或其他大質量物體）。愛因斯坦的方程式應用到黑洞的形成時，黑洞根本就沒有蟲洞與它們相連。嵌入圖看起來像上一節最下面的那個圖。

既然我已經壞了你的興致，我建議你去租那部電影來看，開心一下。

如何建造時光機

未來不像過去那樣。

——尤吉・貝拉（Yogi Berra）

那麼時光機呢？這是另一個老套的科幻把戲，許多書籍、電視節目和電影的主題。我個人很想擁有一部。我很好奇未來會是什麼樣子。一百萬年後人類還會存活嗎？他們會移民太空嗎？性仍然會是優先選用的繁衍方式嗎？我很想知道，而且我猜你也會想要知道。

小心你許下的願望。前往未來可能會有一些不利之處。你所有的親朋好友可能早已死去。你的穿著看起來可能會很可笑。你用的語言可能會毫無用處。總之，你可能會像個怪胎。前往未來的單程時光旅行聽起來即使不悲慘，也夠令人沮喪了。

沒問題。只要爬進你的時光機，把刻度盤再設定到現在。可是，如果你的時光機傳動沒有反向裝置怎麼辦？如果只能往前走怎麼辦？你還會去未來旅行嗎？或許你認為這個問題只是閒扯；每個人都知道時光機是科幻小說或科幻片裡的東西。但事實並非如此。

前往未來的單向時光機是很有可能做到的，至少原則上是有可能的。在伍迪　艾倫（Woody Allen）的科幻喜劇片《傻瓜大鬧科學城》（Sleeper）中，主角透過一種在今天幾乎是可行的技術，被送往兩百年後的未來。他只是讓自己冷凍起來，進入一種生命暫停（休眠）的狀態，這種事情已經在狗和豬身上進行過幾個小時。他從冷凍狀態醒來時，已經在未來了。

這項技術當然不是真實的時光機，它可以讓人的新陳代謝變慢，但不會讓原子的運動和其他物理程序變慢。不過我們可以做得更好。還記得一出生就分開的雙胞胎鮑伯和愛麗絲吧？愛麗絲從太空旅行歸來後，發現其餘的世界變老的程度遠超過她自己。因此，搭乘飛快的太空船來回旅行，就是時間旅行的例子。

還有一個可能會非常便利的時光機，就是大黑洞。以下是它的運作方式。首先，你會需要一個繞軌道運行的太空站，和一條很長的纜線，可把自己垂降到視界附近。你不會想靠得太近，當然也不會想掉入視界，所以纜線必須非常堅固。太空站的絞車會把你放下去，然後在一段指定的時間之後把你拉上來。

我們就假設你想去一千年後的未來，而且願意在沒有因重力加速度而感到太多不適的情況下，在纜線上懸垂一年。這有可能做得到，但你就必須找到一個視界像銀河系這麼大的黑洞。如果你不介意不舒服，那就可以用銀河系中心那個小得多的黑洞。不利之處會是，你會覺得在靠近視界的那一年間，體重彷彿達到 45 億公斤。在纜線上懸垂一年之後，你會被拉起來，然後發現一千年已經過去了。至少原則上，黑洞確實是通往未來的時光機。

但返程呢？這會需要一部前往過去的時光機。唉呀，回到過去可能就辦不到了。物理學家有時會思索穿過量子蟲洞回到過去的時間旅行，但回到過去始終會導致邏輯上的矛盾。我猜你會困在未來，而且束手無策。

時鐘的重力放慢

讓黑洞成為時光機的性質是什麼？答案是黑洞造成的時空幾何結構的嚴重扭曲。這種扭曲會根據世界線的所在位置，以不同的方式影響沿著世界線的原時流動。在離黑洞很遠的地方，影響非常微弱，原時的流動幾乎不受影響，但懸在視界上方纜線上的時鐘，就會因為時空扭曲而大幅慢下來。事實上，所有的時鐘都會變慢，包括你自己的心跳、你的新陳代謝，甚至原子的內部運動。你絲毫不會注意到這件事，但等你回到太空站，拿著你的懷錶和太空站上的時鐘對時，就會察覺出差異了。在太空站上流逝的時間，比在你的懷錶上流逝的時間來得多。

事實上，甚至不必回到太空站就看得到黑洞對時間的影響。如果你懸垂在視界附近，而我待在太空站，我們兩人都有望遠鏡，那就可以互相觀測。我會看到你和你的懷錶在做慢動作，而你會看到我像某部笑鬧默片一樣快轉。這種在質量大的物體附近的時間相對放慢，稱為重力紅移（gravitational red shift）。這是愛因斯坦在廣義相對論中發現的結論，但在牛頓的重力論中，所有的時鐘都以完全相同的速率滴答作響。

下面的時空圖說明了黑洞視界附近的重力紅移。左邊的物體是黑洞。請記住，這張圖代表時空，縱軸是時間。灰色的曲面是視界，距離視界不同距離的鉛直線，則代表一組靜止不動的相同時鐘。刻度線表示沿著世界線的原時流動，單位並不重要，可以代表秒、奈秒或年。時鐘愈靠近黑洞視界，看起來走得愈慢，而剛好在視界的位置，黑洞外的時鐘完全停止計時。

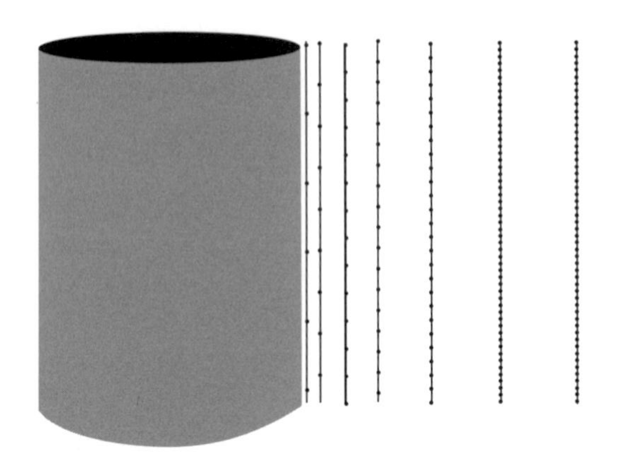

時鐘的重力放慢會發生在不像黑洞視界附近那麼奇特的環境中。有個輕微的形式發生在太陽表面。原子是小型時鐘，電子像指針一樣環繞原子核飛快旋轉。從地球上觀測時，太陽表面的原子看起來跑得有點慢。

失去同時性、孿生子弔詭、時空扭曲、黑洞、時光機——這麼多不尋常、比小說還離奇的想法，而且還都是可靠的想法，物理學家一致同意、沒有爭議的概念。為了理解時空的新物理學，你的腦袋需要一些痛苦的重新接線——微分幾何、張量微積分、時空度規、微分形式。然而，就連移轉到虛幻量子領域的困難過程，也比不上現在設法讓廣義相對論和量子力學達成一致時遭遇到的那些概念上的難題。在過去，量子力學有時看似無法和愛因斯坦的重力論共存，不得不遭棄置，但也許有人可能會說，黑洞戰爭是「讓量子力學有個安全的世界的戰爭」。

在下一章，我準備嘗試一項極度異想天開的任務，要在幾乎不用方程式的情況下，替你的腦袋重接量子力學的線路。摸索量子宇宙的實際工具是抽象的數學：無限維的希爾伯特空間、投影運算子、么正矩陣，以及許多要花幾年才學得會的其他高等原理。但我們就來看看要怎麼用短短幾頁篇幅做到吧

4

「愛因斯坦，別指示上帝該做什麼」

她放下茶杯，用膽怯的聲音問道：「光是波組成的，還是粒子組成的？」

屋前樹下擺著一張桌子，三月兔和帽匠坐在那邊喝茶，有隻睡鼠坐在他們中間，睡得正甜，另外兩位拿睡鼠當靠墊，手肘靠在牠身上，隔著牠在聊天。愛麗絲心想：「睡鼠應該很不舒服吧，可是既然牠睡著了，我想牠不介意。」[1]

上一堂自然科學課上完之後，有件事一直讓愛麗絲百思不解，她希望剛認識的朋友當中有人能替她解惑。她放下茶杯，用膽怯的聲音問道：「光是波組成的，還是粒子組成的？」「對，一點也沒錯，」帽匠回答。愛麗絲有點惱怒，用比較堅定的聲音問道：「這是什麼答案啊？我把我的問題重說一遍：光是粒子還是波？」「沒錯，」帽匠說。

歡迎來到趣味屋——瘋狂、荒唐、顛三倒四的量子力學世界，在這裡面，不確定性當道，理智的人覺得沒有一件事說得通。

答覆愛麗絲——算是吧

牛頓認為，光線是微小粒子流，大概就像機槍連續發射的小子彈。雖然這個理論幾乎完全錯誤，他對於光的許多性質還是提出了非常巧妙的解釋。到 1865 年，蘇格蘭數學家兼物理學家詹姆斯·柯勒克·馬克士威（James Clerk Maxwell）徹底否定了牛頓的子彈理論。馬克士威主張，光是由波組成的——電磁波（electromagnetic

1　出自路易斯・卡洛爾（Lewis Carroll）的《愛麗絲夢遊仙境》，插畫繪者：約翰・田尼爾（John Tenniel）。此處譯文參考 2016 年由大寫出版、陳榮彬翻譯的《愛麗絲夢遊仙境與鏡中奇緣》。

wave）。馬克士威的解釋徹底得到證實，很快就成了公認的理論。

馬克士威指出，電荷在運動（譬如電子在電線中振動）時，運動中的電荷會產生像波一樣的擾動，差不多就像在一灘水中擺動一下手指，會在水面產生水波一樣。

光波是由電場和磁場組成的——和帶電粒子、電線中的電流及普通磁鐵周圍的電場和磁場是一樣的。這些電荷和電流振動時會搖出波動，波動會以光速在真空中傳播開來。事實上，如果讓投射出的光束通過兩道狹縫，你可以看到由重疊的波產生的明顯干涉（interference）圖案。

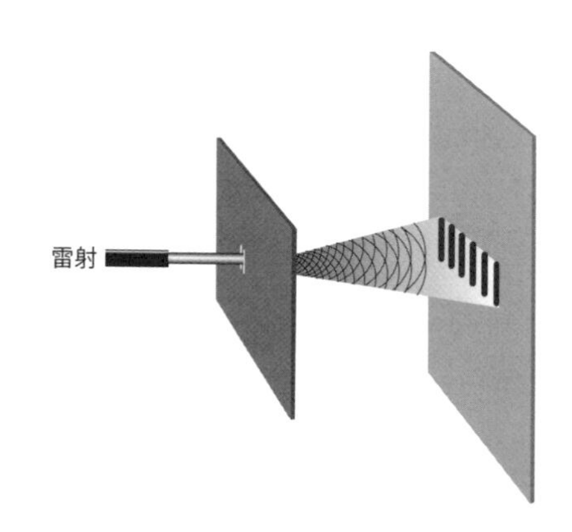

馬克士威的理論甚至解釋了光怎麼會有不同的顏色。波的特徵在於波長——從一個波峰到下一個波峰的距離。下面畫了兩個波，第一個波的波長比第二個長。

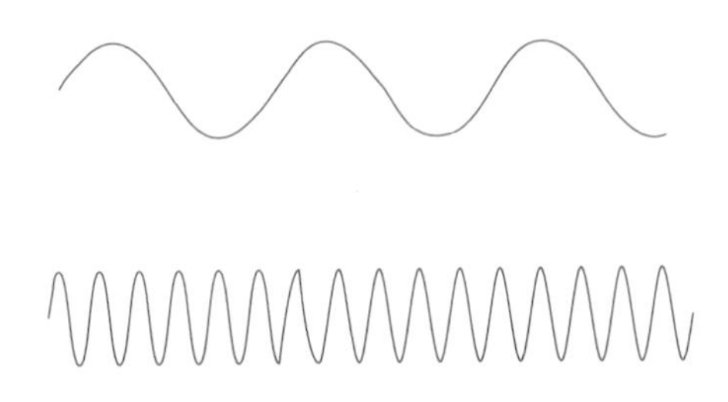

想像一下這兩個波用光速從你的鼻子旁邊流過。波動通過時，波從最高點振盪到最低點，然後又回到最高點：波長愈短，振盪得愈快。每秒完整循環（從最高點到最低點再到最高點）的次數稱為頻率，波長愈短，頻率顯然愈高。

光線進入眼睛時，不同的頻率會用不同的方式影響視網膜上的桿細胞和錐細胞。依頻率（或波長）指示成紅色、橙色、黃色、綠色、藍色或紫色的訊號，會傳送到大腦。光譜的紅端包含了比藍或紫端更長（頻率更低）的波：紅光的波長大約是 700 奈米[2]，而紫光的波長只有紅光的一半。由於光移動得非常快，所以振盪頻率極高。藍光每秒振盪一千兆（10^{15}）次；紅光的振盪頻率大約是藍光的一半。用物理術語來說，藍光的頻率是 10^{15} Hz。

2　一奈米等於十億分之一公尺，也就是 10^{-9} 公尺。

光的波長可能超過 700 奈米，或不到 400 奈米嗎？可能，但那樣就不稱為光；眼睛察覺不到這樣的波長。紫外線和 X 射線比紫光還要短，波長最短的射線叫做伽瑪射線。至於波長更長的一端，有紅外線、微波和無線電波。從伽瑪射線到無線電波，整個光譜稱為電磁輻射（electromagnetic radiation）。

所以說，愛麗絲，妳的問題的答案就是，光毫無疑問是波組成的。

但等一下，別這麼快下結論。在 1900 年到 1905 年之間，有個很令人焦慮的意外打亂了物理學基礎，讓這門學科在二十多年間陷入完全混亂的狀態。（有人會說它目前仍處於混亂狀態。）愛因斯坦在馬克斯．普朗克（Max Planck）的研究基礎上，徹底「動搖了占領導地位的典範」。我們沒有時間或篇幅來講述愛因斯坦是如何成功做到的，但不管怎麼樣，在 1905 年他已經深信，光是由他稱為量子（quanta）的粒子組成的；這些粒子後來稱為光子（photon）。若要用一句話概述一段迷人的故事，那就是：光在極暗時表現得像粒子一樣，每次出現一個，彷彿斷斷續續的子彈。回到光束通過雙狹縫，最後映在光屏上的實驗。想像光源的亮度調到最暗的情境。認為光是波動的物理學家，會預期結果出現非常暗、像波一樣的圖案，只能勉強看到，或根本看不到。但不論是否看得到，預期的圖案都會像波動。

這不是愛因斯坦預言的，而且他的預測照例是對的。他的理論預測，結果會是突然閃現的光點，而不是連續的亮光。第一個閃光會隨機出現在光屏上某個無法預測的位置。

第二個閃光會隨機出現在其他位置，然後是另一個。如果把閃光拍攝下來，然後進行疊加，從這些隨機閃光中就會開始浮現出圖樣——像波動的圖樣。

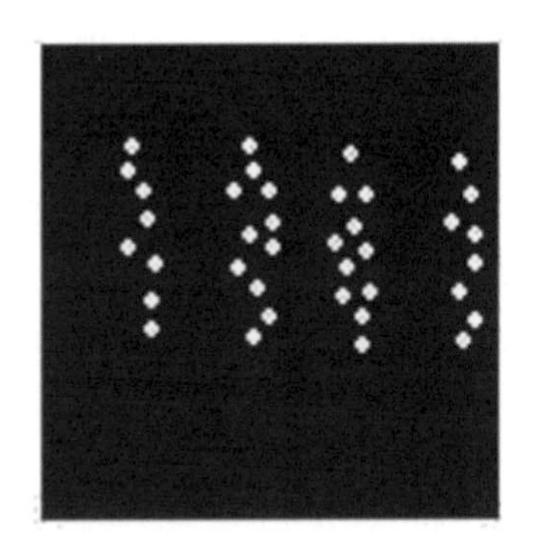

那麼光究竟是粒子還是波？答案要視實驗和你的提問而定。如果用於實驗的光線太暗，每次只有一顆光子慢慢通過，光就會像無法預測、隨機出現的光子。但如果光子夠多，足以產生出圖樣，光就會表現得像波一樣。大物理學家尼爾斯　波耳（Niels Bohr）在描述這種令人費解的情況時，提出光的波動說和粒子說是互補的。

愛因斯坦認為光子必須具有能量。當然有證據證明這件事。

太陽光（太陽發出的光子）讓地球變溫暖，太陽能板把太陽的光子轉換成電能，電能可以讓馬達運轉，舉起重物。如果光具有能量，那麼組成它的光子一定也具有能量。

單一個光子的能量顯然非常小，但到底有多少？煮一杯茶或讓 100 瓦的馬達運轉一小時，需要多少個光子？答案要視輻射的波長而定。波長比較長的光子，攜帶的能量比波長較短的光子少，因此需要更多波長較長的光子才能完成特定的工作。有個很著名的公式，用單一光子的頻率寫出了它的能量——這個公式雖然不如 $E = mc^2$ 那麼有名，但仍然非常有名。[3]

$$E = hf$$

等號左邊的 E，代表光子的能量，計量的單位稱為焦耳（joule）。等號右邊的 f 是頻率；若是藍光，頻率為 10^{15} Hz。剩下的 h，是普朗克在 1900 年提出的著名常數。普朗克常數非常小，卻是自然界最重要的常數之一，支配了所有的量子現象。它和光速 c、牛頓的萬有引力常數 G，有同等的地位。

$$h = 6.62 \times 10^{-34}$$

3　這個公式是普朗克在 1900 年提出的。然而了解到光是類似粒子的量子組成，並把這個公式應用到單一光子能量的人是愛因斯坦。

普朗克常數很小，所以單一光子的能量很小。要算出藍光光子的能量，就把普朗克常數乘上頻率 10^{15} Hz，得到 6.6×10^{-19} 焦耳。這聽起來沒有多大的能量，也確實不大；煮一杯茶，大約需要 10^{39} 個藍光的光子，而紅光的光子會需要大約兩倍的數量。相較之下，若採用目前偵測過最高能量的伽瑪射線，只需要 10^{18} 個光子就能煮好同一杯茶。

在上述這些公式和數字當中，我只希望你記住一件事：光線的波長愈短，單一光子的能量愈高。高能量代表短波長；低能量代表長波長。多唸幾遍，然後寫下來。現在再唸一遍：高能量代表短波長；低能量代表長波長。

預測未來？

愛因斯坦誇大其辭地說：「上帝不玩骰子。」[4] 波耳的回應很尖銳，他指責說：「愛因斯坦，別指示上帝該做什麼。」兩位物理學家幾乎算是無神論者，兩人當中的任何一位似乎都不大可能考慮有個神坐在雲端上，設法擲出一個七點。但波耳和愛因斯坦都在努力弄懂物理學上的某個全新事物——愛因斯坦實在無法接受的事物：量子力學古怪的新法則所暗示的不可預測性。愛因斯

4 出自 1926 年 12 月 12 日寫給馬克斯・玻恩（Max Born）的信。

坦的才智對「自然律當中有隨機、無法控制的元素」這個想法很反感，「光子出現確實是不可預測的事件」的想法違反他的信念。相反的，波耳可能喜歡也可能不曾喜歡這個想法，但他接受了，他也明白未來的物理學家必須為了量子力學，讓自己的腦袋重新接線，而重接線的部分過程會包括愛因斯坦不敢想的不可預測性。

倒不是波耳比較擅長想像量子現象，或說他對量子現象比較自在。「如果有人不對量子理論感到震驚，那他就是還沒有真正理解它，」他當眾說過。很多年後費曼也發表見解：「我敢說沒有人懂量子力學。」他還補充說：「你愈清楚自然界表現得多古怪，就愈難建構出模型，解釋最簡單的現象實際上的運作過程，所以理論物理學已經放棄這件事了。」我認為費曼並非當真在說物理學家應該放棄解釋量子現象；畢竟他經常在解釋這些現象。他真正的意思是，我們沒辦法像人腦用標準規格線路去想像的方式，來解釋量子現象。費曼和其他人一樣，必須靠抽象的數學。只讀一本書裡沒有半個方程式的一章，顯然不能替你的腦袋重新接線，但我認為只要有點耐心，你就可以理解重點。

物理學家必須擺脫的第一件事，是相信「自然律有決定性」的信念——這是愛因斯坦很看重的觀點。決定性是指，如果對眼前足夠了解，未來就是可預測的。牛頓力學及隨後的一切，都是在預測未來。拉普拉斯（想像出暗星的那位拉普拉斯）就堅信未來是可預測的，他寫道：

> 我們可以把宇宙現在的狀態，視為其過去之果及未來之因。一位智者，會知道在某一刻讓自然界運動的所有作

> 用力，以及組成自然界的萬物的所有位置，如果這位智者還強大到把這些資料送去分析，那麼宇宙裡最大的物體和最小的原子的運動，都會包含在一條公式中；對這樣一位智者而言，沒有什麼事會是不確定的，未來會像過去一般呈現在他眼前。

拉普拉斯只是在闡明牛頓運動定律的含意。牛頓和拉普拉斯對自然界的觀點，確實是形式最純粹的決定論（determinism）。若要預測未來，你只需知道宇宙中每個質點在最初某瞬間的位置和速度。喔對，還有一件事：你也必須知道作用在每個質點上的力。要注意，只知道瞬間的所在位置還不夠；知道一個質點的位置，並不能告訴你它要往哪裡去。但如果你也知道速度[5]（同時具有大小和方向），就能知道它接下來會在何處。物理學家提到的初始條件（initial condition），是指你為了要預測系統未來的運動，而必須知道關於某一瞬間的一切狀態。

為了弄懂決定論的含意，我們來想像最簡單的世界——簡單到只有兩種存在狀態的世界。硬幣是很合適的模型，它的兩種狀態是正面和反面。我們還必須指定一個規則，決定情況從某一瞬間轉變成下一瞬間的方式。以下是兩種可能的規則。

5　速度（velocity）這個術語不但表示物體移動得多快，還表示出運動方向。因此，每小時 100 公里並不是完整的速度資訊；每小時 100 公里朝北北西方向，才算完整。

· 第一個例子很單調乏味。規則就是——什麼也沒發生。如果硬幣在某一瞬間出現正面，下一瞬間（比方說一奈秒後）也是正面朝上。同樣的，如果它在某一瞬間出現反面，那麼下一瞬間也會出現反面。這個規則可以濃縮成兩個簡單的「公式」：

正→正　　反→反

這個世界的發展要麼是正正正正正……，不然就是反反反反反……，無止境重演下去。

· 如果第一個規則很無聊，那麼下一個只比第一個稍微有趣一點：不論某一瞬間是什麼狀態，一奈秒之後它都會翻轉到相反的狀態。用符號來表示，它可以寫成這樣：

正→反　　反→正

發展會呈現正反正反正反正反……或反正反正反正反正……的形式。

這兩個規則都是決定性的，意思是未來完全由起點決定。不管在哪種情況下，如果你知道初始條件，都能確切預測任何一段時間之後會發生什麼事。

決定性的規則不是唯一的可能。規則也有可能是隨機的。最簡單的隨機規則會是，無論初始狀態是什麼，下一瞬間都會隨機出現正面或反面。如果從反面開始，其中一種可能發生的發展會是反反反正正正反反正正反正正反反……，但也可能是反反正反正正反正正正反反……。事實上，任何順序都是可能的。你可以想到沒有規則的世界，或是用初始條件隨機更新當作規則的世界。

規則不必是完全決定性的或完全隨機的，這些只是極端的情況。有可能是多半決定性、只帶一點隨機性的規則；這個規則可能會指示，狀態有十分之九的機率保持不變，而有十分之一的機率會翻面。它的典型發展會像這樣：

正正正正正正正反反反反反反反反反反反反正正正正正正正正正正正正正反反反反反…………

在這個例子裡，賭徒對近期可以做出不錯的猜測：下一個狀態很可能和目前一樣。他或許會再大膽一點，猜測後續兩個狀態會和現在一樣。只要不是衝得太過頭，他猜對的機會很大；如果他想猜很遠以後的結果，猜對的可能性不會比一半好多少。這種不可預測性，正是愛因斯坦說上帝不玩骰子時所要批判的。

有一點也許會讓你大惑不解：實際連續丟硬幣的結果，更像是完全隨機的規則，而不像其中一種決定性的規則。隨機性似乎是自然界非常普遍的特徵，誰需要量子力學來讓世界變得不可預測？不過，即使沒有量子力學，平常丟硬幣的結果也難以預測，原因很簡單。記錄每個相關細節通常非常困難。硬幣實際上不是孤立的世界，動手拋硬幣的肌肉細節；房間裡的氣流；硬幣上的分子和空氣分子的熱振動——這一切都和丟擲結果有關，而且在大部分的情況下，這所有的訊息多到無法處理。前面說過，拉普拉斯提到要知道「讓自然界運動的所有作用力，以及組成自然界的萬物的所有位置」。單一分子的位置只要出一點點極小的錯誤，都有可能讓預測未來的能力喪失。不過，讓愛因斯坦困惑不已的並不是這種平常的隨機性。愛因斯坦說的上帝玩骰子，是指最深層的自然律具有避免不了的隨機因素，即使已得知能夠知道的每一個細節，還是不可能克服那個因素。

資訊永遠不滅

有個不允許隨機性的理由很具說服力，那就是在大多數的情況下，允許隨機性會違反能量守恆定律（見第 7 章）。這個定律是說，能量雖然有許多形式，而且可以從一種形式轉換成另一種形式，但總量永遠不變。能量守恆是自然界最準確證實的事實之一，沒有太多擅自改動的機會。隨機踢物體一腳，會讓它突然加快或放慢，就改變了它的能量。

還有一個非常微妙的物理定律，可能比能量守恆更基本。有時它稱為可逆原理，但我們就把它稱為資訊守恆（information conservation）。資訊守恆意味著，如果你對現在了解得十分確切，就能預測所有的未來。但這只是其中的一半。這個定律還說，如果你知道現在，就可以完全確定過去。它是雙向的。

在單一硬幣的正反面世界中，全然決定性的規則會保證資訊都能完全守恆。舉例來說，如果這條規則是

正→反　　反→正

那麼過去和未來都能完全預測出來。但就連最少量的隨機性，

也會破壞這種絕對的可預測性。

我再舉個例子，這次要用一種虛構的三面硬幣（骰子可算是六面的硬幣）。我們把這三個面稱為正、反和立。這是個全然決定性的規則。

正→反　　反→立　　立→正

若要想像這個規則，繪圖會有幫助。

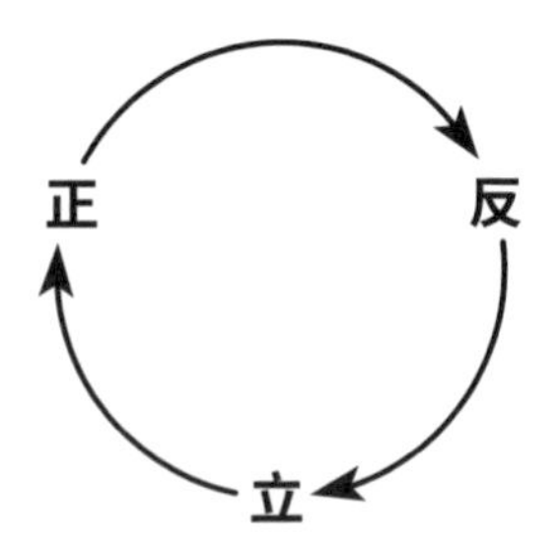

根據這個規則，從出現正面開始的世界發展會像這樣：

正反立正反立正反立正反立正反立正反立正反立正反立……

有沒有用實驗檢驗資訊守恆的方法？事實上，方法很多，有的可行，有的不可行。如果你能夠控制規則，任意更動它，就會有很簡單的檢驗方法。在三面硬幣的例子裡，方法是這樣的。從硬幣的三種狀態之一開始，然後讓它進行一段時間。假設狀態在每一奈秒會從正面翻到反面再到立面，在三種可能結果之間循環。在時間間隔結束時，更改規則。新規則只是舊規則的反向——變成逆時針方向，而不是順時針。

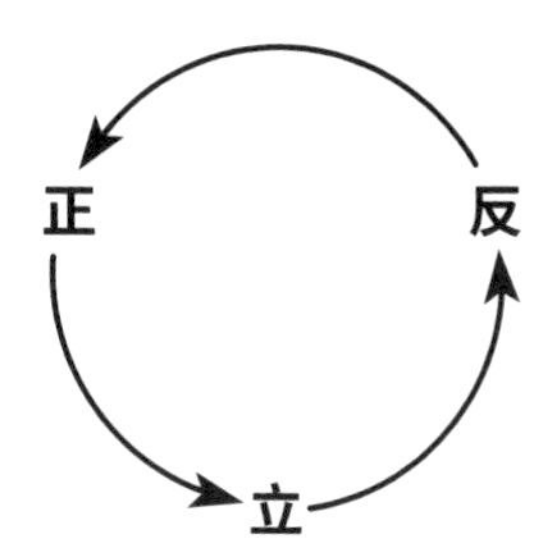

現在，讓系統反向進行一段同樣長的時間。原本的發展會自行還原，硬幣會回到起點。不論你等多久，決定性的規則都會留存完美的記憶，而且永遠會回到初始條件。為了檢驗資訊守恆，你甚至不必知道確切的規則，只要知道如何翻轉。只要規則有決定性，實驗就會永遠成功。但如果有任何一點隨機性，它就會失敗——除非是某種非常微妙的隨機性。

現在我們回到愛因斯坦、波耳、上帝（讀作：物理定律）和量子力學吧。愛因斯坦有另一句更著名的名言是：「上帝雖然狡猾，但沒有惡意。」我不知道讓他認為物理定律沒有惡意的是什麼。就我個人而言，我偶爾會覺得重力定律相當惡毒，尤其在我年紀漸長時。不過，愛因斯坦說它狡猾是對的。量子力學的定律非常狡猾——狡猾到允許隨機性和能量守恆、資訊守恆共存。

考慮一個粒子：任何一種粒子都行，但光子是很合適的選擇。這顆光子從光源（如雷射）產生出來，射向帶著小洞的不透明金屬片，小洞的後方是一個磷光屏，光子打到光屏時會發出閃光。

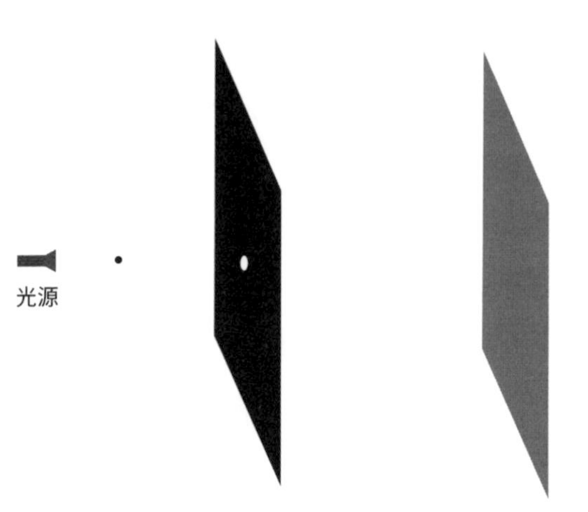

一段時間之後，這顆光子可能會通過小洞，也可能會錯過小洞，被障礙物反彈回來。如果它通過了，就會打在光屏上，但不一定正對著小洞。這顆光子在通過小洞時，可能會接收到隨機脈衝，而不是走直線，所以閃光的最後位置無法預測。

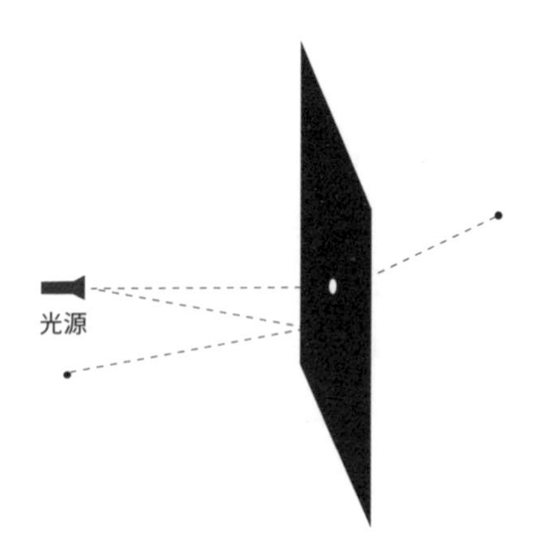

現在把磷光屏移開，重做一次實驗。片刻之後，光子要麼打到金屬板然後反彈，要不就是因為某個隨機的刺激而通過小洞。

如果沒有偵測光子的工具，就不可能說出光子在哪裡，跑向何方。

但想像一下我們出手干預，翻轉光子的運動規則。[6] 如果讓光子反向行進同樣一段時間，我們會預期看到什麼結果？理所當然的預期是，隨機性（隨機性反向進行仍是隨機性）會讓光子回到原始位置的希望破滅。實驗後半段的隨機性，應該和前半段的隨機性相結合，讓光子的運動更難預測。

然而答案要微妙得多。在我解釋之前，我們先回頭看一下那個三面硬幣的實驗。在那個例子裡，我們也讓某條規則朝一個方向執行了一段時間，然後轉向。但那時我漏掉了一個實驗細節：在我們翻轉規則之前，有沒有誰察看一眼硬幣。如果有人看了，會有什麼影響？只要察看硬幣的動作不會改變它的狀態，就不會產生任何影響。這似乎不是非常嚴格的條件；我還沒有看過一枚拋進空中的硬幣會因為有人去察看，它就在半空中迅速翻轉。但在量子力學的微妙世界中，我們不可能去察看某個東西又不干擾所看的東西。

就拿這個光子來說吧。我們讓光子反向行進時，它會重新出現在原先的位置，還是量子力學的隨機性會破壞資訊守恆？答案很詭異：完全視我們干預時是否有察看光子而定。我所說的「察看光子」，是指去看看它在哪個位置或朝哪個方向移動。如果我

6　可能有內行的讀者想知道是否真的可以干預並翻轉規則。這在實務上通常不可能做到，但對某些簡單的系統來說，並不困難。無論如何，把它當作想像實驗或數學習題是完全可行的。

們看了，最後的結果（在反向進行後）將會是隨機的，資訊守恆定律也將失效。但如果我們不理會光子的位置，完全不去測定它的位置或運動方向，就只是反轉規則，那麼這個光子就會在指定的那段時間後，神奇地重新出現在原先的位置。換句話說，儘管量子力學有不可預測性，仍然遵守資訊守恆定律。不管上帝有沒有惡意，他確實很狡猾。

反向執行物理定律是完全可行的——從數學的角度來講。但實際執行呢？除了最簡單的系統之外，我非常懷疑有誰能夠反轉任何系統。然而，無論我們能不能實際執行，量子力學的數學可逆性（物理學家把這稱為么正性），對它本身的一致性十分重要，如果沒有這個數學上的可逆性，量子邏輯就無法維繫。

那為什麼霍金會認為，量子理論結合了重力之後資訊會遭破壞呢？這些論點可歸結成一句標語：

掉進黑洞的資訊是遺失的資訊。

換句話說，這個定律永遠無法反轉，因為沒有任何東西可以從黑洞的視界後面歸返。

倘若霍金是對的，自然律的隨機性就增加了，整個物理學基礎就崩塌了。但我們到後面再回來談這件事。

測不準原理

拉普拉斯相信，只要他對現在夠了解，就能預測未來。但對世上所有想要幫人算命的人來說很可惜的是，我們不可能同時知道某個物體的位置和速度。我說這不可能，並不是指很困難，或目前的技術扛不起這項任務。沒有任何遵守物理學定律的技術能勝任這項任務，就像技術再怎麼改良也不可能實現超光速旅行。為了同時測定粒子位置和速度而設計的任何一個實驗，都會遇到海森堡測不準原理（Uncertainty Principle）的問題。

測不準原理是把物理學劃分成前量子古典時期和量子「詭異」後現代時期的雄偉分水嶺。古典物理學包括量子力學出現前的一切理論，包括牛頓的運動理論、馬克士威的光學理論和愛因斯坦的相對論。古典物理是決定性的；量子物理充滿了不確定性。

測不準原理是 26 歲的韋納 · 海森堡（Werner Heisenberg）和埃文 · 薛丁格（Erwin Schrödinger）發展出量子力學的數學後不久，在 1927 年提出的大膽奇特主張。即便在陌生想法充斥的時代，它也顯得怪異無比。海森堡並不是在主張測定物體位置的準確度有局限性；確定質點位置的空間坐標，想測定到多精確都可以。他也不是在限定量測物體速度的準確度。他所主張的是，不論實驗多複雜或多巧妙，都不可能設計成可同時測出位置和速度；就如同愛因斯坦的上帝已經保證沒人能夠通曉一切，預測未來。

測不準原理在說模糊性，但弔詭的是，它本身沒什麼模糊的地方。不確定性是個精確的概念，包含機率度量、積分學等繁複的數學。但如果要解釋一個眾所周知的說法，一張圖抵得過一千條方程式。我們就從機率分布的概念開始吧。假設有一大批質點（就說有 1 兆個好了）等著我們去測量它們在橫軸（也稱為 x 軸）上的位置。第一個質點位於 x = 1.3257，第二個質點在 x = 0.9134，以此類推。我們可以列出每個質點的位置，但很不幸，這樣的一份清單大概要用一千萬本書那麼多才列得完，而且我們多半不會對這份清單很感興趣。如果有一張統計圖，呈現出在每個 x 值找到質點的比例，會更有幫助。這張圖可能會像這樣：

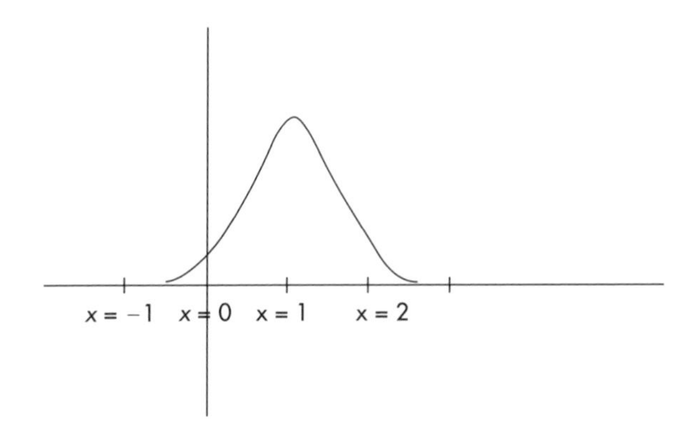

看圖一眼就會知道，大部分的質點落在 x=1 附近。對某些用途來說，這可能就夠了。不過，我們光是盯著這張圖看，就可以看出精確許多的結果。大約九成的質點落在 x=0 和 x=2 之間。如果我們必須打賭某個質點會出現在哪裡，最佳猜測會是在 x=1，但不確定性（針對曲線寬度的數學度量）大約是 2 個單位。[7] 希臘字母 delta（Δ）是表示不確定性的標準數學符號，在這個例子裡，Δx 代表質點 x 坐標的不確定性。

7　當然，本頁圖中的鐘形曲線超出了箭頭的兩端，所以有可能在離群值區域找到質點。數學上的不確定性讓我們知道可能值的範圍。

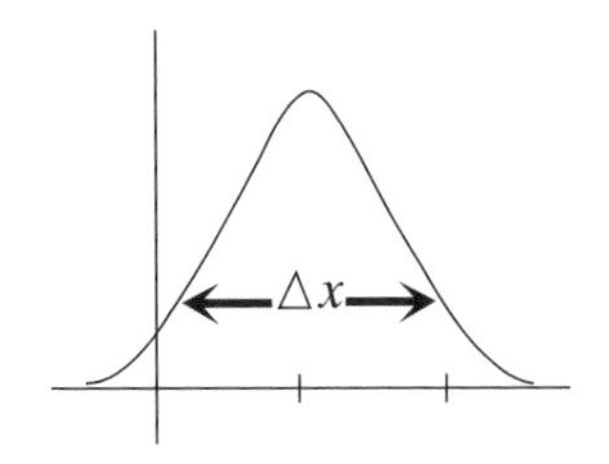

我們再做一個想像實驗。這次不是測定質點的位置，而是去測量速度，質點向右移動算作正，向左移動算作負。這次用橫軸表示速度 v。

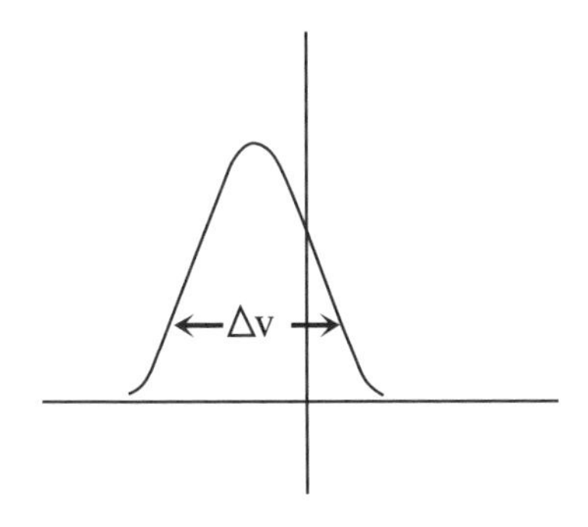

從圖中可以看出大部分的質點向左移動，還可以清楚了解速度的不確定性 Δv。

測不準原理大致上是這樣說的：只要嘗試減少位置的不確定性，都必然會增加速度的不確定性。舉例來說，我們也許會刻意只選擇落在 x 範圍很窄的那些質點，比方說介於 x=0.9 和 x=1.1 之間的，而捨棄其他的質點。這個更精準選出的質點子集合，不確定性只會有 0.2，是原先的 Δx 的十分之一，我們或許會希望這樣就能勝過測不準原理，但行不通。

事實證明，如果我們就拿這些質點來測量速度，會發現速度值比原始樣本分散得多。你可能想知道為什麼會這樣，但恐怕這就屬於沒有古典解釋又極難懂的量子事實——也就是讓費曼說出「所以理論物理學已經放棄〔解釋〕了」的那些事情。

雖然極難懂，但實驗發現的事實是，無論我們怎麼讓 Δx 縮小，都必然導致 Δv 變大。同樣的，只要讓 Δv 縮小，Δx 就會變大。我們愈想測定某個質點的位置，就會讓它的速度愈不確定，反之亦然。

以上是大致的概念，但海森堡有辦法讓他的測不準原理更精確量化。測不準原理斷定，Δv、Δx 和質點質量 m 的乘積恆大於（>）普朗克常數 h。

$$m\Delta v\Delta x > h$$

我們來看看這是怎麼來的。假設我們非常小心地把這個質點準備好，讓 Δx 極小，這就會迫使 Δv 變大到讓乘積大於 h。我們把 Δx 弄得愈小，Δv 就必定愈大。

我們在日常生活中怎麼沒察覺到測不準原理呢？開車時，如果你去注意看時速表，會不會感覺到你的位置變得模糊不清？或是在你查看地圖，想看看自己在哪裡時，會看到時速表暴走？當然不會。但為什麼不會？畢竟測不準原理是一視同仁的；萬物皆適用，除了電子，也包括你和你的車子。這個問題的答案，牽涉到出現在前面那個公式裡的質量，也和普朗克常數非常小有關。對電子來說，質量非常小往往會抵消掉 h 的微小，因此結合起來的不確定性 Δv 和 Δx 必定相當大。然而比起普朗克常數，車子的質量非常龐大，因此 Δv 和 Δx 都可以小到不可測知，同時又不會違反測不準原理。現在你就能體會到，為什麼自然界沒有讓我們的腦袋為量子不確定性做好準備。沒有必要；我們在日常生活中根本不會遇到質量夠輕、輕到測不準原理變得很重要的物體。

所以說，海森堡測不準原理是個進退維谷的處境，保證沒有人能夠從所知的一切預測未來。我們會在第 15 章回來談測不準原理。

零點運動與量子抖動

有個大約 1 公分的小容器裝滿了反應性非常低的氦原子，然後加熱到高溫。有了熱能，這些粒子飛快地動了起來，不停彼此碰撞，撞擊容器壁又再反彈。持續的撞擊對容器壁造成壓力。

照平常的標準，這些原子運動得相當快：平均速度大約是每秒 1,500 公尺。接下來，我們讓容器內的氦氣冷卻。把熱移除後，能量就流失了，原子也放慢下來。如果我們繼續移除熱，容器內的氣體最後會冷卻到不能再低的溫度——絕對零度，大約是攝氏零下 273.15 度。這些失去所有能量的原子漸漸靜止，施在容器壁的壓力消失了。

至少那是大家認為會發生的情況。但上面的推論沒有考慮到測不準原理。

想想看：在眼前的例子裡，我們對原子的位置了解多少？事實上還不少：每個原子都禁閉在容器裡，這個容器只有 1 公分這麼大。位置的不確定性 Δx 顯然不到 1 公分。先暫時假設所有的原子在所有的熱都流失時真的靜止下來了。每個原子的速度都變成零，沒有不確定性，換句話說，Δv 會是零。但那是不可能的。倘若變成零，就代表乘積 $m\Delta x\Delta v$ 也會變成零，而零當然小於普朗克常數。換一種說法就是，如果每個原子的速度為零，它的位置會極其不確定。但事實上不是，這些原子都在容器裡。因此即使在絕對零度，這些原子都不可能完全停止運動；它們還是會繼續從容器壁反彈，施加壓力。這是意想不到的量子力學怪事之一。

系統消耗掉的能量多到不能再多（溫度到絕對零度）時，物理學家會說它處於基態（ground state）。處於基態時的殘餘起伏運動通常稱為零點運動（zero point motion），但物理學家布萊恩·葛林（Brian Greene）替它創造了一個更具描述性的俗稱，稱呼它「量子抖動」（quantum jitter）。

粒子的位置並不是唯一會抖動的東西。根據量子力學，可抖動的一切東西都會抖動。還有一個例子是真空中的電場和磁場。我們四周到處都是不斷振動的電場和磁場，它們以光波的形式充滿空間，就連在漆黑的房間裡，電磁場也會以紅外波、微波和無線電波的形式振動。不過，如果我們移除所有的光子，用科學允許的方式讓房間變暗，會發生什麼情況？電場和磁場仍持續進行量子抖動。「空的」空間是劇烈振動、振盪、抖動的環境，永遠不會平靜下來。

在有人通曉量子力學之前，他們都知道「熱抖動」，熱抖動會讓所有的東西發生波動，例如加熱氣體會導致分子的隨機運動增加。就連真空在加熱後也會充滿抖動的電場和磁場，這和量子力學毫無關係，而且是 19 世紀就知道的事。

量子抖動和熱抖動在某些方面很相似，但在其他方面有所不同。熱抖動非常顯著。分子和電場及磁場的熱抖動會刺激你的神經末梢，讓你感覺溫暖。這種抖動有可能非常有破壞性。舉例來說，電磁場熱抖動的能量可以轉移到原子的電子上，如果溫度夠高，電子就有可能從原子拋射出來。同樣的能量有可能把你燒傷甚至讓你汽化。相較之下，量子抖動的能量雖然也非常劇烈，但不會引起疼痛，不會刺激你的神經末梢或破壞原子。為什麼不會？因為讓原子電離（敲出它的電子）或激發你的神經末梢，都需要能量，但沒有辦法從基態借能量。量子抖動是系統具有絕對最低能量時留下的東西。量子起伏雖然非常劇烈，但因為它們的能量「無法利用」，所以沒有像熱擾動那樣的不良影響。

黑魔法

在我看來，量子力學最詭異的戲法就是干涉（interference）。我們回到我在這章開頭描述的雙狹縫實驗吧。它有三個要素：光源，有兩個小狹縫的平坦障礙物，以及有光照射時會亮起的磷光屏。

一開始，我們先遮住左邊的狹縫。實驗結果是，光屏上會出現平凡的光團。如果把光的強度大幅調低，我們會發現光團實際上是單個光子產生的一堆隨機閃光。閃光是不可預測的，但當數量夠多，就會出現光團狀的圖案。

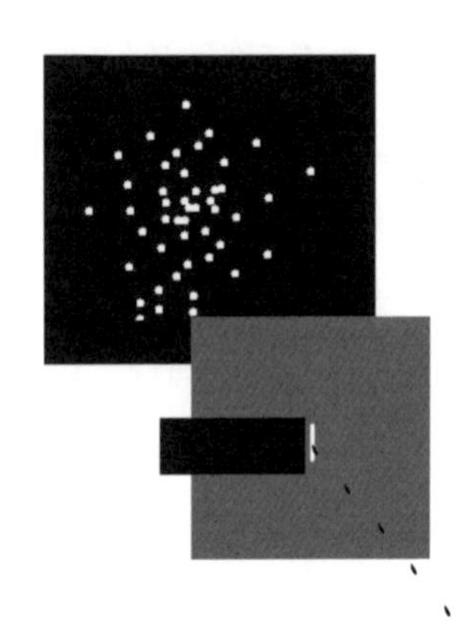

如果打開左邊的狹縫，遮住右邊的狹縫，光屏上的典型圖案看起來幾乎不變，只是稍微左移了一點。

兩個狹縫都打開時，驚喜就出現了。我們的舉動產生了一種像斑馬條紋般的新圖案，而不只是把左狹縫的光子加到右狹縫的光子，形成強度比較高但仍然很平凡的光團。

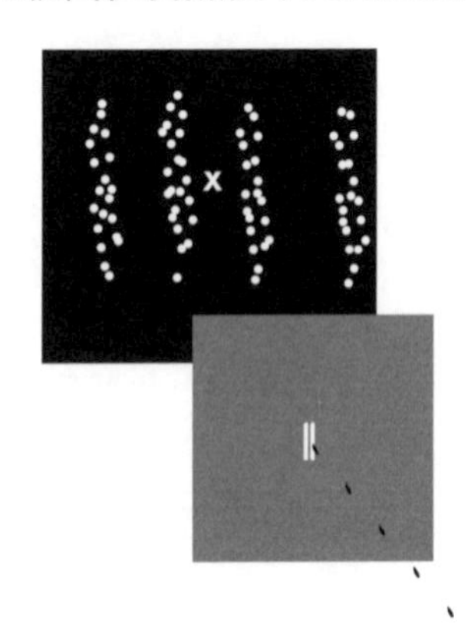

新圖案有個非常古怪的地方是，沒有光子到達的位置有暗紋，

即使相同的區域在只開了一個狹縫時是充滿閃光的。就拿中央暗紋處標著 X 的點為例吧。一次只開一個狹縫時，光子很容易通過狹縫，到達 X 點。你會認為，兩個狹縫都打開的時候，會有更多光子到達 X。但打開兩個狹縫會有切斷光子流向 X 的弔詭效應。為什麼同時打開兩個狹縫反而會讓光子更不可能到達目的地 X？

想像一票喝醉酒的囚犯，在一座有兩扇出入大門的地牢裡東倒西歪地走動。獄卒小心翼翼，從不會留一扇門不關，因為有些囚犯雖然喝醉了，但無意中就會走出去。但讓兩扇門都開著，他卻不會覺得不放心。兩扇門都開著時，有某種神祕的魔法阻止酒醉的囚犯逃跑。當然，這種事並不會發生在真實的囚犯身上，但它是量子力學偶爾預測會發生的那種事情，不僅發生在光子身上，還包括所有的粒子。

在我們把光看成粒子時，這個效應顯得很古怪，但對波來說卻是司空見慣的事。從兩道狹縫散出的兩個波，會在某些位置相互強化，在其他位置相互抵消。在光的波動說當中，暗紋是相消產生的，也稱為破壞性干涉（destructive interference）。唯一的問題是，光有時確實看起來像粒子。

量子力學中的量子

電磁波是振盪的例子。在每個空間位置的電場與磁場，都以某個頻率振動，而這個頻率又要看輻射的顏色而定。自然界中還有許多其他的振盪，下面是幾個常見的例子。

· 鐘擺。擺會來回擺動，擺動一次大約需要一秒。這種擺的頻率是一赫茲，即每秒循環一次。

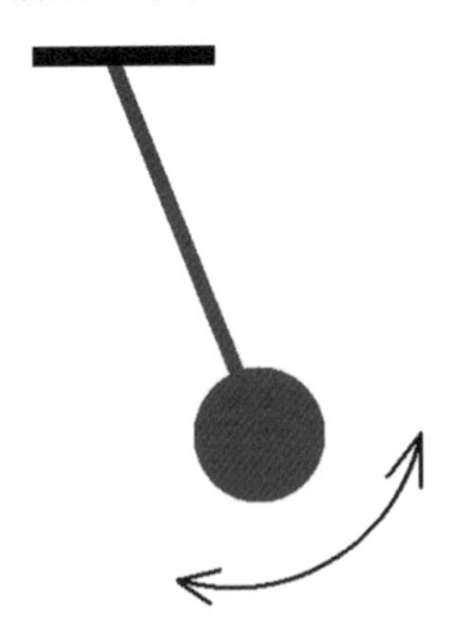

· 用彈簧懸掛在天花板上的重物。如果彈簧非常硬，頻率有可能是幾赫茲。

· 振動中的音叉或小提琴弦。兩者都可能達到幾百赫茲。
· 電路中的電流。這有可能以更高的頻率振盪。

振盪的系統叫做振盪器（oscillator），這想也知道。振盪器全都帶有能量，至少在它們振盪時帶有能量，而在古典物理學中，能量可以是任意的量。我的意思是，你可以讓能量平穩地增加到你想要的值，如果你願意，也可以逐步增加到你想要的值。呈現出能量如何隨著你讓它增加而增加的圖形會像這樣：

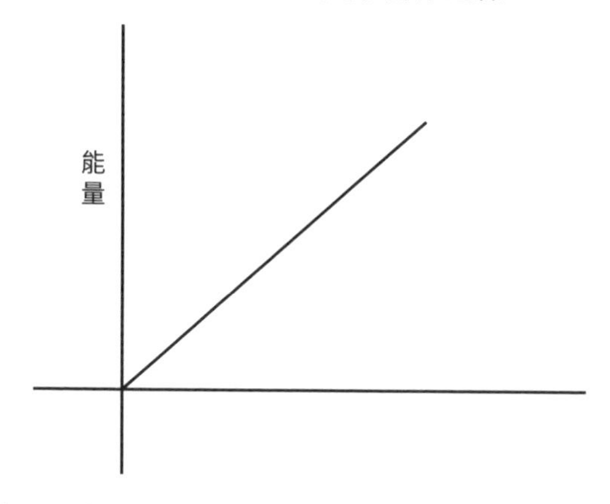

但後來發現，能量在量子力學中有很小、不可分割的梯級。當你嘗試逐步增加振盪器的能量，結果就會是個階梯，而不是光滑的斜坡。能量只能增加某個單位的整數倍，這個單位稱為能量量子（energy quantum）。

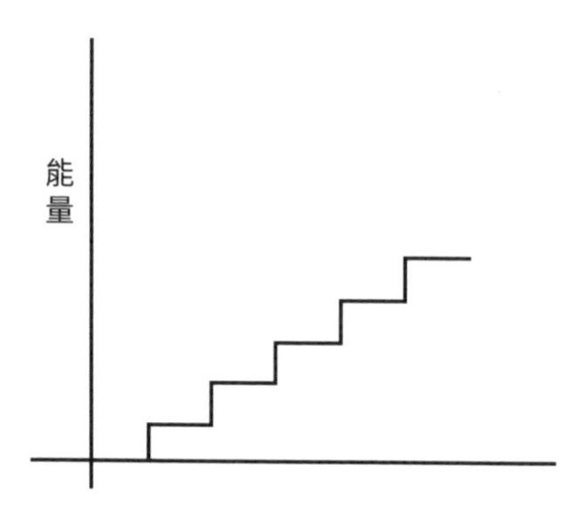

這個量子單位有多大？答案取決於振盪的頻率。這個法則就跟普朗克和愛因斯坦發現的光量子法則一模一樣：能量量子 E 等於振盪器的頻率 f 乘上普朗克常數 h。

$$E = hf$$

像擺這樣的普通振盪器，頻率不是很高，階梯高度（能量量子）就極小。這麼一來，階梯圖就由非常小的梯級組成，看起來很像光滑的斜坡。這就是為什麼在日常經驗中，你永遠不會察覺到能量的量子化。但電磁波的頻率可能會非常高，這時階梯高度就有可能很高。事實上你可能已經猜到，把電磁波的能量增加一級，就等於把一個光子加進光束中。

對於古典連線方式的腦袋來說，能量只能以不可分割的量子為單位來增加，這似乎不合邏輯，但這正是量子力學蘊涵的結果。

量子場論

拉普拉斯的 18 世紀世界觀是單調乏味的：質點，就只有質點，按照牛頓專制的方程式所要求的，在不可改變的軌道上運動。我真希望我能向大家報告，今天的物理學提供了更溫暖、更模糊的現實意象，但恐怕不是這樣。它仍舊只有質點，但添加了近代的轉折。決定論的鐵律已經被量子隨機性的任意規則取代。

取代牛頓運動定律的數學新架構，稱為量子場論（Quantum Field Theory），根據它的規定，自然界全是由從一點行進到另一點、不斷碰撞、分裂和重新結合的基本粒子組成的。它是連結事件（時空點）的世界線構成的廣大網路。這個由線和點構成的巨大蜘蛛網背後的數學，很難用非專業的語言解釋，但重點相當清楚。

在古典物理學中，質點沿著確定的軌跡從一個時空點跑到另一個時空點，量子力學則把不確定性帶進質點的運動。然而，我們可以把質點想成是在時空點之間移動，儘管沿著不確定的軌跡。這些模糊不清的軌跡稱為傳播子（propagator）。通常我們會用時空事件之間的一條線來表示每個傳播子，但那只是因為我們無法畫出真實量子粒子的不確定運動。

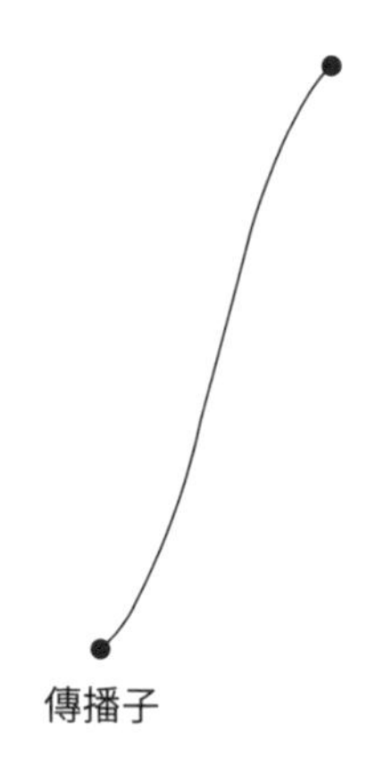

傳播子

接下來是交互作用，它會告訴我們粒子相遇時的行為。基本的交互作用過程稱為頂點（vertex）。頂點就像岔路口；一個粒子沿著它的世界線前進，然後遇到岔路口，但接著它不是選擇其中一條路，而是分裂成兩個粒子，各走一條岔路。頂點最有名的例子，就是帶電粒子能夠發射光子。在毫無預警之下，單個電子突然自發分裂成一個電子和一個光子。[8]（習慣上我們會把光子的世界線畫成波浪線或虛線。）

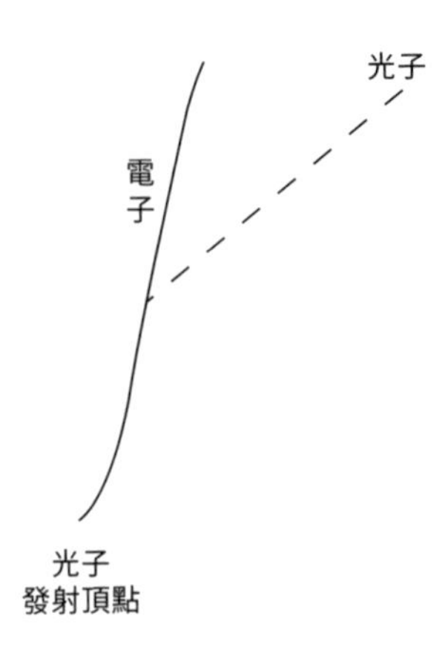

這就是產生光的基本過程：抖動的電子分裂出光子。

還有許多牽涉到其他粒子的其他頂點種類。在原子核裡也找得到一種叫做膠子（gluon）的粒子，膠子可分裂成兩個膠子。

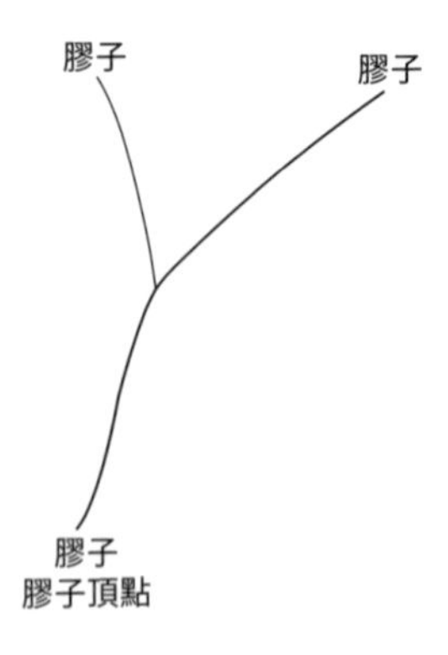

8 我們直覺上會想像，分裂後的各部分總會比原物小，這是承襲自平常經驗的想法。一個電子分裂成另一個電子外加一個光子，這個現象讓我們看到直覺有多麼誤導。

任何一件可以順向發生的事情，也可以反向發生，這代表粒子可以聚集然後合併。舉例來說，兩個膠子可以聚集然後合併成一個膠子。

費曼教我們如何結合傳播子和頂點，形成更複雜的過程。譬如有一張費曼圖顯示光子從一個電子跳到另一個電子，就在描述電子如何碰撞和散射。

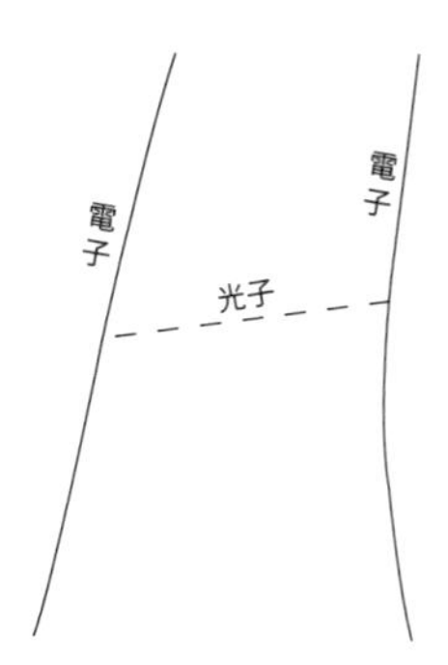

另一張圖顯示了膠子如何形成一種複雜、有黏性、細繩狀的物質，把夸克束縛在原子核內。

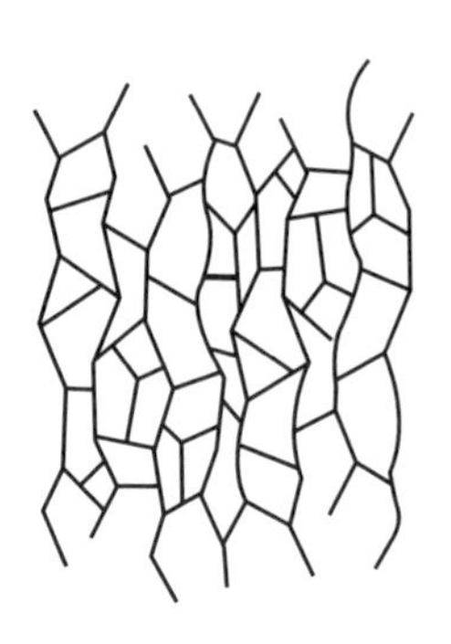

牛頓力學試圖回答這個古老問題：在已知初始起點（包括一組質點的位置和速度）的情況下，要如何預測未來。量子場論換

了不同的提問方式：如果最初給定一組照某種方式運動的粒子，各個不同結果的機率有多大？

但光說自然界是機率性的（而不是決定性的），並沒有說完整。拉普拉斯雖然不會喜歡這個想法，但有可能了解帶點隨機性的世界。或許他會這麼推論：質點的行為不是決定性的，而是從過去（兩個電子）到未來（兩個電子外加一個光子）的每條不同路徑都有個正機率值[9]。接著，按照機率論的一般規則，拉普拉斯大概會把各種機率值全加起來，得出最後的總機率。這樣的推論對於拉普拉斯的古典腦袋來說是十足合理的，但實際情形不是這樣。恰當的建議很怪異：不要試圖理解得很透澈——接受就對了。

英國大物理學家保羅．狄拉克（Paul Dirac）直接追隨海森堡和薛丁格的研究，結果發現了古怪的「量子邏輯」，而這個正確的規則是新的量子邏輯產生的其中一個結果。費曼效法狄拉克，提出了替每個費曼圖計算出機率幅（probability amplitude）的數學規則。再者，你確實要把所有的圖的機率幅相加，但不是為了得出最後的機率值。事實上，機率幅不必是正數，它們可以是正數、負數，甚至複數。[10]

但機率幅不是機率。要得到總機率，譬如兩個電子變成兩個

9　在普通機率論中，機率值一定是正數。很難想像負的機率值代表什麼意義。不妨試著理解下面這句話：「如果我擲一枚硬幣，擲出正面的機率是負三分之一。」這顯然是胡扯。

10　複數是包含虛數 i 的數，i 這個抽象數學符號代表負一的平方根。

電子外加一個光子的機率，你要先把所有費曼圖的機率幅相加，然後再根據狄拉克的抽象量子邏輯，把相加的結果平方！最後的結果一定會是正值，它就是特定結果出現的機率。

這是量子詭異最關鍵的奇特規則。拉普拉斯應該會覺得這是胡說八道，就連愛因斯坦也認為它說不通。不過，量子場論十分準確地描述了我們對於基本粒子的一切了解，包括它們組成原子核、原子和分子的方式。正如我在前言中說過的，量子物理學家必須用新的邏輯規則替自己的腦袋重接線。[11]

在結束這一章之前，我想回到讓愛因斯坦深感不安的事。我並不是非常確定，但我懷疑這和機率敘述最無意義的本質有關。這些敘述對於世界的真實說法一直令我大惑不解。據我所知，並沒有說出什麼非常明確的東西。以前我寫過下面這個極短篇，原收錄在約翰．布羅克曼（John Brockman）的著作《我們相信但無法證明的事》（What We Believe but Cannot Prove）中，就在闡明這點。〈與遲鈍學生的對話〉這篇故事在寫一位物理學教授和一個怎麼也聽不懂的學生之間的討論。在我寫這篇故事時，我把自己當成學生，而不是教授。

學生：教授，我有個問題。我決定做個小小的機率實驗，就是丟

11 事實上我並不期盼沒有專業背景的讀者完全弄懂這個規則，甚或能理解它為何這麼古怪。但我還是希望能讓一般讀者約略了解量子場論的規則如何運作。

硬幣之類的，然後檢驗你教我們的一些東西。可是沒成功。

教授：喔，聽到你感興趣我很高興。你做了什麼？

學生：我丟了這枚硬幣 1,000 次。你記得嗎，你教過我們丟出正面的機率是一半，我認為這是指，如果我丟 1,000 次，應該會有 500 次是正面。但沒成功，我丟出 513 次，出了什麼問題？

教授：哦，你忘了誤差範圍。如果拋擲若干次，那麼誤差大概是拋擲次數的平方根。若拋擲 1,000 次，誤差大約是 30。所以你在誤差範圍內。

學生：啊，我懂了。所以每丟 1,000 次，我都會得到 470 到 530 次正面。每試必中！哇，原來是這樣。

教授：不對不對！它是說你大概會擲出 470 到 530 次。

學生：你的意思是我可能會丟出 200 次正面？或 850 次正面？甚至每次都是正面？

教授：大概不會。

學生：也許問題出在我丟硬幣的次數不夠多。我是不是應該回家試丟 100 萬次？這樣會更容易成功嗎？

教授：大概吧。

學生：噢，教授，拜託快點跟我講一下我可以相信的道理。你一直在告訴我大概是指什麼，都在說大概。請告訴我機率是什麼意思，不要用大概這兩個字。

教授：呃。嗯，那這麼說呢：如果答案不在誤差範圍內，我會很驚訝。

學生：天啊！你是指你教我們的統計力學、量子力學和數學機率，都是在說：如果所有這些東西不成立，你個人會很驚訝嗎？

教授：這個嘛，嗯……

如果我擲硬幣 100 萬次，我非常確定不會全都出現正面。我不愛賭博，但我很確定我願意拿我的命或靈魂來打賭。我甚至願意做個徹底，賭我一年的薪水。我有百分之百的把握，大數法則（也就是機率論）會奏效，保護我。一切科學都以它為基礎。只不過，我沒辦法證明，我也確實不知道它為什麼奏效。這或許就是為何愛因斯坦會說「上帝不玩骰子」的原因。大概是這樣。

我們偶爾會聽到物理學家斷言，愛因斯坦不了解量子力學，所以把他的時間浪費在幼稚的古典理論上。我非常懷疑這是事實。他反對量子力學的論點極其微妙，最後寫成所有物理學中最深邃、引用次數最多的論文之一。[12] 我猜，讓愛因斯坦困惑不已，和讓故事裡的遲鈍學生苦惱的，是同樣的事情。關於真實世界的終極理論，居然會像我們自己對實驗結果感到驚訝的程度一樣這麼不具體？

我已經帶各位看到量子力學硬要灌輸到古典線路腦袋的一些弔詭、幾乎不合邏輯的事情，但我想你還半信半疑。我確實希望你不是照單全收。如果你還很困惑，也是應該的。真正的補救辦法就是花幾個月弄懂微積分，埋首研讀很好的量子力學教科書。

12 A. Einstein, B. Podolsky, and N. Rosen. “Can Quantum-Mechanical Description of Physical Reality Be Considered Complete?” Physical Review 47 (1935): 777–80.

唯有非常與眾不同的異類，或在極特殊家庭長大的人，才有可能生來就有理解量子力學的腦袋。記住，終究連愛因斯坦也參不透。

5

普朗克創造了更好的衡量標準

某天在史丹佛大學的自助餐廳，我看到幾個修我的「醫學預科物理」課的學生坐在一張桌子旁用功。我問他們：「你們在讀什麼？」答案讓我大吃一驚。他們在背教科書封面上列出的常數表，背到最後一位數。[1] 這個表包含了以下幾個常數，另外還有 20 多個。

1 這些常數都採用標準公制單位——公尺（m）、公斤（kg）和秒（s）。

普朗克常數 h ＝ $6.626068 \times 10^{-34}\ m^2kg/s$

亞佛加厥數＝ 6.0221415×10^{23}

電子電荷＝ $1.60217646 \times 10^{-19}$ 庫侖

光速 c ＝ 299,792,458 m/s

質子的直徑＝ $1.724 \times 10^{-15} m$

牛頓常數 G ＝ $6.6742 \times 10^{-11} m^3 s^{-2} kg^{-1}$

醫學預科生要訓練成可背起其他科學課堂的大量資料，他們是優秀的物理課學生，但經常想用學習生理學的方式學習物理。事實上，物理學不大需要記東西。我懷疑很多物理學家搞不好只說得出這些常數的概略數量級。

這引發了一個有趣的問題：為什麼這些自然界的常數這麼不好看？為什麼它們不是像 2 或 5 甚至 1 這樣單純的數字？為什麼這些數字總是非常小（如普朗克常數、電子電荷）或非常大（如亞佛加厥數、光速）？

答案跟物理學關係不大，但和生物學很有關係。就拿亞佛加厥數來說吧，它代表一定氣體量所含的分子數目。有多少氣體呢？答案是 19 世紀初的化學家能輕易處理的氣體量；換句話說，就是燒杯或跟人體差不多大小的其他容器可容納的氣體量。亞佛加厥數的實際數值和人體內分子數目的關聯，比它和任何一個玄妙物理學原理的關係更密切。[2]

再舉個例子——質子的直徑為何這麼小？關鍵又是人體生理學。表中的數值以公尺為單位，但公尺是什麼？公尺相當於英制的碼，一碼可能本來是指一個人把手臂伸直後，從鼻子到指尖的距離。碼很可能是測量布料或繩索的有用單位。質子很小讓我們學到的一課就是，需要大量的質子才有辦法構成一條手臂。從基礎物理學的角度來看，這個數字不怎麼特殊。

那為什麼我們不改一下單位，讓數字更好記呢？實際上，我們經常這樣做。例如，在天文學中，光年被用作長度的度量單位。（當我聽到光年被誤用作時間單位時，我很討厭，比如「哇，我已經幾光年沒見到你了。」）光速以每秒光年為單位表示時，並沒有那麼大。其實很小，大概只有 3×10^{-8}。但是，如果我們也將時間單位從秒更改為年呢？因為光走一光年需要整整一年，所以光速就是每年一光年。

光速是最基本的物理量之一，因此採用讓 c 等於 1 的單位是合理的。但像質子半徑這樣的量並不是很基本，既然質子是由夸克和其他粒子組成的複雜物體，為什麼要放在最顯著的位置呢？挑選出支配了最玄妙、最普適的物理定律的常數，是更為合理的。至於是哪些定律，就毫無爭議了。

2　那為什麼人體有這麼多分子？同樣的，它跟有智慧的生命的本質有關，而不是基礎物理學。需要大量的分子才能讓機器複雜到可以思考，提出化學問題。

- 宇宙間任何物體的最大速度是光速 c。這個速限不但是光本身的定律，也是自然界萬物的定律。
- 宇宙間一切物體相互吸引的力，等於各自的質量與牛頓常數 G 的乘積。一切物體即指一切物體，沒有例外。
- 對於宇宙間的任何物體，質量與位置和速度不確定性的乘積，恆大於普朗克常數 h。

楷體字是在強調這些定律的一體適用特徵，它們適用於任何及所有的事物，一切的一切。上面這三個自然律確實稱得上是普適的，遠遠超過核物理定律，或任何一種獨特粒子（如質子）的性質。這件事雖然看起來不值一提，卻是對物理學結構最深刻的見解之一：普朗克在 1900 年意識到，為了讓 c、G、h 這三個基本常數都等於 1，可以選擇特定的長度、質量和時間單位。

基本直尺是普朗克的長度單位。普朗克長度遠小於公尺甚至質子的直徑，事實上，它大約是質子的 1 億兆分之一（若以公尺為單位，大約是 10^{-35}）。即使把質子放大到太陽系那麼大，普朗克長度也不會比病毒大。永遠值得稱讚的是，普朗克意識到這麼微小的大小，必定會在物理世界任何一個終極理論中，扮演很基本的角色。他不知道那個角色會是什麼，但他可能已經猜到，物質的最小組成要素會是「普朗克尺度的」。

普朗克讓 c、G 和 h 等於 1 所需要的時間單位，也小得難以想像——也就是 10^{-42} 秒，光行進一個普朗克長度所需的時間。

最後是普朗克的質量單位。既然普朗克長度和普朗克時間極小無比（在適合生物使用的普通單位下），很自然會期待普朗克的質量單位也比任何一種普通物體的質量小得多。那你就錯了。結果發現，這個在物理學中最基本的質量單位，在生物的尺度上並沒有很小：大概是 1,000 萬個細菌的質量。它和肉眼能看見的最小物體（例如微塵）的質量不相上下。

普朗克長度、普朗克時間和普朗克質量這三個單位，具有很特殊的意義：它們是小到不能再小的黑洞的大小、半衰期和質量。我們在後面幾章會回來談這一點。

$E = mc^2$

拿一個鍋子來，在裡面裝滿冰塊，密封起來，然後用廚房料理秤稱整個鍋子的重量。接著把它放在爐子上加熱，讓冰塊融化，變成熱水。再稱重一次。如果你每一步都很謹慎，沒有讓任何東西跑進鍋子或從鍋子溢出來，最後稱得的重量會和原來一樣，至少是達到很高的準確度。但如果你的量測準確度可以達到一兆分之一，就會看到差異；熱水會比冰塊稍微重一點。換句話說，加熱會讓重量增加幾兆分之一公斤。

這當中發生了什麼事？嗯，熱就是能量，但根據愛因斯坦的理論，能量就是質量，因此把鍋子裡的東西加熱會增加質量。愛因斯坦的著名方程式 $E = mc^2$ 陳述了這個事實：質量和能量是同一回事，只是用了不同的量測單位。從某種意義上說，這就像把英里換算成公里；以公里為單位測出的距離，是以英里為單位的距離的 1.61 倍。在質量和能量的例子裡，換算因數是光速的平方。

物理學家的標準能量單位是焦耳。100 焦耳是讓 100 瓦燈泡亮一秒所需的能量，1 焦耳是 1 公斤的重物以每秒 1 公尺的速率運動而產生的動能。你每天的食物會提供大約 1,000 萬焦耳的能量。同時，質量的標準國際單位是公斤。

$E = mc^2$ 告訴我們，質量和能量是可互換的概念。如果可以讓一點質量消失，它將會轉換成能量——通常是以熱的形式存在，但不一定。想像有 1 公斤的質量消失了，由熱能代替。要看看有多少熱能，就是把 1 公斤乘上非常大的數字 c^2，算出來的結果差不多是 10^{17} 焦耳。你可以靠這些能量生存 3,000 萬年，或是可以拿來製造非常強大的核武器。幸好把質量轉換成其他形式的能量非常困難，但正如曼哈坦計畫[3]向世人證明的，這是做得到的。

對物理學家來說，質量和能量的概念已經幾乎可以等同視之，也就很少花心氣去區分。舉例來說，電子的質量就經常引述成若干電子伏特（electron volt），而電子伏特是對原子物理學家很有用的能量單位。

理解了這一點之後，我們再回到普朗克質量，一粒微塵的質量——不妨也稱它為普朗克能量吧。想像有某項新發現把這粒微塵轉換成熱能，這些能量大概相當於一整個油箱的汽油。你可以靠十個普朗克質量開車橫越美國。

3　Manhattan Project，也就是第二次世界大戰期間，在新墨西哥州洛沙拉摩斯（Los Alamos）研發原子彈的計畫。

普朗克創造了更好的衡量標準

普朗克尺度的物體小到難以想像，想直接觀測這些物體又困難無比，都是讓理論物理學家深感挫折的起因。我們所了解的足以提出這些問題，光這件事就是人類想像力的一大成就。但我們必須在這個遙遠的世界中尋找黑洞弔詭現象的關鍵，因為像「貼壁紙」般密集覆蓋黑洞視界的，正是普朗克尺度的零碎資訊。事實上，黑洞視界是自然律容許的最濃縮資訊形式。我們在後面會認識到，資訊（information）這個術語及它的雙胞胎概念熵（entropy）代表什麼意思，隨後我們才能理解黑洞戰爭到底在論戰什麼。不過我想先解釋為什麼量子力學會動搖廣義相對論最可靠的結論之一：黑洞的永恆本質。

6

在百老匯的酒吧裡

我和費曼的第一次談話，是在紐約曼哈頓上城百老匯大道的西區咖啡館（West End Café）。那是在 1972 年，我 32 歲，是個還沒什麼名氣的物理學家，不見經傳；費曼 53 歲。儘管不再處於學術能力巔峰，這位上了年紀的大師仍是令人敬畏的人物。當時費曼到哥倫比亞大學演講，要講他新提出的成子理論。費曼用成子（parton）這個術語描述質子、中子、介子等次核粒子（subnuclear particle）的假想組成（部分），今天我們把它們稱為夸克和膠子。

當時紐約市是高能物理的重鎮，哥倫比亞大學物理系是眾所矚目的焦點。哥大物理系有輝煌卓越的歷史。美國物理學界先驅拉比（I. I. Rabi）把哥倫比亞大學打造成世界最有聲望的物理研究機構之一，但在 1972 年，哥倫比亞大學的名聲已經在走下坡。我所任教的葉史瓦大學（Yeshiva University）貝爾弗科學研究所，開設的理論物理課程不亞於哥倫比亞，但哥倫比亞就是哥倫比亞，貝爾弗遠不如哥倫比亞顯赫。

費曼的演講備受期待。他在物理學家的心目中有非常特殊的地位。他不但是有史以來最偉大的理論物理學家之一，也是每個人的偶像。集演員、喜劇演員、鼓手、壞小子、反傳統者、知識界巨擘於一身，他讓一切看起來很簡單。其他人會花上幾個小時費力做繁複的計算，來解答某個物理問題，但費曼會用二十秒解釋為什麼答案很顯而易見。

費曼非常自負，但有他在場會很有趣。幾年後我和他成了好朋友，但在 1972 年他是名人，而我是來自 181 街以北偏遠區域、等著要簽名的追星族。為了聽演講，我提早兩個小時搭地鐵到哥倫比亞大學，希望有機會和這位大人物說幾句話。

理論物理學系在普平樓（Pupin Hall）的九樓，我料想費曼會在那裡出沒。我先看到李政道，他是哥倫比亞大學物理系的華裔物理學家。我問他費曼教授在不在。「你有什麼事？」是李政道的友善回應。「嗯，我想問他成子的問題。」「他很忙。」談話就結束了。

要不是生理需求，故事本來會那樣完結。當我走進男廁，我看到費曼站在小便斗前。我側身走到他旁邊，說：「費曼教授，我可以請教一個問題嗎？」「行，但先讓我辦完現在在做的事，然後我們可以去他們給我使用的研究室。是什麼樣的問題？」我當場決定我其實沒有成子方面的問題，但我可以捏造一個跟黑洞有關的問題。四年前惠勒才剛創造了黑洞這個說法。惠勒是費曼的博士論文指導老師，但費曼告訴我，他對黑洞幾乎一無所知。我所知道的少少事情，是從我的朋友大衛．芬克斯坦（David Finkelstein）那裡得知的，他是黑洞物理學的開路先鋒之一。芬克斯坦在 1958 年寫了一篇有影響力的論文，解釋黑洞視界是個不歸點。我理解的事情很少，其中一件就是黑洞的中心有個奇異點，而那個奇異點周圍有個視界。芬克斯坦還向我解釋了為什麼沒有東西能逃出視界。我所知道的最後一件事，儘管我不記得是怎麼知道的，就是黑洞一旦形成了，就不會分裂或消失。兩個或多個黑洞有可能合併成更大的黑洞，但沒有什麼東西能讓一個黑洞分裂成兩個或多個黑洞。換言之，黑洞一旦形成，就沒有辦法清除掉。

年輕的霍金差不多就在這個時候，讓古典黑洞理論發生革命性的改變。他做出了許多最重要的發現，其中之一就是黑洞視界的表面積永遠不會變小。霍金和詹姆斯．巴丁（James Bardeen）及布蘭登．卡特（Brandon Carter）合作，利用廣義相對論推導出一套影響黑洞行為的定律。這套新定律和熱力學定律（規範熱能的定律）有難以解釋的相似性，不過一般相信這種相似性是巧合。關於面積永不遞減的法則相當於熱力學第二定律，這個定律是說：系統的熵永遠不會減少。我懷疑自己在聽費曼演講的那個時候知道有這個研究結果，甚至聽過史蒂芬．霍金的大名，但霍金的黑洞動力學定律對我二十多年的研究，終究產生了重大影響。

無論如何，我想問費曼的問題是，量子力學是否可以讓黑洞分裂成較小的黑洞而崩解。我所想像的東西，類似把非常大的原子核分裂成較小的原子核。我匆匆忙忙向費曼解釋，為什麼我認為應該會發生這個情況。

費曼說他從沒想過這件事，更何況他已經開始厭惡量子重力這個題目了。量子力學對重力的影響，或重力對量子力學的影響，實在小到無法量測。他倒不是認為這個課題本身很無趣，而是如果沒有一些可量測的實驗結果去引導理論，就完全沒辦法猜測它究竟是如何運作的。他說多年前就思索過，現在不想再開始去想。他推測可能還需要五百年，世人才會弄懂量子重力。他說，反正他還有一個小時就要演講，需要放鬆一下。

演講完全就是費曼的風格。他的風度儀態躍然於舞臺上——個性鮮明，帶著布魯克林口音和肢體語言，闡明每一個要點。觀眾聽得如痴如醉。他告訴我們如何用簡單、基於直覺的方式思考量子場論的難題。其他人幾乎都採用另一種更老舊的方法，分析他在處理的這些問題。老舊的方法更難，但他找到了讓事情更單純的戲法——成子戲法。費曼揮一揮魔杖，所有的答案都現身了。諷刺的是，老舊的方法建立在費曼圖（Feynman diagram）的基礎上！

對我來說，演講最精采之處是在李政道發問（更有可能是借發問來發表高見），打斷演講的時候。費曼才剛聲言，某種圖從未在他的新方法中出現過，這就讓事情簡化了；它稱為 Z 圖（Z-diagram）。這時李政道發問說：「在有向量場和旋量場的一些理論中，Z 圖不一定會得出零，難道不是這樣嗎？但我認為這大概可以修正。」演講廳裡安靜得像地下墓穴。費曼看了這位華裔物理學家五秒鐘，然後說：「那就去修正！」然後繼續演講。

演講結束後，費曼走過來問我：「嘿，要怎麼稱呼你？」他說他思考了我的問題，想談一談。我知道什麼地方我們待會可以碰個面嗎？這就是我們最後坐在西區咖啡館的事情經過。

我們在後面會回到咖啡館，但首先我必須多補充一些關於重力和量子力學的重點。

我想討論的問題和量子力學對黑洞的影響有關。廣義相對論是古典的重力論。物理學家使用古典這個說法時，意思並不是指它來自古希臘，而只是代表這個理論沒有把量子力學的效應包含在內。大家對於量子理論如何影響重力場，了解得很少，但所知的那少部分和那些以重力波（gravitational wave）的形式在空間中傳播的小擾動有關。我們對這些擾動的量子理論的了解，大部分是費曼貢獻的。

我們在第 4 章認識到，上帝顯然不理會愛因斯坦的玩骰子評語。關鍵當然在於，古典物理學中很確定的事物，在量子物理學中變得不確定。量子力學從不告訴我們會發生什麼事；它告訴我們這件事或那件事會發生的機率。放射性原子究竟什麼時候會衰變，這是無法預料的，但量子力學可以告訴我們，它大概會在接下來十秒衰變。

諾貝爾物理學獎得主葛爾曼從懷特（T. H. White）的小說《永恆之王：亞瑟王傳奇》（The Once and Future King）中借用了這句短語：「未被禁止的，就必會發生。」特別是，古典物理學中有許多事件根本不可能發生。然而在大多數情況下，同樣的事件在量子理論中卻可能會發生。這些事件不是不可能發生，只是非常不可能發生，但不管多麼不可能，只要你等得夠久，它們終會發生。因此未被禁止的，就必會發生。

有一種稱為穿隧（tunneling）的現象，就是很好的例子。想像一部車子停在有個凹陷的小山坡上。

我們姑且忽略所有不相干的事情，例如摩擦力和空氣阻力。我們也假設駕駛人放開手煞車，讓車子自由滑動。如果車子停在凹陷的底部，顯然不會突然開始移動。朝前後任一方向的運動都需要上坡，如果車子最初是靜止的，就不會具備上坡的能量。如果我們後來在小丘的另一頭發現車子滑下山坡，就會假設要麼是有人推了車子一把，不然就是車子透過其他方式獲得能量，越過小丘。在古典力學中，自發越過小丘是不可能的。

但還記得吧，未被禁止的，就必會發生。如果這部車子是量子機械式的（實際上所有的汽車都是），就沒什麼東西能阻止它突然出現在小丘的另一側了。這或許不大可能，而對於像車子這樣又大又重的物體來說，這非常非常不可能發生，但並非不可能。因此，如果有足夠的時間，這必會發生。如果我們等得夠久，就會發現汽車從小丘的另一側往下滑。這種現象稱為穿隧，因為它就像汽車從小丘下方穿過隧道一樣。

像車子這麼重的物體，會穿隧的機率非常小，因此（平均而言）大概要花很久的時間才會自發出現在小丘的另一側。若要寫下大到足以表示這麼多時間的數目，會需要非常多位數字，多到每位數字即使像一個質子這麼大，而且緊靠在一起，這串數字還是會長到把整個宇宙塞滿。然而，這個一模一樣的效應卻可以讓（由兩個質子和兩個中子組成的）α 粒子從原子核內穿出去，或是讓電子穿過電路中的空隙。

在 1972 年的那一天我所想像到的是，雖然古典黑洞有固定的形狀，但量子起伏會讓視界的形狀搖擺不定。沒有自轉的黑洞通常是正球形，但量子起伏應該會暫時把它扭曲成扁平或拉長的形狀。此外，有時起伏可能會非常大，大到讓黑洞幾乎變形成兩個由細窄頸部相連的小球體，這樣就很容易從頸部分裂。既然重原子核都能用這種方式自發分裂，黑洞為什麼不行？從古典的觀點，這種事不可能發生，就像車子無法自發越過小丘，但這是絕對禁止的嗎？我看不出什麼理應禁止的道理。我推斷，只要等得夠久，黑洞自會分裂成兩個小黑洞。

我對黑洞如何衰落的看法

現在回到西區咖啡館。我在咖啡館裡一邊慢慢喝啤酒一邊等費曼，等了大約半小時。我愈想愈覺得這似乎說得通。黑洞可以因量子穿隧而崩解，先裂成兩半，然後裂成四個、八個，最後瓦解成一大堆微小的組成要素。按照量子力學，認為黑洞常在是說不通的。

費曼提前一兩分鐘踏進咖啡館，朝我所坐的地方走來。我有意當個大人物，所以點了兩杯啤酒。在我有機會付錢之前，他就掏出皮夾，把所需的金額放在桌上。我不知道他有沒有留小費。我啜飲著啤酒，但注意到費曼的杯子一直沒有離開過桌子。我先回顧了我的論點，最後說我認為黑洞到頭來應該會分崩離析。瓦解後的那些小碎塊可能是什麼？儘管沒有明說，但唯一合理的答案是光子、電子和正電子等基本粒子。

費曼同意沒什麼事情可以阻止這種情況發生，但他認為我的設想是錯的。我想像黑洞先分離成大致相等的小塊，每個小塊會繼續裂成兩半，直到碎塊變得極小為止。

問題是，要讓很大的黑洞裂成兩半，會需要龐大的量子起伏。費曼認為有更合理的狀況，是視界會分裂成幾乎和原始視界相等的一塊，加上很微小的一塊，而第二塊會飛走。隨著這個過程不斷重複，這個大黑洞就會逐漸縮小，直到什麼也沒留下為止。這聽起來很合理，一小塊視界斷開，似乎比黑洞裂成兩大塊更有可能發生。

費曼對黑洞如何衰落的看法

我們交談了差不多一個小時。我不記得我們有道別，我們也沒打算繼續研究這個想法。我和大師見過面了，他沒有讓我失望。

要是我們再多想一下這個問題，也許就會明白重力極有可能會把微小碎塊拉回視界，彈出去的一部分碎塊可能會和掉入的碎片發生碰撞，視界上方的區域可能會是一團混亂的碰撞碎片，這些碎片也許會因為反覆碰撞而加熱。我們也許還會領悟到，視界上方的區域會是一大團形成高溫大氣層的翻騰粒子。我們可能也已經了解，這團加熱的粒子會表現得像任何加熱的物體一樣，以熱輻射的形式發散掉能量。但我們沒有，費曼回到他的成子，我則是回去研究什麼東西讓夸克限制在質子內部的問題。

現在該告訴你資訊到底是指什麼。下一章要談的資訊、熵和能量，是三個分不開的概念。

7

能量與熵

能量

能量是會變化形體的東西。就像神話中的變形人可以從人變成動物、植物到石頭，能量也可以改變自己的形式。動能、位能、化學能、電能、核能和熱能，都是能量可以用的形式。它不斷從一種形式變成另一種形式，但有一件事不變：能量是守恆的；所有形式的能量總和永遠不會改變。

以下是幾個變形的例子。

- 薛西弗斯（Sisyphus）的氣力快使盡了，所以他停下來喝了喝蜂蜜提神，準備數不清第幾次把他的巨石推上山頂。巨石一推到山頂，這個受懲罰的人就會眼睜睜看著重力讓它又一次滾下山。可憐的薛西弗斯，注定要永不休止地把化學能（蜂蜜）轉換成位能，再轉換成動能。但等一下——巨石滾下山，在山腳停住時，它的動能發生了什麼事？它轉換成熱能了。少量的熱能流進大氣層和地下，就連薛西弗斯也會因為使勁而發熱。薛西弗斯的能量轉換循環如下所示：

化學 → 位能 → 動能 → 熱能

- 水流過尼加拉瀑布然後加速。充滿動能的流水被引導到渦輪機的入口，讓旋轉輪轉動，然後產生電力，電線把電流送進電網。你能畫出變形的各階段嗎？答案就是：

位能 → 動能 → 電能

此外，有一部分的能量會白白轉換成熱：流出渦輪機的水比流入的水溫度更高。

- 愛因斯坦宣告質量就是能量。愛因斯坦說 E = mc2 時，他的意思是每個物體都有某個潛能，如果它的質量可用某種方式改變，這些潛能就可以釋放出來。舉例來說，鈾核終究會分裂成釷核和氦核，釷核和氦核的質量總和會比本來

> 的鈾核稍微輕一點，而多出的那一點點質量，會變成釷核和氦核的動能外加幾顆光子，當這些原子靜止下來，光子被吸收之後，剩餘的能量就變成了熱。

在所有的常見能量形式當中，熱是最神祕難解的。熱是什麼？它是像水一樣的物質，還是什麼更曇花一現的東西？在解釋熱的近代分子理論出現前，早期物理學家和化學家認為它是一種物質，表現出很像流體的行為，他們把它稱為燃素（phlogiston），想像它從高溫的物體流向低溫的物體，讓高溫冷卻，讓低溫變熱。事實上，我們現在仍然會說起熱流。

但熱並非新的物質；它是一種能量形式。若把你自己縮小到分子那麼大，然後環視浴缸裡的熱水，你就會看到分子隨意移動，四處碰撞。讓水冷卻之後再環視一次：這些分子移動得更慢。若把水冷卻到凝固點，這些分子就會困在冰晶中。然而這些分子即使在冰裡面也會繼續振動，只有在所有的能量都流失時才會停止運動（忽略量子零點運動）。此時，水的溫度會達到攝氏零下 273.15 度，即絕對零度，低到不能再低了。每個分子會牢牢固定在一個完美的結晶格子中，一切混亂狀態和毫無秩序的運動都停止了。

能量從熱變成其他形式時的守恆，有時也稱為熱力學第一定律（First Law of Thermodynamics）。

熵

把你的 BMW 停放在雨林裡五百年，可不是好主意。等你回來時，會發現一堆廢鐵。這就是熵增加了。如果你讓廢鐵堆再放五百年，你可以非常確定它不會變回能跑的 BMW。簡而言之，這就是熱力學第二定律：熵會增加。每個人都在談論熵，包括詩人、哲學家、電腦玩家，但它到底是什麼？要回答這個問題，先更仔細想一想 BMW 和廢鐵堆之間的差異。兩者都有大約 1028 個原子，主要是鐵（如果是鐵鏽的情況，就還有氧原子）。想像你把這些原子隨機丟在一起。它們拼湊在一起，組成一部可以跑的車子的可能性有多大？要說出究竟這多不可能發生，需要很多專門知識，但我認為我們都同意這是極為不可能的。你最後會得到一堆鐵鏽的可能性，顯然遠比得到全新汽車的機率來得大。甚至也比得到生鏽老車的可能性大得多。

如果你把原子分開來，一次又一次把它們丟在一起，最後會得到一輛車子，但同時你也會得到更多的鐵鏽堆。為什麼？車子或廢鐵堆有什麼特別的地方？

如果去想像可把原子聚集起來的各種方式，絕大多數的排列看起來會像鐵鏽堆，只有很小部分會像車子。但儘管如此，如果把引擎蓋打開查看一下，你很可能會發現一堆鐵鏽，這些排列當中的更小一部分會組成一部可以跑的汽車。汽車的熵和鐵鏽堆的熵，與我們認定是鐵鏽堆的排列數相較於我們認定是汽車的排列數有關。如果重組一部汽車的原子，你會更有可能得到一堆鐵鏽，因為鐵鏽堆的排列比汽車的排列多出許多。

下面再舉個例子。猛敲打字機的人猿幾乎總會打出文理不通的東西。牠極少會打出語法正確的句子，如「I want to arbitrate my hypotenuse with the semicolon.」（我想用分號來裁決我的斜邊）。

牠甚至更少會寫出有意義的句子，如「King Canute had warts on his chin.」（克努特王的下巴上長了肉瘤）。更何況，如果你把一個有意義的句子裡的字母打散重組，就像英文拼字遊戲中的字母磚一樣，結果幾乎總是文理不通的東西。理由是？把二十或三十個字母排列成狗屁不通句子的方法，比排成有意義句子的方法多很多。

英文字母表有 26 個字母，但也有比較簡單的書寫系統。摩斯電碼（Morse code）就是非常簡單的系統，只用到兩個符號：點和劃。嚴格來說有三個符號，即點、劃和空格，但我們總能用一串特殊的點和劃代替空格，而用別的方法不大可能出現。反正就忽略空格，以下是用摩斯電碼描寫克努特王和他的肉瘤——共計 65 個符號。

-.-..-.--.-.-..--...--......-.--.-.-...---.........-.-...-..-.-.-

65 個點或劃或是點和劃，可以組成多少個摩斯電碼訊息？只需要把 2 相乘 65 次，得到 2^{65}，大約是 1,000 萬兆個。

用兩個符號替資訊編碼時，這些符號就稱為位元（bit）——它們可以是點和劃、0 和 1，或其他組成一對的元素。因此在摩斯電碼中，「卡努特王的下巴上有肉瘤」是一則 65 位元的訊息。如果你打算讀這本書的其餘部分，最好記住位元這個專門術語的定義。它的意思和你說「我要在咖啡裡加一點鮮奶油」是不一樣的。位元是單一、不可簡化的資訊單位，就像摩斯電碼中的點和劃一樣。

為什麼我們要花力氣把資訊簡化成點和劃，或 0 和 1 ？為什麼不用 0 1 2 3 4 5 6 7 8 9 的數列，或者乾脆用字母表中的字母？這樣訊息會更容易讀，占的空間也會少很多。

關鍵是，字母表（或十個阿拉伯數字）是我們學會辨識，然後儲存在記憶裡的人為概念。但每個字母或數字已經包含大量的資訊——例如字母 A 和 B 或數字 5 和 8 之間的複雜差異。只仰賴最簡單數學規則的電報員和電腦科學家，更喜歡（事實上幾乎是被迫）採用點和劃或 0 和 1 的二進位碼（binary code）。當卡爾．薩根（Carl Sagan）要設計一套系統，傳訊息給居住在遙遠恆星系的非人類文明時，他確實採用了二進位碼。

回到克努特王。65 位元的訊息中有多少是條理清楚的句子？我真的不知道——也許有幾十億吧。但無論數目有多少，都只占 2^{65} 的極小部分，所以幾乎可以確信，如果你把「King Canute had warts on his chin」的 65 個位元或 27 個字母打散重組，最後會出現狗屁不通的結果。省略空格之後，我用英文拼字遊戲字母磚排出來的結果像這樣：

HTKIDGENCUONNHTSRNISAWACHAI

假設你每次只讓字母稍微打亂。這個句子會逐漸失去連貫性。「King Canut ehad warts on his chin」仍然可以辨識，「Knig Canut ehad warts o his chinn」也還可以。但漸漸的，這些字母會變成毫無意義的雜燴。無意義的組合太多了，走向狗屁不通的趨勢是不可避免的。

現在我可以給你一個熵的定義。熵是衡量有多少種排列遵守某些可辨識具體準則的方法。如果這個準則是要有 65 個位元，那麼排列數就是 2^{65}。

但熵並不是排列數，即這個例子中的 2^{65}。它只是 65 而已——你必須把 2 相乘幾次才會得到排列數的那個次數。必須把 2 相乘幾次才會得到給定的數的那個次數，在數學上叫做它的對數（logarithm）。[1] 因此 65 是 2^{65} 的對數。所以，熵是排列數的對數。

在 2^{65} 種可能的結果當中，只有很小一部分是真正有意義的句子。我們就猜測有 10 億句吧。要得到 10 億，你必須把 2 相乘大約 30 次，換言之，10 億差不多等於 2^{30}，或說 30 是 10 億的對數。由此可見，有意義句子的熵只有 30 左右，遠低於 65。毫無意義的符號雜燴顯然比拼湊出連貫句子的組合，有更多的熵。熵在你把字母打亂重組時會增加，也就不足為奇了。

假設 BMW 公司在品管方面做了改進，讓生產線製造出來的每部汽車完全一樣。也就是假設有一個，而且只有一個原子排列，會認可是真實的 BMW。它的熵會是多少？答案是零。一部 BMW

1　嚴格來說，它是以 2 為底的對數。對數還有其他的定義。舉例來說，不是把 2 相乘，而是把 10 相乘，去得到所給的某個數的次數，這會定義成以 10 為底的對數。不用說，要得到某個給定的數，需要相乘起來的 10 比 2 來得少。

熵的正式物理定義是，你必須把數 e 相乘起來的次數，這個常數大約等於 e = 2.71828183。換句話說，熵是自然對數或以 e 為底的對數，而位元數（在這個例子中為 65）是以 2 為底的對數。自然對數比位元數略小約 0.7 倍。所以對講究規範的人來說，65 位元訊息的熵是 0.7×65，差不多等於 45。在這本書裡，我會忽略位元和熵之間的這個差距。

離開生產線時，任何細節都不會有不確定性。只要有人指定唯一的排列，就完全沒有熵。

熱力學第二定律是說熵會增加，這只是換一種說法講這件事：隨時光流逝，我們往往會忘記細節。想像我們讓一小滴黑色墨水滴進一桶溫水中。起先我們確切知道墨水的位置，墨水的可能位形數目不會太大。但當我們觀察墨水在溫水中擴散，對個別墨水分子的位置就開始愈來愈不清楚了，和我們的觀察（即均勻、略帶灰色的一桶水）相對應的排列數，已經變得非常龐大。我們可以一等再等，但不會看到墨水重新排列成匯集起來的液滴。熵增加了，這就是熱力學第二定律。事物會朝向單調乏味發展。

再舉個例子——放滿熱水的浴缸。我們對浴缸裡的熱水了解多少？假設這些熱水已經放了夠久，因而沒有可察覺到的運動。我們可以量測出浴缸裡的水量（190 公升）以及水溫（攝氏 32 度）。然而浴缸裡全是水分子，顯然有對應到所給定的條件（即 190 公升、攝氏 32 度的水）的大量分子排列數。要是能精確量測每個原子，我們就可以知道得更多。

熵是衡量有多少資訊藏在細節裡的方法——出於某種原因，這些細節難以觀測。因此熵是隱藏的資訊。在大多數情況下，資訊是隱藏起來的，因為它關係到小到看不見、多到無法記錄的事物。在洗澡水的例子裡，這些事物是水分子的微觀細節，也就是浴缸裡一千兆兆個水分子當中每一個的位置和運動。

如果讓水溫冷卻到絕對零度這麼低，熵會發生什麼變化？如果我們移除掉水中的每一丁點能量，分子就會用獨特的排列方式自我排列，也就是形成完美冰晶的冰凍晶格。

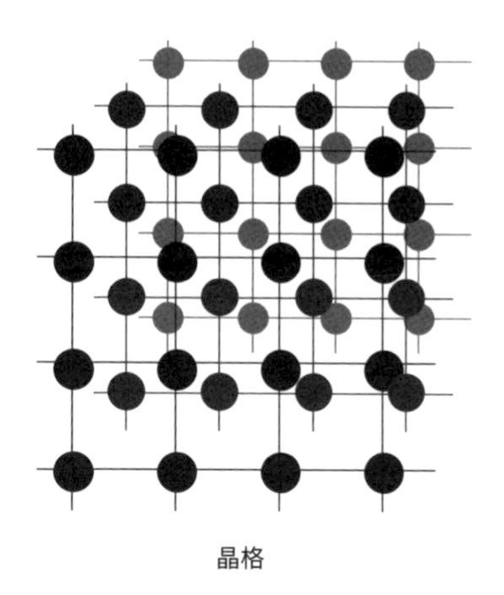

晶格

即使分子小到看不見，只要你熟悉晶體的性質，你就能預測每個分子的位置。像完整無缺的 BMW 這樣的完美晶體，根本沒有熵。

你可以在圖書館裡裝填多少位元？

語言使用中的模稜兩可和細微差異，通常非常重要。如果（英文）單字有十分精確的語意可寫進電腦程式中，語言和文學確實會變得空洞貧乏。然而科學上的精確性需要很大的語言精準度，information（資訊）這個英文字可以指很多意思：「I think your information is wrong.（我認為你的消息錯了。）」「For your information, Mars has two moons.（讓你知道一下，火星有兩個衛星。）」「I have a master's degree in information science.（我有資訊科學碩士學位。）」「You can find the information in the Library of Congress.（你可以在國會圖書館找到相關資訊。）」在上面這些句子中，information 這個字都有特定的用法，只有在最後一句的字義上，問「資訊位於何處？」才是有意義的。

我們就來追究位置這個概念吧。如果我告訴你，格蘭特將軍埋葬在格蘭特墓（Grant's Tomb），我們毫無疑問會同意，我已經給了你一個資訊。但那個資訊在哪裡？在你的腦袋裡？還是在我的腦袋裡？從某種角度看會不會太過抽象，所以沒有位置可言？它是不是遍布宇宙間，供任何人在任何地方使用？

以下這個答案非常具體：這個資訊就在書頁上，用碳及其他分子組成的實體字母的形式來儲存。就這個意義而言，資訊是具體的東西，幾乎像一種物質。它具體到你書上的資訊和我書上的資訊是不同的資訊。在你的書上，它說格蘭特將軍葬在格蘭特墓。你可能會猜想在我的書上也說了同樣的事情，但你並不確定。也許我的書上說格蘭特將軍埋葬在吉薩大金字塔內。事實上，這兩本書都沒包含這個資訊；格蘭特將軍埋葬在格蘭特墓的資訊是在格蘭特墓中。

物理學家所使用的資訊一詞，是由物質構成的，[2] 而且要在某個地方找到。這本書英文版裡的資訊位於一個長方形空間中，體積大約是 10 英寸乘 6 英寸乘 1 英寸——即 10×6×1，也就是 60

2　物理學家在使用物質（matter）一詞時，所指的不僅僅是由原子組成的東西。像光子、微中子、重力子等其他基本粒子，也算是物質。

立方英寸。[3] 從書的封面到封底之間，隱藏了多少位元的資訊？在印出的一行字裡，大約有 70 個字元的空間——字元包括了字母、標點符號和空格。如果每頁 37 行，總共 350 頁，就有將近 100 萬個字元。

我的電腦鍵盤大約有 100 個符號，包括大小寫字母、數字和標點符號，這表示這本書可包含的不同訊息數目，大約是 100 自乘 100 萬次，也就是 100 的 100 萬次方。這個數目非常大，差不多等於把 2 相乘大約 700 萬次。這本書包含了大約 700 萬個位元的資訊，換言之，如果我當初用摩斯電碼寫這本書，會需要 700 萬個點和劃。把這個數字除以這本書的體積，會發現每立方英寸大約有 12 萬個位元，這就是這本印刷而成的書籍裡的資訊密度。

我曾經讀到，亞歷山卓（Alexandria）的偉大圖書館在毀於祝融之前，擁有一兆（1012）位元的資訊。這座圖書館雖然不屬於官方的世界七大奇景，但仍然是古代最偉大的奇蹟之一。它建於托勒密二世（Ptolemy II）在位期間，據說典藏了有史以來每一份重要的文獻，這些文獻寫在 50 萬卷羊皮紙卷上。沒有人知道是誰放的火，但我們可以確信許多無價的資訊就此付之一炬。到底有多少？我猜一卷古代書卷差不多等於現代的 50 頁，如果這些書頁和你正在讀的這本書的英文版多少有點像，那麼一份書卷就值 100 萬

3　這些尺寸是根據我的前作的精裝版尺寸約略估計出來的。毫無疑問的，這本書的實際尺寸有一點不同。

位元，加減幾十萬位元。照這個比率來算，托勒密時代的圖書館應該會典藏 5,000 億位元——夠接近我所讀到的數目。

損失這麼多資訊，是今天研究古代世界的學者必須接受的大災難之一。但情況可能會更糟。如果每個角落，每個可用的空間，全都塞滿了像這樣的書呢？我不知道這座大圖書館究竟有多大，但假定是 200×100×40 英尺，即 80 萬立方英尺——相當於今天一座大型公共建築的大小。這樣就會是 14 億立方英寸。

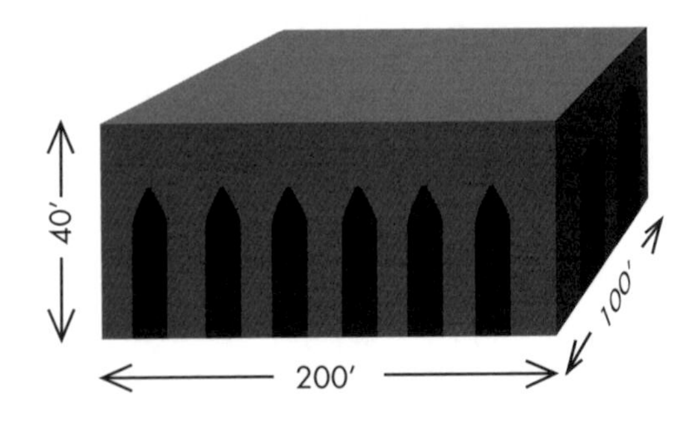

知道了這一點，就很容易估計這座建築物可以塞進多少位元。以每立方英寸 12 萬位元來計算，總計有 1.7×10^{14} 位元。簡直大得驚人。

但為什麼算到書籍就停住了呢？如果把每本書的體積縮小到十分之一，就可以塞進十倍的位元數。把內容轉移到縮微片，就可以有更多的儲存量，而把每本書數位化，也許會產生更多。

容納單一位元所需的空間量有沒有基本的物理限制？真實資料位元的實際尺寸想必是大於原子、原子核、夸克了？我們能不能無限細分空間，然後用源源不絕的資訊把它填滿？或者其實有極限——並非現實的技術極限，而是某個玄妙自然律的結果？

最小的位元

單一位元比原子小，比夸克小，甚至比微中子小，可能是最基本的構成要素，沒有任何結構，它就在那裡，或者不在那裡。惠勒認為，所有的實物都是由資訊位元組成的，還用了一句標語表達這個看法：「一切源自位元。（It from bit.）」

惠勒想像，身為所有物體的最基礎，位元的尺寸小到不能再小——是一個多世紀前普朗克發現的距離基本量子。大多數物理學家腦袋中的粗略圖像是，空間可以分成普朗克大小的微小單元，就類似三維的棋盤格，每個單元裡都可以儲存一個資訊位元，這個位元可以想像成非常簡單的粒子，每個單元有可能容納了一個粒子或是沒有。想像這種單元的另一個方式是，它們構成了非常大的三維井字遊戲。

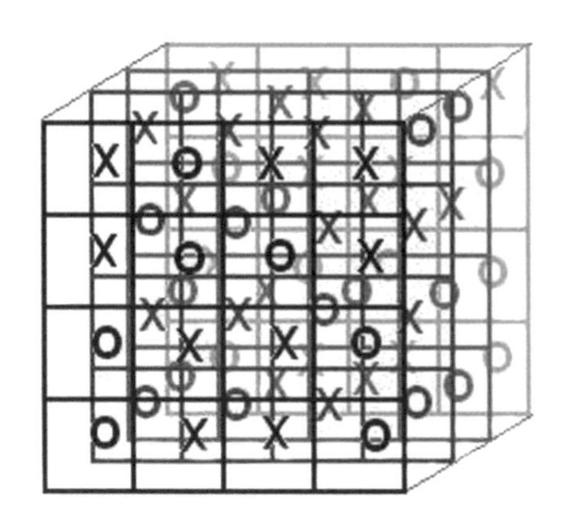

根據惠勒的「一切源自位元」哲學，任何給定時間的世界物

理狀況都可以用這樣的「訊息」來表示。如果知道如何解讀代碼，我們就會得知那塊空間裡究竟發生什麼事。舉例來說，它是我們一般所說的真空，還是一塊鐵或原子核的內部？

由於世間萬物會隨著時間變化，如行星會移動，粒子會衰變，人有生死，O 和 X 當中的訊息也必定會改變。在某一刻，圖案可能看起來像上圖那樣，過了一會兒也許就會重新排列。

在惠勒的這個資訊世界中，物理定律會包含位元的位形如何隨時更新的規則。這樣的規則如果適當建立起來，就會容許 O 和 X 的波傳過單元格子，代表光波。某個 O 的大立體塊也許會擾亂附近的 X 和 O 分布，這樣或許就可以表示某個大質量的重力場。

現在我們回到亞歷山卓圖書館可以裝多少資訊的問題。我們只要把圖書館的容積 14 億立方英寸，分割成普朗克尺度的單元，答案是大約 10^{109} 位元。

那是很多個位元：遠超過整個網際網路以及全世界所有的書籍、硬碟和 CD 容納的——實際上是多了非常多。若要了解 10^{109} 位元是多少資訊，我們就來想像一下，需要多少本普通的書籍才能儲存這麼多資訊。答案遠超出整個可觀測宇宙所能容納的數量。

「一切源自位元」哲學是很吸引人的，它在描述一個充滿普朗克尺度的資訊位元的「格狀」世界。這個哲學在許多層面上影響了物理學家，費曼就是重要的擁護者。他花了很多時間，建構出由空間填充位元組成的簡化世界。但這是錯的。我們到後面會看到，托勒密若得知他的大圖書館最多只能典藏 10^{74} 位元，應該會很失望。[4]

我多少想像得到 100 萬是什麼意思：邊長 1 公尺的正方體裝了 100 萬顆軟糖。但 1 億或 1 兆呢？儘管 1 兆是 1 億的 1 萬倍，還是很難想像其間的差異。像 10^{74} 和 10^{109} 這樣的數目，實在大到難以領會，只能說 10^{109} 比 10^{74} 大很多。事實上，亞歷山卓圖書館能夠容納的實際位元數 10^{74}，只占了我們所算出的 10^{109} 位元的極小部分。為什麼會有這樣的天壤之別？這是後面某一章要講的故事，但我會在這裡給你提示。

國王和王子之中的恐懼和妄想症是太過常見的歷史主題。我不知道托勒密二世有沒有這種苦惱，但我們就來想像，如果謠傳他的敵人在他的圖書館內藏了祕密資訊，他可能會如何回應。他也許會覺得自己有理由通過一項禁止任何隱密資訊的嚴峻法律。在亞歷山卓圖書館的例子中，托勒密的假想法律會規定，從圖書館外要能看得見每個位元的資訊。為了符合法律規定，所有的資訊都必須寫在圖書館的外牆上。圖書館館長不准在館內藏匿任何一個位元。外牆上的象形文字——允許。在牆上書寫羅馬文、希臘文或阿拉伯文——允許。但把書卷帶進館內——禁止。多浪費空間啊！但法律就是這樣規定的。在這種情況下，托勒密可預期在他的圖書館儲存的最大位元數是多少？

4　這碰巧是一個滿是印刷書本的宇宙所能容納的大概位元數。

為了找到答案，托勒密要他的官員仔細測量圖書館的外部尺寸，再去計算外牆和屋頂的面積（我們就忽略拱門和地板吧）。他們算出了 (200×40) + (200×40) + (100×40) + (100×40) + (200×100)，等於 44,000 平方英尺。請注意這次所用的單位是平方英尺，而不是立方英尺。

但這位法老想要由普朗克單位，而不是平方英尺來計量的面積。我來替你換算：他可以粉刷在牆壁和天花板上的位元數大約是 10^{74}。

近代物理學中最令人吃驚、最稀奇古怪的發現之一就是，現實世界裡不需要托勒密的法律。自然界已經提供了這樣的法則，連君王都不能違反。這是我們所發現最玄妙精深的自然律之一：空間區域所能容納的最大資訊量，等於此區域的面積，而不是體積。這種用資訊填充空間的奇怪限制，是第 18 章要談的主題。

熵與熱

熱是隨機混沌運動的能量，而熵是隱藏的微觀資訊量。想一想那桶溫水，現在已冷卻到低到不能再低的絕對零度，這時每個水分子都固定在某個冰晶裡的確切位置上。每個分子的所在位置幾乎算很明確了。事實上，就算沒有顯微鏡，凡是懂冰晶理論的人都還是能確切說出每個原子在哪裡。沒有任何隱藏的資訊。能量、溫度和熵全都為零。

現在把冰加熱，增加一點熱能。這些分子開始抖動，但只有微微擺動。少量資訊遺失了；我們忘記細節，即使只遺忘一點點。我們可能會弄錯搞混的位形數比先前多了，因此，一點點熱能會讓熵增加，而能量增加得愈多，情況變得愈糟。晶體接近熔點，分子開始從彼此旁邊滑過。記錄細節很快就變得令人望而卻步，換句話說，隨著能量的增加，熵也會增加。

能量和熵不是同一回事。能量有很多形式，但其中一種形式，也就是熱，與熵密不可分。

再多談一點第二定律

熱力學第一定律是能量守恆定律：你不能創造能量，也不能消滅能量；你只能改變它的形式。第二定律更是潑人冷水：無知總是在增加。

想像一下有跳水選手從跳板跳入泳池的場景：

位能 → 動能 → 熱能

他很快就停住了，原先的位能轉換成水的熱能微幅增加。由於熱能稍微增加了，熵也略有增加。

跳水選手想要重跳一次，但他很懶，不想再爬一次階梯走到跳板。他知道能量永遠不會消失，那麼何不乾脆等到泳池裡的部分熱能轉換回位能——也就是他的位能呢？能量守恆不會阻止他在泳池稍微冷卻時被拋到跳板上：跳水動作的反向。最後他不但會在跳板上，泳池裡的熵也會減少，這暗示無知會有出人意料的減少。

可惜，我們這位全身溼漉漉的朋友熱力學課只修了一半——前半段。在後半段，他就會學到我們都懂的：熵永遠在增加。能量永遠在衰耗。位能、動能、化學能和其他形式的能量轉換成熱，總是有利於更多的熱能，而不利於那些有秩序的、非混沌的能量形式。這就是第二定律：世間的熵總數永遠在增加。

正因如此，車子煞車時會在刺耳的煞車聲中停住，但在靜止不動的車子裡踩煞車，卻不會讓車子移動。地面和空氣中的隨機熱能，無法轉換成移動中車輛的更有序的動能。出於同樣的原因，海洋中的熱能無法拿來解決全世界的能源問題。整體來說，有序的能量會降成熱，而不是反過來。

熱、熵、資訊——這些實際、實用的概念和黑洞及物理學基礎有何關係？答案是：關係密不可分。在下一章，我們會看到黑洞基本上是隱藏資訊的寶庫。事實上，黑洞是自然界裡堆積得最密的資訊儲存容器，而這或許是黑洞的最佳定義。我們就來看看貝根斯坦和霍金是怎麼明白這個重要道理的。

8

惠勒的子弟兵（或：黑洞裡可以裝進多少資訊？）

1972 年我在西區咖啡館和費曼交談時，有位名叫雅各．貝根斯坦（Jacob Bekenstein）的普林斯頓大學研究生問了自己這個問題：熱、熵和資訊跟黑洞有什麼關係？當時普林斯頓是全世界重力物理研究的重鎮，這可能和愛因斯坦在那裡住了二十多年有關，但在 1972 年他已經去世 17 年了。啟發許多傑出的年輕物理學家研究重力、思考黑洞的普林斯頓教授是約翰．阿奇鮑德．惠勒（John Archibald Wheeler），對近代物理學有遠見卓識的偉大人物之一。這段時期深受惠勒影響的著名物理學家很多，包括米斯納（Charles Misner）、索恩（Kip Thorne）、提特波因（Claudio Teitelboim）

和貝根斯坦。惠勒是愛因斯坦的門生，先前是費曼的博士論文指導教授，他和愛因斯坦本人一樣，相信自然律的關鍵在於重力論。但不像愛因斯坦，惠勒曾和波耳共事過，也是量子力學的信徒，因此普林斯頓不僅是重力研究中心，也是量子重力研究中心。

在當時，重力論是理論物理中比較冷門又死氣沉沉的領域。基本粒子物理學家正邁著大步，化約到更微小的結構。原子早已被原子核取代，原子核又被夸克取代，微中子正在尋找自己和電子是平等夥伴的合法角色，還有幾個新的假想粒子，如魅夸克（charmed quark），在一兩年內就會在實驗中發現。對原子核的放射性終於有了掌握，基本粒子的標準模型即將提出。粒子物理學家（包括我在內）認為他們有更好的事情要做，而不是把時間浪費在重力上。也有一些例外，譬如溫伯格（Steven Weinberg），但大多數人都認為這個主題很無聊。

回想起來，對重力的這種鄙視是非常短視的。為什麼有幹勁的物理學界領袖、大無畏的物理界開拓者，對重力興趣缺缺？答案是，他們看不出重力對基本粒子交互作用的方式有任何重要性。想像我們有個開關，可以關掉原子核和電子之間的電力，只留下讓電子待在軌道上的重力。如果我們按了開關，原子會發生什麼事？這個原子會立即膨脹，因為讓它束縛在一起的力會變小。一個典型的原子會變得多大？比整個可觀測宇宙大很多！

如果讓電力開著，但關掉重力，會發生什麼情況？地球會飛離太陽，但單一原子的變化實在很小，小到沒有任何影響。就數量來說，原子內兩個電子之間的重力，約略是電力的 100 萬兆兆兆分之一。

惠勒大膽出發探究那片分隔開傳統基本粒子世界，和愛因斯坦重力論的無知大海時，知識界的現況就是這樣。惠勒本身就是個謎樣的人物，他外表看上去和聽起來都像一板一眼的商人，應該很容易融入美國最保守的公司集團的董事會。事實上，惠勒的政治立場很保守，冷戰尚未結束，而他堅決反對共產主義。然而從 1960 年代到 1970 年代，在史無前例的校園社會運動活躍年代，他深受學生愛戴。當今最傑出的拉丁美洲物理學家提特波因，就是惠勒的學生。[1] 提特波因出身智利著名的左派政治世家，是惠勒眾多日後功成名就的門生之一。他的家族是前總統阿言德（Salvador Allende）的政治盟友，而提特波因本人是皮諾契特（Pinochet）將軍獨裁政權無畏、直言不諱的敵人。儘管政治立場不同，惠勒和提特波因站在愛與尊重彼此意見的基礎上，建立起特別的友誼。

我第一次見到惠勒是在 1961 年，那時我是紐約城市學院（CCNY）的大學生，學業成績有點打破傳統。我的一位老師哈利·蘇達克（Harry Soodak），帶我南下去普林斯頓和他會面——蘇達克教授刁著雪茄，滿嘴粗話，和我一樣是猶太左派工人階級出身。我們期望惠勒會留下深刻印象，我會錄取為研究生，儘管還沒有大學學位。當時我在南布朗克斯區打工，幫人修水電，我母

1　提特波因的一生充滿了戲劇性。他最刺激的經歷之一是在大約兩年前，他發現自己的父親是艾爾瓦羅·邦斯特（Álvaro Bunster），某個英勇反法西斯家族的族長。就像智利一家重要大報的標題所下的：「尋找宇宙起源的知名智利物理學家找到自己的根源。」結果，提特波因把他的姓氏改成邦斯特。

親認為我應該穿著得體去赴會；對我母親來說，那是指我應該展現出我的社會階層，穿著我的工作服。如今我在帕羅奧圖的水電工，穿得和我在史丹佛大學講課時所穿的差不多，但在 1961 年，我的水電工作服和我父親及他在南布朗克斯區的所有水電工伙伴一樣——漫畫人物 Li'l Abner 所穿的那種吊帶褲，藍色法蘭絨工作襯衫，厚重的鋼頭工作鞋。我還戴了一頂便帽，讓我的頭髮不要沾到塵垢。

哈利開車來接我的時候，他很認真地看了我兩眼。雪茄從他嘴裡掉了下來，他叫我回樓上換衣服。他說惠勒不是那種人。

我一走進這位大教授的辦公室，就明白哈利的意思。我唯一能形容這個向我打招呼的人的方式，就是說他看上去像共和黨人士。我到底在這個白人菁英的大學地盤做什麼？

兩個小時後，我完全著了迷。惠勒熱情地描繪出，空間和時間在透過極高倍率顯微鏡的觀看之下，會如何變成狂野、抖動、多泡沫的量子起伏世界。他告訴我，最精深、最令人興奮的物理問題，就是想辦法統一愛因斯坦的兩大理論——廣義相對論和量子力學。他解釋說，只有在普朗克距離之下，基本粒子才會露出真實的本性，而且終歸是幾何——量子幾何。對一個雄心勃勃的年輕物理學家來說，古板的商人外表已經變成充滿理想、有遠見的人了。我超級想追隨這個人去作戰。

惠勒當真像他看起來的那樣保守嗎？我其實不知道。但他絕對不是過分正經的說教者。有一次，惠勒和我及我的妻子安妮在智利瓦爾帕來索（Valparaiso）海灘上的咖啡座喝飲料，他起身去走一走，說他想看看穿著比基尼的南美女孩。當時他快 90 歲了。

不管怎樣，我沒能成為惠勒的子弟兵；普林斯頓沒有錄取我。所以我去了康乃爾，該校的物理系乏味很多。很多年之後，我才感受到我在 1961 年有過的那種興奮感。

1967 年前後，惠勒對施瓦茲席德在 1917 年描述的重力塌縮星體很感興趣。這種星體當時叫做黑星或暗星，但這個名稱並沒描繪出這些星體的本質——它們是太空中的深洞，有大到無法抵擋的重力。惠勒開始稱它們黑洞。起先這個名稱遭美國頂尖物理學期刊《物理評論》（*Physical Review*）否決了。理由在今天看來很可笑：他們認為黑洞一詞是淫穢下流的！但惠勒向編輯部據理力爭，於是它們就變成黑洞了。[2]

好笑的是，惠勒創造的下一個新詞語是「黑洞無毛」（black holes have no hair）。我不知道《物理評論》是否又被激怒，但這個專門用語沿用下來了。惠勒並不想激怒期刊編輯，相反的，他是在對黑洞視界的性質提出一個非常正經的重點。他所說的「毛（髮）」是指可觀測到的特徵，也許是隆起或其他的不平整之處。惠勒指出，黑洞的視界和最光滑的禿頭一樣光滑又毫無特徵——實際上是光滑多了。黑洞形成時（比方說因某顆恆星塌縮而形成），視界很快就會穩定下來，變成十分規律又平凡無奇的球體。除了質量和旋轉速率之外，每個黑洞都完全一樣，或說一般認為是一模一樣的。

2 這段故事是我從傑出廣義相對論學者華納・伊斯列（Werner Israel）那裡聽來的。

貝根斯坦是以色列人，個子矮小，性格文靜。但他溫和、學者般的外表掩蓋了他在學術上的大膽。1972 年時他是惠勒指導的研究生，對黑洞很感興趣，但他感興趣的並不是這些有一天也許可透過望遠鏡看到的天體本身。貝根斯坦熱愛的是物理學基礎，即根本的基礎原則，他覺得黑洞可說出自然律的深奧特質。令他特別感興趣的，是黑洞可能會以什麼方式和量子力學與熱力學的原理結合，而這也是愛因斯坦老在思索的問題。事實上，貝根斯坦從事物理研究的風格和愛因斯坦很像；兩人都是想像實驗的能手。他們兩位只用到少少的數學，但大量深入思考物理原理，以及如何把這些原理應用到假想（但有可能做到）的物理環境下，就做出了對物理學的未來會有深遠影響的結論。

下面就用簡單幾句話說一下貝根斯坦的問題。想像你自己繞著一個黑洞盤旋。你有一個裝了高溫氣體（有大量熵的氣體）的容器。你把這個裝滿了熵的容器丟進黑洞，按照一般的看法，這個容器就是會消失在視界後方，而實際上，容器裡的熵會從可觀測宇宙中完全消失。根據普遍的看法，毫無特徵又光滑的視界不可能藏有任何資訊，所以看起來世界上的熵減少了，這和熱力學第二定律相牴觸——熱力學第二定律是說熵永遠不會減少。違反像第二定律這麼深刻的原理，有那麼容易嗎？愛因斯坦應該會感到震驚。

貝根斯坦推斷，熱力學第二定律在物理法則中根深柢固，不會這麼輕易就違反了。他反而提出一個極端的新建議：黑洞本身必定有熵。他主張，如果要計算出宇宙裡所有的熵，像是恆星、星際氣體、行星大氣和所有放滿溫水的浴缸中的遺失資訊，你必須把每個黑洞的若干熵含量也算進去。此外，黑洞愈大，熵就愈多。有了這個想法，貝根斯坦就可以挽救第二定律。毫無疑問愛因斯坦應該也會同意。

貝根斯坦是這麼想的。熵永遠伴隨著能量，而且和某樣東西的排列數有關，那樣東西在各種情況下都帶有能量。連書頁上的油墨都是由大量的原子組成的，而根據愛因斯坦的說法，原子具有能量，因為質量是能量的一種形式。有人也許會說，熵是在計算小塊能量的各種排列方法。

貝根斯坦在他的想像中把裝了高溫氣體的容器丟進黑洞，就是在替黑洞增加能量。反過來說，這表示黑洞的質量和大小會增加。如果像貝根斯坦猜測的，黑洞有熵，而熵會隨質量增加，那麼就有機會挽救熱力學第二定律。黑洞的熵量會增加得過多，足以彌補減少的熵。

在解釋貝根斯坦如何猜出黑洞熵量的公式之前，我先來解釋為什麼這個想法那麼令人驚訝——驚訝到霍金說他最初斥之為鬼扯。[3]

熵是在算出可選擇的排列，然而是什麼東西的排列？如果黑洞視界像能想到的最光滑光頭一樣毫無特徵，有什麼可算的呢？根據這個邏輯，黑洞熵應該是零。惠勒聲稱「黑洞無毛」，似乎正好和貝根斯坦提出的理論相矛盾。

3　你可以在霍金的《時間簡史》讀到他最初的懷疑態度。

師生的不同觀點要怎麼達成一致？我來舉個例子幫助你了解。印在頁面上的灰階圖片，實際上是由黑色和白色的小圓點組成的。假設我們有一百萬個黑點和一百萬個白點可以使用。把頁面鉛直或水平分成兩半，是一種可能的模式，我們可以讓其中半邊是黑色，另外半邊是白色，做法只有四種。

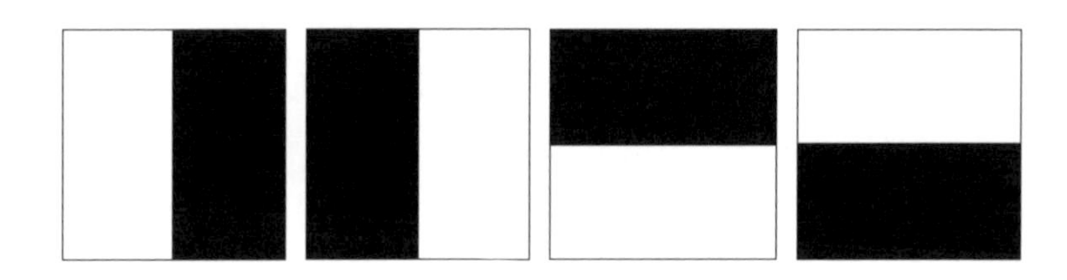

我們看到了強烈的模式和明顯的區別，但只有少少幾種排列方法。強烈的模式和明顯的區別通常代表熵很少。

但現在讓我們走到另一個極端，在同一個方塊上隨機分配同樣多的黑白像素。我們看到的是多少有些均勻的灰色。如果像素真的很小，灰色看起來就會十分均勻。這些不用放大鏡就不會看到的黑白點，可以用非常多種方法來重新排列。

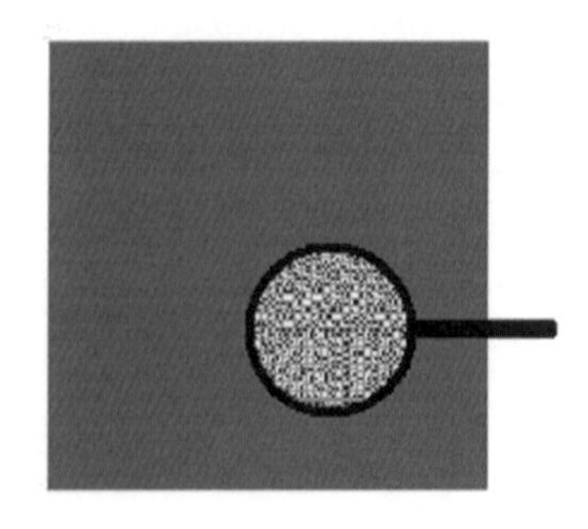

在這個例子中，我們看到熵很多，外觀通常是均一又「無毛」的。

外觀均一和多熵結合在一起，就顯示出某件重要的事。它在暗示，不論這個系統是什麼，都必定由非常多的微小物體組成，這些物體 (a) 微小到看不見，而且 (b) 可以用許多方式重新排列又不會改變系統的基本外觀。

貝根斯坦如何計算黑洞熵

貝根斯坦察覺到黑洞必定有熵，是一下子就改變物理學進展的簡單卻深刻的觀察之一；換句話說，儘管黑洞外觀光禿禿的，卻抓著隱藏的資訊。當我開始為普通讀者寫書的時候，有人極力建議我把方程式的數目控制在只留一個：$E = mc^2$。他們告訴我，每多寫一個數學式，書就會少賣 1 萬本。老實說，這跟我的經驗相反。大家喜歡接受挑戰；他們只是不喜歡無聊。所以一番深思熟慮後，我決定冒險一試。貝根斯坦的論點實在簡明易懂又非常美，我覺得不把它放進這本書中，會是把素材做了很糟糕的簡化。不過，我已經盡力解釋過結果，所以比較沒有數學天分的讀者可以放心跳過幾個簡單的方程式，又不會漏掉重點。

貝根斯坦並沒有直接問，在特定大小的黑洞裡可以隱藏多少位元的資訊。他反而是問，如果把一個位元的資訊丟進黑洞，黑洞的大小會有怎樣的變化。這就像在問，如果把一滴水加進浴缸中，水會上升多少。或是如果加一顆原子，水會上升多少？

這就引出另一個問題：要怎麼加一個位元？貝根斯坦是不是要丟印在一小塊紙片上的一個點？顯然不是；那個點也是由非常多的原子組成，而那塊紙片也是。那個點裡面的資訊遠多於一個位元。最佳策略會是丟一個基本粒子進去。

舉例來說，假設一顆光子掉進黑洞。就連一顆光子攜帶的資訊也會比一個位元還要多，特別是在準確得知光子進入視界的位置方面，就有大量的資訊。貝根斯坦在這裡巧妙地運用了海森堡的測不準概念。他認為，光子的位置應該盡可能不確定，只要知道它進入黑洞就行了。有這種「不確定光子」存在，只會傳遞一個位元的資訊——即它在那裡，在黑洞裡的某個地方。

回想一下第 4 章所說的，光束的鑑別率和它的波長差不多。在現在這個特例中，貝根斯坦並不想鑑別視界上的一個點；他希望它盡可能模糊。訣竅是使用波長很長的光子，好讓它會在整個視界上散開來。換句話說，如果視界的施瓦氏半徑為 R_s，那麼光子的波長應該也會這麼長。雖然更長的波長似乎也是可能的選擇，但這樣只會從黑洞反彈回來，而不會被困住。

貝根斯坦懷疑，在黑洞中多加一個位元，會讓黑洞變大一丁點，就類似多加一個橡膠分子到氣球上，會讓氣球的體積增加一樣。但計算出增加量需要幾個中間步驟。我就先來概述一下吧。

1. 首先，我們必須知道加一個位元的資訊時，黑洞會增加多少能量。這個增加量當然是攜帶那個位元的光子的能量，所以第一步是確定光子的能量。
2. 接下來，我們必須確定那個位元加進去的時候，黑洞的質量產生多少變化。為了知道這個變化量，我們要回顧一下愛因斯坦最著名的方程式：

$$E = mc^2$$

但我們要反過來看。它用能量的增加量來描述質量的變化量。

3. 一旦知道質量的變化量，我們就可以計算施瓦氏半徑的變化量，要用米契爾、拉普拉斯和施瓦茲席德寫出的那個公式（見第 2 章）：

$$Rs = 2MG/c^2$$

4. 最後，我們必須確定視界的面積增加了多少。所以我們需要球的表面積公式：

$$\text{視界的面積} = 4\pi R_s^2$$

我們從一位元光子的能量開始。正如我在前面解釋過的，這個光子應該要有夠長的波長，好讓它在黑洞中的位置是不確定的。這就表示波長應該是 R_s。根據愛因斯坦的公式，波長 R_s 的光子攜帶的能量 E 會是：[4]

$$E = hc / R_s$$

在這個公式中，h 是普朗克常數，c 是光速。含意就是，把一個位元的資訊丟進黑洞，會讓黑洞的能量增加 hc / R_s。

下一步是計算黑洞的質量會產生多少變化。要把能量轉換成質量，就必須除以 c^2，意思是黑洞的質量將會增加 $h / R_s c$。

質量的變化量＝ $h / R_s c$

4　波長 R_s 的光子的頻率 f 為 c / R_s。利用愛因斯坦－普朗克公式 $E = hf$，我們就會知道這顆光子的能量是 hc / R_s。

我們就代入幾個數字，看看一個位元會讓一個太陽質量的黑洞的質量增加多少。

普朗克常數 h	6.6×10^{-34}
黑洞的施瓦氏半徑 R_s	3,000 公尺（＝ 2 英里）
光速 c	3×10^{8}
牛頓常數 G	6.7×10^{-11}

所以，在一個太陽質量的黑洞中加一位元的資訊，只會增加極少的質量：

質量的增加量＝ 10^{-45} 公斤

但就如他們說的：「並不是沒有增加。」

我們繼續做第三步——利用質量和半徑之間的關係算出 Rs 的變化量。用代數符號來表示，答案會像下面這樣：

R_s 的增加量＝ $2hG / (R_s c^3)$

對於一個太陽質量的黑洞，R_s 約為 3,000 公尺。如果把所有的數字都代進去，就會發現半徑增加了 10^{-72} 公尺。這不但遠遠小於質子，也遠小於普朗克長度（10^{-35} 公尺）。既然變化量這麼小，你或許就會納悶為什麼我們還要花力氣算出來，但忽略它不計是錯的。

最後一步是算出視界的面積會改變多少。對一個太陽質量的黑洞來說，視界的面積增加了大約 10^{-70} 平方公尺，非常少，但同樣的，「並不是沒有增加。」而且不但不是沒有增加，還增加了非常特別的量：10^{-70} 平方公尺剛好是一平方普朗克單位。

是偶然嗎？如果我們試算一個地球質量的黑洞（像蔓越莓一樣大的黑洞），或質量比太陽大十億倍的黑洞，會有什麼結果？試一下，用數字或方程式都行。無論本來的黑洞有多大，規則都是：

加了一位元的資訊，會讓任何一個黑洞視界的面積增加一個普朗克面積單位，也就是一平方普朗克單位。

不知什麼原因，量子力學和廣義相對論的原理當中，不可分割的資訊位元與普朗克尺度的區域之間藏有神祕難解的關係。

當我在史丹佛大學醫學預科物理課堂上解釋這一切的時候，教室後排有人低聲發出長長一聲口哨，然後說：「太酷了。」確實很酷，但也很深奧，而且可能有解開量子重力之謎的鑰匙。

現在想像一下要把黑洞一個又一個位元建構起來，就像你把浴缸用一個又一個原子裝滿一樣。每增加一位元的資訊，視界的面積就會增加一個普朗克單位，等到黑洞建構完成，視界的面積會等於黑洞中隱藏的資訊位元總數。這就是貝根斯坦的一大成就，可用這句話來總結：

黑洞熵（以位元為單位）和它的視界面積（以普朗克單位為單位）成正比。

或說得更簡潔些：

資訊等於面積。

看來視界密集覆蓋著不可壓縮的資訊，多少有點類似用硬幣密鋪桌面。

在這堆硬幣中再加一枚硬幣，會增加一枚硬幣的面積。位元，硬幣，都是同樣的道理。

這種描述唯一的問題就是，視界上沒有硬幣。如果有，愛麗絲掉進黑洞的時候就會發現了。根據廣義相對論，視界對自由掉落的愛麗絲來說是看不見的不歸點，說她可能會遇到像一桌硬幣這樣的事，就會和愛因斯坦的等效原理完全牴觸。

視界是填滿了物質位元的曲面，以及視界只是一個不歸點，兩者間明顯矛盾——這種緊張關係，正是引起黑洞戰爭的理由。

從貝根斯坦提出他的發現以來，還有一點令物理學家百思不解：為什麼熵是和視界的表面積成正比，而不是和黑洞的內部體積成正比？看來好像裡面有很多浪費掉的空間。事實上，黑洞聽起來很像托勒密二世的圖書館。我們會在第 18 章回到這一點，到時候我們會明白整個宇宙是個全像圖。

儘管貝根斯坦的看法是對的，黑洞熵確實和面積成正比，但他的論證不十分精確，而且他自己也知道。他並沒說熵量等於多少普朗克單位的面積。由於計算過程中有很多不確定性，他只能說黑洞熵與面積差不多相等（或成正比）。在物理學上，差不多是非常狡猾的用詞。究竟是面積的兩倍還是四分之一？貝根斯坦的論證雖然很出色，但效力不足以決定出精確的比例因數。

我們在下一章會看到，貝根斯坦發現黑洞的熵如何促成霍金獲得他最重要的見解：黑洞不但有熵，如貝根斯坦正確臆測的，而且還有溫度。黑洞不是物理學家原先以為的極低溫死寂星體。黑洞內部散發著溫暖，但這種溫暖最後會讓它們毀滅。

9

黑光

大城市的冬風是最刺骨的。它會吹過建築物之間的長廊，在街角捲起，無情地吹打倒楣的行人。1974 年的某一天，天氣糟糕無比，我在曼哈頓北端寒冷的街道上長跑，長髮上掛著汗水結成的冰柱。跑了 15 英里，我已經筋疲力盡了，但我離溫暖的辦公室還有 2 英里，很可悲。身上沒有皮夾，我連搭地鐵回去的 20 分硬幣都沒有。但幸運女神眷顧我。正當我在迪克曼街附近跨出人行道的時候，有一輛車子在我旁邊停下來，阿格．培特森（Aage Petersen）把頭探出窗外。培特森是討人喜歡的丹麥小精靈，來美國之前曾是波耳在哥本哈根的助理。他熱愛量子力學，把波耳的哲學看成像生命一樣重要。

一坐進車裡，培特森就問我是不是要去聽丹尼斯·夏瑪（Dennis Sciama）在貝爾弗研究所的演講。並不是。事實上，我對夏瑪本人或他的演講一無所知。相反的，我在想要不要去學校的自助餐廳喝碗熱湯。培特森在英國就認識夏瑪，還說他來自劍橋大學，是非常有趣的英國人，預料會有很多好笑的笑話。培特森認為那場演講和黑洞有關——夏瑪的學生所做出來，且讓劍橋人熱烈談論的一些研究。我答應培特森我會出席。

葉史瓦大學的自助餐廳並不很合我意。吃的東西還不錯——湯是符合猶太飲食戒律的（我一點也不在乎），而且夠熱（這點很重要）；但學生之間的話題讓我惱怒：幾乎都和法律有關。讓葉史瓦的年輕大學生熱烈討論不是聯邦法、州法或市法，或科學定律，而是猶太法典律法吹毛求疵的細枝末節：「如果百事可樂是在由養豬場改建的工廠裡生產的，會符合猶太飲食戒律嗎？」「如果在蓋工廠之前，地面就鋪上合板了呢？」諸如此類的事。但熱湯和寒天促使我消磨一下，偷聽鄰桌幾個學生聊天。這次的主題是連我都關心的物品——衛生紙！激烈的猶太法典辯論圍繞的重大議題是，捲筒衛生紙能不能在安息日補換，或是必須直接從還沒換裝的一捲取來用。根據阿基瓦拉比（Rabbi Akiva）著作中的不同段落，有一派推測這位大學者應該會堅持嚴格遵守某些律法，而這些律法禁止補換衛生紙捲。另一派則認為，無可匹敵的蘭巴姆[1]在《迷途指津》（*The Guide for the Perplexed*）中非常清楚表明，某些必要的工作可免除這些猶太法典禁令，而邏輯分析贊同衛生紙補換屬於這種工作的看法。半個小時過去了，他們還在激烈爭論。有幾個年輕的準拉比加入辯論，提出更多巧妙、幾乎是數學上的論點，我終於感到厭煩了。

你可能想知道這和本書的主題黑洞有什麼關係。只有一點：我在自助餐廳的閒混害我錯過了夏瑪精采演講的前 40 分鐘。夏瑪是劍橋的天文學與宇宙學教授，而劍橋大學正是世上「最聰明、最優秀」的人用深奧的重力謎團來測試才智的三大重鎮之一（另外兩地是普林斯頓和莫斯科）[2]。和普林斯頓一樣，劍橋的年輕學術戰士是由一位善於鼓舞他人的魅力型領袖帶領的。夏瑪的子弟兵是一群傑出的年輕物理學家，包括布蘭登．卡特（Brandon Carter），宇宙學人本原理（Anthropic Principle）的闡述者；馬丁．芮斯（Martin Rees），英國皇家天文學家，現在擔任哈雷（以彗星聞名的哈雷）講座教授；菲利普．坎德拉斯（Philip Candelas），現任牛津大學鮑爾（Rouse Ball）數學講座教授；大衛．杜伊奇（David Deutsch），量子計算的發明人之一；傑出的劍橋天文學家約翰．巴羅（John Barrow）；以及著名的宇宙學家喬治．埃利斯（George

1 蘭巴姆（Rambam）是摩西・本・邁蒙拉比（Rabbi Moses Ben Maimon）的暱稱，他在非猶太世界更為人熟悉的名字是邁蒙尼德（Maimonides）。

2 莫斯科的大重力中心是由名聲顯赫的俄羅斯天文物理學家暨宇宙學家雅科夫・澤爾多維奇（Yakov B. Zeldovich）帶領的。

Ellis）。哦，對，還有霍金，他在劍橋的教授職位正是牛頓擔任過的。事實上，夏瑪在 1974 年那個寒天報告的，正是霍金的研究成果，只不過當時霍金這個名字對我來說毫無意義。

等我趕到的時候，夏瑪的演講已經進行三分之二了。我馬上就後悔沒有早點到場。一方面，我可不期盼再以我這身跑步裝束走到外頭寒冷的凍雨中。夏瑪演講結束的時候，天已經黑了，鐵定會更冷。但讓我真希望夏瑪才剛開始演講的，不僅僅是怕凍瘡。如同培特森說的，夏瑪是極有趣的講者。那些笑話確實很出色，但更重要的是，黑板上的一個方程式吸引住我的目光。

在理論物理方面的演講結束時，通常黑板上會寫滿數學符號，但夏瑪是很少寫方程式的人。我到的時候，黑板看起來大概像這樣：

不到五分鐘，我就破解出這些符號代表的意義。事實上，它們全都是大家熟悉的物理量的標準記法。但我不知道脈絡（這個公式在描述什麼），儘管我能看出它要麼非常深奧，不然就是非常愚蠢。裡面只有最基本的自然常數：牛頓的常數 G，它支配著重力——但出現在分母，這點很奇怪；光速 c，顯示和狹義相對論有關；普朗克常數 h，這暗示了量子力學；然後還有 k，波茲曼常數。

看起來很不搭調的是最後一個。它在那裡幹什麼？波茲曼常數和熱與熵的微觀源頭有關。熱和熵在量子重力的公式裡做什麼？

那麼 16 這個數和 π^2 呢？這些是那種會出現在各種方程式裡的數學數字，沒有什麼暗示。M 是大家很熟悉的，夏瑪所說的東西讓我對它的意義有更深的印象。M 是質量。短短幾分鐘，我就能看出那是一個黑洞的質量。

好吧，黑洞、重力和相對論，這說得通，但加上量子力學好像很怪。黑洞極重，和它們的前身恆星一樣重。但量子力學是描述小東西的，如原子、電子和光子。既然是討論像恆星一樣重的物體，為什麼要把量子力學帶進來？

最費解的是，等式的左邊代表溫度 T。是誰的溫度？

夏瑪演講的最後 15 或 20 分鐘，夠我把這些碎片拼湊起來。夏瑪的其中一個學生發現了非常奇怪的事：量子力學賦予黑洞熱的性質（熱），而伴隨著熱而來的是溫度。黑板上的方程式是黑洞溫度的公式。

太奇怪了，我心想。是什麼原因讓夏瑪有這個愚蠢的想法：一顆燃料完全耗盡而死亡的恆星，溫度居然不會是絕對零度？

看著這個引人入勝的公式，我就看到一個有趣的關聯：黑洞的溫度和它的質量成反比；質量愈大，溫度愈低。像恆星一樣大的巨大黑洞，溫度會很低，比地球上任何一個實驗室裡的任何物體還要低得多。但真正讓我訝異到在椅子上坐直起來的是，如果有極小的黑洞存在，它們會極其高溫——比我們想像得到的任何東西還要高溫。

然而夏瑪還有一個更大的驚喜：黑洞蒸發！到那個時候，物理學家仍相信黑洞像鑽石一樣是永恆的，一旦形成，自然科學上已知的任何機制，都無法摧毀或消除黑洞。死亡恆星在太空中形成的黑色空洞，會永存不朽——無比寒冷，無比寂靜。

但夏瑪告訴我們，黑洞會像留在太陽中的一滴水一樣，逐漸蒸發，最後消失。他解釋說，電磁熱輻射會帶走黑洞的質量。

為了解釋夏瑪和他的學生為什麼這麼想，我必須補充一些關於熱和熱輻射的事情。我會再回到黑洞，但暫時先離題一下。

熱與溫度

熱和溫度是很多人最熟悉的物理概念。我們都有內建的溫度計和恆溫器，演化讓我們生來就有冷熱的感覺。

溫暖是熱，寒冷是缺少了熱。但這種叫做熱的東西到底是什麼？當洗澡水變冷的時候，沒有熱水的浴缸裡發生了什麼情況？如果用顯微鏡仔細觀察懸浮在溫水中的灰塵微粒或花粉粒，你會看到這些微粒像喝醉酒的水手般搖來晃去。水溫愈高，微粒顯得愈躁動。愛因斯坦[3]在1905年率先解釋，這種布朗運動（Brownian

3　愛因斯坦在1905年開啟了物理學上的兩次革命，並完成第三次革命。兩個新革命當然是狹義相對論和光的量子（或光子）理論。同一年，愛因斯坦在他那篇解釋布朗運動的論文中，為物質的分子理論提供第一個鐵一般的證據。馬克士威（James Clerk Maxwell）和波茲曼（Ludwig Boltzmann）等物理學家，很早就懷疑熱是假想物質分子的隨機運動，但直到愛因斯坦才提供了決定性的證明。

motion）是快速運動的高能分子不斷撞擊微粒所導致的。水和其他的物質一樣，也是由到處移動的分子組成的，這些分子會彼此碰撞，撞到容器壁，也會和外來雜質發生碰撞。當這種運動隨機又無秩序的時候，我們稱之為熱。對普通物體來說，當增加的能量是熱能時，就會讓分子的隨機動能增加。

溫度當然和熱有關。忽東忽西的分子撞擊到你的皮膚時，會刺激神經末梢，你就會感受到溫度。個別分子的能量愈大，神經末梢受到的影響愈大，也會感覺愈熱。皮膚只是可感覺和記錄分子混沌運動的眾多溫度計類型之一。

因此大致說來，物體的溫度是在衡量個別分子的能量。物體冷卻時，能量會消散，分子就放慢下來了。到最後，消除的能量愈來愈多，分子就達到能量最低的狀態。如果我們可以忽略量子力學，這就會是分子運動完全停止時發生的狀況。到那個時候，不會再有能量消耗掉，這個物體的溫度就達到絕對零度，不能再低了。

黑洞是黑體

大部分的物體至少會反射一點點光。紅色塗料之所以是紅色，是因為反射紅光，說得更準確些，它反射了眼睛與大腦理解成紅色的特定波長組合。同樣的，藍色塗料反射了我們理解成藍色的波長組合。雪是白色的，因為冰晶表面均等地反射了所有的可見色光。（雪和鏡子般的冰層唯一的差異就是，雪的粒狀結構會把光散射到各個方向，把所反射的影像分解成無數的微小碎片。）

但有些表面幾乎不會反射任何光線。照射到燒焦鍋子煤黑色表面上的任何光線，都會被煤灰層吸收，讓黑色的外表變熱，最後也會讓鐵本身變熱。這些是我們的大腦理解成黑色的物體。

物理學家用來描述把光全吸收掉的物體的術語是黑體（black body）。夏瑪到紐約來我的學校演講時，物理學家早已知道黑洞是黑體。拉普拉斯和米契爾在18世紀就認為有這種可能，施瓦茲席德對愛因斯坦方程式找到的解，也證明了這件事。照射到黑洞視界的光，會完全吸收掉。黑洞視界是最黑的黑色。

但在霍金提出他的發現之前，沒有人知道黑洞有溫度。在那之前如果你問物理學家：「黑洞的溫度有多低？」最初的反應可能是：「黑洞沒有溫度。」而你也許會回應：「胡說，每樣東西都有溫度。」稍微想一下之後或許會跳出這個答案：「好吧，黑洞沒有熱，所以一定是絕對零度——低到不能再低的溫度。」事實上在霍金之前，所有的物理學家應該都會主張黑洞確實是黑體，處於絕對零度的黑體。

好了，說黑體根本不發光是不正確的。拿個燻黑的鍋子，把它加熱到幾百度，它就會發紅。加熱到更高溫，這個鍋子會發出橙色光，然後是黃光，最後會呈現閃亮藍白色的外觀。說也奇怪，按照物理學家的定義，太陽是個黑體。你會說這多奇怪啊；太陽完全不像你所能想像的那麼黑。確實，太陽表面輻射出大量的光，但它沒有反射出光來。對物理學家來說，這就讓它成為黑體。

讓燒燙的鍋子冷卻下來，它就會發出看不見的紅外輻射。只要不是絕對零度，就連最低溫的物體也會發出一些電磁輻射。

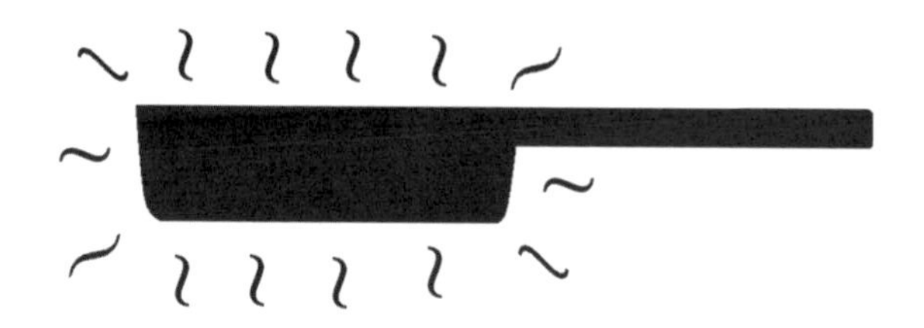

但黑體發出的輻射不是反射光；它是由振動或碰撞的原子產生的，而且不像反射光，它的顏色由物體的溫度決定。

夏瑪的解釋很不尋常（而且在當時看來有點古怪）。他說黑洞是黑體，但不是絕對零度。每個黑洞都有溫度，而溫度由質量決定。公式就寫在黑板上。

他還告訴我們一件事，某種程度上是最出人意料的事。由於黑洞有熱和溫度，所以必定會像燒熱的黑鍋子一樣發出電磁輻射——光子。這就表示它在損失能量。根據愛因斯坦的 $E = mc^2$，能量和質量其實是同一回事，因此如果黑洞會損失能量，它也會損失質量。

這就把我們帶到夏瑪的故事精華。黑洞的大小（其視界半徑）和它的質量成正比，若質量減少，黑洞的大小也會變小，所以黑洞在輻射出能量的過程中會縮小，直到它小到像基本粒子那麼大，然後就消失了。根據夏瑪的說法，黑洞會蒸發，如同夏日的水窪一樣。

整場演講中，至少在我親身參與的時間裡，夏瑪清楚表明這些發現不是他做出來的。是「史蒂芬說了這個」和「史蒂芬說了那個」。但不管夏瑪說了什麼，在演講尾聲我的印象是，那個無人認識的史蒂芬 霍金只是個幸運的學生，剛好在對的時機出現在對的地方，跟夏瑪一起進行研究計畫。有名氣的物理學家在演講時不吝於提及某位聰明學生的名字，這很常見。無論這些想法究竟很絕妙還是狂想，我很自然認為它們出自比較有資歷的物理學家。

那天晚上，我的這種假設徹底改變了。培特森、研究所內其他幾位物理教授和我，帶夏瑪去小義大利區（Little Italy）一家上好的義大利餐廳吃飯。席間夏瑪跟我們聊到他的優秀學生。

事實上，霍金根本不是學生。夏瑪說起「他的學生霍金」時，言詞間就像諾貝爾獎得主的自豪父親談到「我的孩子」般。在 1974 年，霍金在廣義相對論領域已經是後起之秀，他和潘若斯（Roger Penrose）在這方面已經有很重要的貢獻。

是我自己的無知，讓我以為霍金只不過是某位胸襟寬厚的論文指導教授的學生。

我一邊享用義大利美食和美酒，一邊聽著比小說更離奇的故事，這位年輕的天才大放異采前，才剛診斷出患有某種令人衰弱的疾病。霍金這位聰明卻有些自負的研究生，得了漸凍人症（肌肉萎縮性脊髓側索硬化症，又稱運動神經元疾病）。病情進展得很快，在我們和夏瑪一起吃飯時，他幾乎完全癱瘓了。雖然無法寫出數學式，幾乎無法表達，但霍金一面防止他的醫學死敵步步進逼，一面迸出絕妙的想法。病情發展很不樂觀。漸凍人症是殘酷的殺手，大家都說霍金只會再活幾年。在此期間，他盡情狂歡，興高采烈地（套用夏瑪的話）徹底改革物理學。那時夏瑪對霍金在逆境中展現的勇氣，似乎描述得言過其實，但認識霍金近 25 年之後，我會說這聽起來就像他一樣。

霍金和夏瑪都是我不了解的人，我也不知道蒸發的黑洞是難以置信的事實、瘋狂的偏激推測，還是真的。在旁聽猶太衛生紙律法的同時，我有可能錯過了幾個重要論點，更有可能是夏瑪就只有報告霍金的結論，而沒提供任何專門的基礎，畢竟霍金所用的是量子場論的進階方法，夏瑪並非這方面的專家。正如我在前面說過的，他是很少寫數學式的人。

現在回想起來，我沒有把夏瑪的演講和兩年前我在西區咖啡館跟費曼的簡短交談聯想在一起，似乎很奇怪。費曼和我也是在推測黑洞最後會如何崩解。但還要再過好幾個月，我才會把兩者拼湊起來。

霍金的論點

根據霍金自己的說法，他起初不相信貝根斯坦得到的奇怪結論——貝根斯坦那時是無人知曉的普林斯頓學生。黑洞怎麼可能有熵？熵與無知有關——對隱藏微觀結構的無知，譬如我們不知道水分子在放滿溫水的浴缸裡的精確位置。愛因斯坦的重力論和施瓦茲席德的黑洞解，和微小的存在體無關，況且黑洞似乎沒什麼可忽略不計的。施瓦茲席德給愛因斯坦方程式的解，獨特又精確，對質量與角動量的每個值，只有一個黑洞解。這就是惠勒說出「黑洞無毛」的意思。按照一般的邏輯，獨特的位形（回想一下第 7 章的完美 BMW）應該沒有熵。貝根斯坦的熵對霍金來說毫無意義——直到他找到自己的思考方式。

對霍金來說關鍵是溫度，不是熵。熵的存在本身並不代表系統有溫度。[4] 第三個量，即能量，也會對方程式產生影響。能量、熵和溫度的關係，可追溯到 19 世紀初熱力學[5] 的起源。當時蒸汽機是時髦的玩意，而法國人尼古拉　萊昂納爾　薩迪　卡諾（Nicolas Léonard Sadi Carnot）是所謂的蒸汽機工程師，他對一個非常實用的問題很感興趣：如何運用定量蒸汽中所含的熱，以最有效率的方式做有用的工作——如何獲得最大的效益。在這種情況下，有用的工作或許可以指讓火車頭加速，這會需要把熱能轉換成一大塊鐵的動能。

熱能是指隨機分子運動的無序混沌能量。相較之下，火車頭的動能被組織成大量分子的同時同步運動，所有的分子一起移動。所以，問題是如何把定量的無序能量，轉換成有序的能量。問題是，沒有人真正理解有序和無序的能量到底是什麼意思。卡諾率先把熵定義成衡量無序程度的方式。

我自己初次接觸熵的時候，是個還在修機械工程的大學生。我和其他同學都不懂熱的分子理論，我敢說我們的教授也不懂。那門課（基礎機械工程：給機械工程師的熱力學）實在讓人費解，我顯然是課堂上表現最好的學生，也都搞不懂。最糟糕的是熵的概

4　能用許多方法排列又不會改變能量的系統，在邏輯上是可以想像的，但在真實世界的情況下不曾發生。

5　熱力學是研究熱能的學科。

念。我們得知，如果你把少量的東西加熱，那麼熱能的變化除以溫度就是熵的變化。每個人都把這抄下來，但沒有人理解它的意思。這對我來說就像「香腸數量的變化除以洋蔥化叫做 floogelweiss」一樣難懂。

部分問題是我真的不了解溫度。我的教授說，溫度是你用溫度計測量出來的東西。我可能要問：「對，但那是什麼東西？」我相當確定得到的答案會是：「我講過了，就是你用溫度計測量到的東西。」

用溫度來定義熵，是本末倒置。雖然每個人天生就感受得到溫度，但能量和熵等更抽象的概念，更是基本。那位教授應該要先解釋熵是衡量隱藏資訊的方法，而且以位元為單位，接著他就可以繼續（正確地）說：

增加一個位元的熵時，系統能量的增加量就是溫度。[6]

加了一個位元之後，能量會產生變化嗎？這正是貝根斯坦把黑洞弄清楚的一件事。顯然貝根斯坦沒意識到自己算出了黑洞的溫度。

霍金馬上看出貝根斯坦遺漏的東西，但覺得「黑洞有溫度」

6　嚴格說，是溫度（從絕對零度起算）乘上波茲曼常數。波茲曼常數只是個換算因數，物理學家經常會選用方便的溫度單位，讓它設定成 1。

這個想法似乎太荒謬了，所以他的第一個反應是認定整件事是胡扯，除了溫度之外，熵也包括在內。他有這種反應的部分原因也許是，黑洞蒸發看起來實在可笑。我不知道讓霍金重新考慮的原因究竟是什麼，但他確實重新考慮了。他運用量子場論的高明數學，找到自己的方法證明黑洞會輻射出能量。

量子場論這個術語，反映了愛因斯坦發現光子後留下的困惑。一方面，馬克士威令人信服地證明了光是像波一樣的電磁場擾動，他和其他人已經把空間視為可以振動的東西，差不多像一碗果凍般。這種假想的果凍叫做光以太（Luminiferous Ether），在受到振動的擾亂時（若是果凍，拿振動的音叉去碰觸就行了），波會像果凍一樣從擾動處向外散開。馬克士威想像，用振盪的電荷擾亂以太，輻射出光波。愛因斯坦的光子把事情搞亂了二十多年，直到狄拉克最後終於把量子力學的強大數學，應用到像波一樣的電磁場振動。

對霍金來說，量子場論最重要的結論就是電磁場有「量子抖動」（見第 4 章），即使沒有振動電荷在擾亂，還是會有。在真空中，電磁場會隨著真空起伏而閃爍振動，但我們為什麼感覺不到真空的振動？並不是因為振動得很徐緩，事實上，在一小塊空間區域上的電磁場振動是極其劇烈的。原因在於，真空的能量比其他任何東西還要少，所以真空起伏中的能量無法轉移到我們身上。

自然界還有一種十分明顯的抖動：熱抖動。一鍋冷水和一鍋熱水有什麼不同？你會說溫度，但這只是表達熱水摸起來熱，冷水摸起來冷的一種說法。真正的差異是，熱水有更多的能量和更多的熵——鍋子裡滿是混沌無序、隨機移動的分子，這些分子複雜到無法記錄。這種運動和量子力學無關，也非不易察覺，把手指伸進鍋裡，你就可輕鬆察覺到熱起伏。

水分子實在太小了，所以看不到個別分子急躁的熱運動，但熱抖動的直接效應不難察覺。正如我在前面提過的，懸浮在一杯溫水中的花粉粒會以做隨機、急躁的布朗運動，這和量子力學無關。原因是水中的熱，而這會讓水分子隨機撞擊花粉粒。當你把手指伸進玻璃杯的時候，水分子同樣會隨機撞擊你的皮膚，刺激神經末梢，讓水感覺起來是溫的。你的皮膚和神經會從周圍的熱中吸收一點能量。

即使沒有水、空氣或其他物質，黑體輻射的熱振動還是可以刺激對熱敏感的神經。在這種情況下，神經透過吸收光子從周圍吸收熱，但只有在溫度高於絕對零度時，才可能發生這種情況。在絕對零度時，電場和磁場的量子抖動更不易察覺，沒有同樣明顯的效應。

熱抖動和量子抖動是兩種非常不同的抖動，在一般情況下不會混淆不清。量子起伏是真空中不可約的部分，無法消除，而熱起伏是超額的能量造成的。對一本設法避開複雜數學的書籍來說，量子起伏的不易察覺性（為什麼我們感覺不到，以及這種起伏和熱起伏有何不同）不好解釋，我所用的任何一種類比或圖解都會有邏輯上的不足之處。如果你想理解黑洞戰爭的關鍵所在，一些解釋是必要的。請記住費曼對於解釋量子現象的警告（見第4章）。

量子場論提出了一種想像這兩種起伏的方法。熱起伏是實光子的存在造成的，這些光子撞擊我們的皮膚，把能量轉移到皮膚上。量子起伏是虛光子對造成的，虛光子對產生之後，又會迅速被真空吸收掉。下面是時空的費曼圖（以時間為縱軸，以空間為橫軸），同時呈現出實光子和虛光子對。

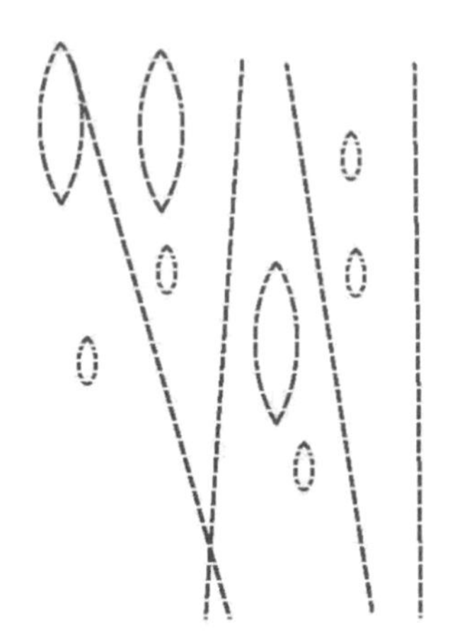

實光子是畫成虛線的無止境世界線，有這種光子存在就暗示有熱能與熱抖動。但如果空間處於絕對零度，就不會有實光子，只有虛光子的微小圈圈會保留下來，這些圈圈會迅速閃現又消失。虛光子對是真空的一部分，即使在溫度是絕對零度時。

在一般情況下，這兩種抖動不會搞混，但黑洞視界並非一般情況。在視界附近，這兩種起伏會以誰也預料不到的方式變得混淆不清。若想了解一下事情是怎麼發生的，不妨想像愛麗絲在絕對零度的環境中自由掉落到黑洞中：一個完美的真空。她的四周都是虛光子對，但她沒有發現。她附近沒有實光子。

現在考慮在視界上方盤旋的鮑伯。對他來說，情況更令人費解。有些虛光子對（愛麗絲沒注意到的那些）可能一部分在視界內，一部分在視界外，但在視界內的粒子和鮑伯沒關係。鮑伯看見一個光子，但無法辨認它是不是虛光子對中的其中一個。信不信由你，像這樣流落在視界外，伙伴卻在視界內的光子，會影響鮑伯和他的皮膚，就彷彿它是真實的熱光子一樣。在視界附近，熱和量子的分隔取決於觀測者：愛麗絲察覺出（或未察覺出）的量子抖動，在鮑伯看來是熱能。就黑洞而言，熱起伏和量子起伏成了同一枚硬幣的兩面。我們在第 20 章講到愛麗絲的飛機時，會再回到這一點。

霍金運用量子場論的數學，計算出黑洞造成的真空起伏擾動會讓光子放出來，彷彿黑洞視界是熱黑體一般。這些光子叫做霍金輻射（Hawking radiation）。最有趣的是，如果貝根斯坦提出論證的話，黑洞輻射的溫度就差不多和貝根斯坦會提出的溫度一樣。事實上，霍金想得比貝根斯坦更遠；他的方法非常精確，精確到可計算出確切的溫度，然後回溯黑洞的熵。貝根斯坦只斷言熵和以普朗克單位來計量的視界表面積成正比，霍金不必再用「成正比」這個模稜兩可的說法。根據他的計算，黑洞的熵恰好等於以普朗克單位來計量的視界面積的四分之一。

對了，在我趕到夏瑪的演講的時候，寫在黑板上的方程式就是霍金導出的黑洞溫度方程式。

$$T = \frac{1}{16\pi^2} \times \frac{c^3 h}{GMk}$$

請注意，在霍金的公式中，黑洞的質量出現在分母。這代表質量愈大，黑洞的溫度愈低，相反的，質量愈小，黑洞的溫度愈高。

我們就用這個公式試算一個黑洞的溫度吧。以下是公式裡的常數值。[7]

$c = 3 \times 10^{8}$

$G = 6.7 \times 10^{-11}$

$h = 7 \times 10^{-34}$

$k = 1.4 \times 10^{-23}$

就拿質量是太陽的五倍，最後塌縮成黑洞的恆星來說吧，若以公斤為單位，它的質量會是

$M = 10^{31}$

如果把這些數全部代入霍金的公式，就會算出這個黑洞的溫度是 10^{-8}K。這是非常低的溫度——大約比絕對零度高一億分之一度！自然界裡沒有那麼低溫的東西，星際甚至星系際空間，溫度都比這高出許多。

星系中心有溫度更低的黑洞。它們的質量和大小是恆星形成的黑洞的十億倍，而溫度是十億分之一。但我們也可以考慮更小的黑洞。假設某個災難事件摧毀了地球。地球的質量大約是恆星

7　這些數的單位都是公尺、秒、公斤和絕對溫度。絕對溫標（Kelvin scale）的測量單位和攝氏溫標相同，只是溫度從絕對零度（0 K）開始測量，而不是從水的凝固點開始。普通室溫是 300 K。

質量的百萬分之一，形成的黑洞的驚人低溫就會達到只比絕對零度高約 0.01 度：比恆星形成的黑洞溫暖，但仍然非常低溫——比液態氦低，比冰凍氧低得多。質量像月球一樣大的黑洞，溫度會高到 1K。

但現在來考慮，黑洞發出霍金輻射然後蒸發的時候會發生什麼事。當質量減少，黑洞縮小，溫度就會上升，黑洞遲早會變熱。等到它的質量像一塊大石這麼大，它的溫度將會升高到 100 萬兆度。當它大到普朗克質量的時候，溫度將會高達 10^{32} 度。宇宙中任何地方可能接近這麼高溫的唯一時候，就是在大霹靂之初。

霍金的計算結果顯示出黑洞是如何蒸發的，這個結果是極其高超的傑作。我相信，它的影響經過充分了解之後，物理學家遲早會認定這是一次重大科學革命的開端。要了解這場革命到底會如何進行，還為時過早，但它將會觸及最深層的議題：空間與時間的本質、基本粒子的意義，以及宇宙起源之謎。物理學家不斷質疑，霍金是否能躋身史上最優秀的物理學家之列，他應該名列哪個地位。面對懷疑霍金傑出地位的那些人，我只建議他們回頭找出他 1975 年的論文〈黑洞粒子創生〉（Particle creation by black holes）來讀一讀。

然而不論多優秀，霍金至少有一次沒掌握到他的資訊，這正是引爆黑洞戰爭的導火線。

第二部

突襲

10

霍金的資訊是怎麼遺失，又不知從何找起的

照我的說法這是不可能的，所以在某方面我一定說錯了。

——夏洛克・福爾摩斯

根據報紙上的幾篇報導，伊拉克戰爭打得比第二次世界大戰還久。那些記者真正要表達的意思是，這場戰爭打得比美國參與二次大戰的時間還久。第二次世界大戰始於 1939 年秋天，直到 1945 年夏天才結束。美國人往往會忘記，珍珠港遭日軍突擊轟炸的時候，戰爭已經進入第三個年頭了。

我說黑洞戰爭始於 1983 年在華納　艾爾哈德家閣樓上的聚

會，或許也犯了同樣以自我為中心的錯誤。霍金的進攻實際上可以回溯到 1976 年，但沒有敵對雙方就無法開戰。儘管那次進攻幾乎沒有引起重視，但還是直接正面攻擊了最可信的物理學原理之一：聲明資訊絕不會遺失的定律，或簡稱為資訊守恆。資訊守恆定律對接下來要談的每件事都非常重要，因此我們就來重溫一次。

資訊恆久遠

資訊遭破壞的意思是什麼？在古典物理學上，答案很單純。如果未來掌握不到過去發生的狀況，資訊就受到破壞了。出乎意料的是，甚至連決定性的定律也有可能發生這種情況。為了說明起見，我們就回到第 4 章玩過的三面硬幣。這種硬幣的三個面稱為正面、反面和立面。在第 4 章，我用了下面的圖描述兩個決定性的規則：

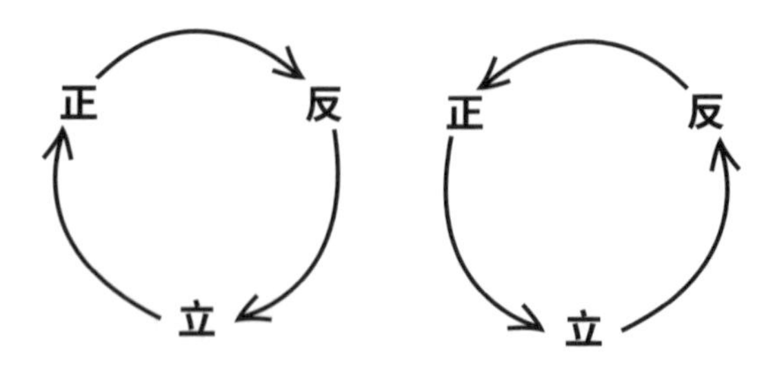

這兩個規則都有這個決定性的性質：不論硬幣處於哪種狀態，都有可能很有把握地說出下一個狀態和前一個狀態。比較一

下這個規則和另一張圖描述的規則：

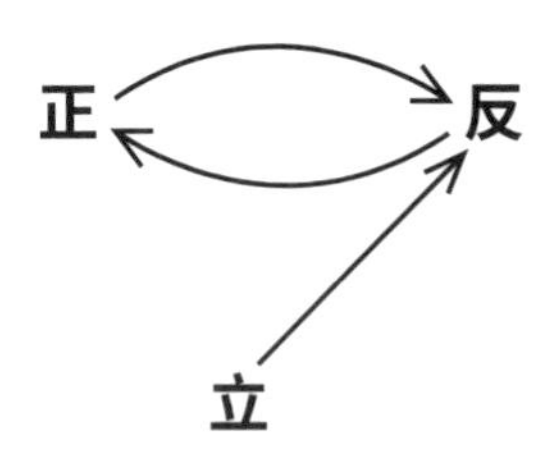

或由下面這個公式描述的規則：

正 → 反　反 → 正　立 → 反

用文字來敘述就是：若硬幣在某一瞬間出現正面，那麼下一瞬間就會出現反面；如果是反面，就會變成正面；若是立面，接下來就會出現反面。這條規則是完全決定性的：無論你從哪裡開始，未來都由這個規則清楚解釋了。舉例來說，假設我們從立面開始。隨後的歷程完全決定好了：立反正反正反正反正反⋯⋯。如果我們從正面開始，歷程將會是：正反正反正反正反正反正反⋯⋯。如果我們從反面開始，就會是：反正反正反正反正反正反⋯⋯。

這個規則有什麼地方怪怪的，但到底是哪裡奇怪？就像其他的決定性規則，未來是完全可預測的，但當我們嘗試找出過去的狀態時，就出問題了。假設我們發現硬幣處於正面的狀態，我們可確定前一個狀態是反面，到目前為止情況還算順利。但我們嘗試再往回走一步。現在有兩個狀態會產生反面，也就是正面和立面，這就出現一個問題了：我們是從正面還是從立面變成反面的呢？不得而知。這就是遺失資訊的意思，但在古典物理學中從未發生過這種事。牛頓的定律和馬克士威的電磁理論，都根據非常明確的數學規則：每個狀態之後都是唯一的狀態，每個狀態之前都是唯一的狀態。

資訊會遺失的另外一種方式，是當規則中有一定程度隨機性的時候。在那種情況下，對未來或過去顯然不可能有把握。

就像我先前解釋過的，量子力學有它本身的隨機成分，但在某個深奧的意義上，資訊永遠不會遺失。我在第 4 章用光子說明過這一點，但在這裡我們再來做一次，這次要利用和某個靜止目標（如重核）發生碰撞的電子。這個電子從左邊進來，沿水平方向運動。

它和原子核發生碰撞，然後朝著某個不可預測的新方向離去。優秀的量子理論學家可以算出它朝特定方向離去的機率，但無法確切預測出方向。

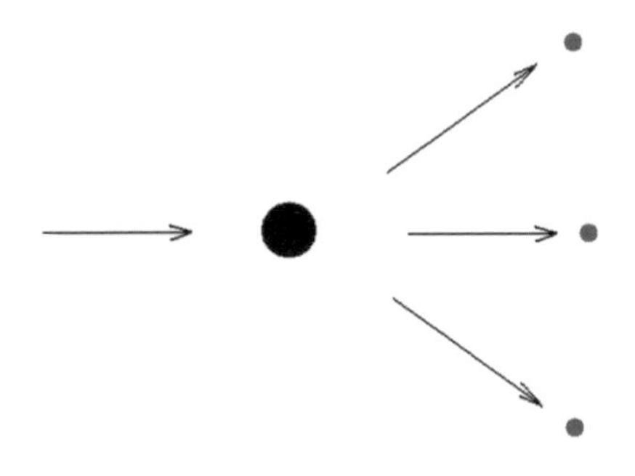

有兩種方法可以檢驗初始運動的相關資訊是否保留住，這兩種方法都需要用相反的規則讓電子反向行進。

若用第一種方法，觀測者在倒轉規則前就去查看這個電子的位置，他可以用很多方法找到電子，多半是利用光子去探測。若是第二種方法，觀測者不用費事去查看；他只要倒轉規則，而且絲毫不要干擾電子就行了。這兩種實驗會得到完全不同的結果。在第一種實驗中，讓電子反向移動之後，它最後會在隨機的位置上，朝著不可預測的方向移動。在第二種實驗中，電子在沒有查看的情況下，最後總會沿著水平方向反向運動。觀測者在開始進行實驗後第一次觀測電子時，會發現它的運動與開始時完全一樣，只是方向相反。似乎只有在我們主動干擾電子的時候，資訊才會遺失。在量子力學中，只要我們不去干擾系統，它帶有的資訊就破壞不了，像在古典物理學中一樣。

霍金發動攻擊

1983 年的那一天，整個舊金山大概很難找到臉色比特胡夫特和我更悶悶不樂的人了。在富蘭克林街底的高處，在艾爾哈德家的閣樓上，他向我們宣戰了——直接攻擊我們最強烈的信念。勇者霍金，喜歡冒險的霍金，毀滅者霍金，握有所有的重兵器，那抹半天使半魔鬼般的微笑顯示他知道開戰了。

攻擊絕不是針對個人的。閃電戰的目標對準了物理學的重要支柱：資訊的不可破壞性。資訊經常攪亂到面目全非，但霍金主張，掉進黑洞的資訊對外界來說再也找不回來了。他在黑板上用這張圖來證明這件事。

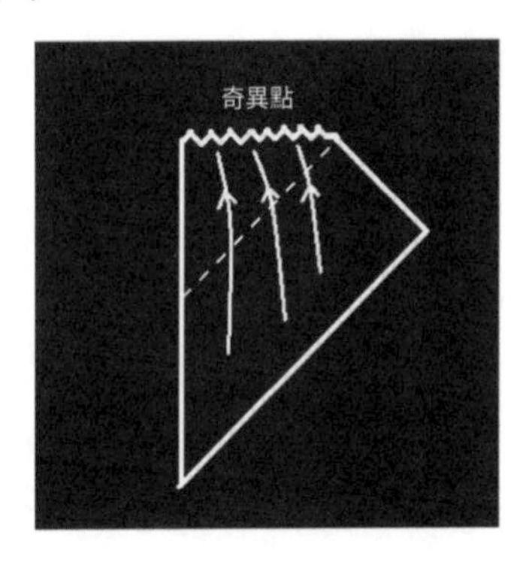

潘若斯在研究時空幾何的過程中，發明了在黑板或紙張上視覺呈現出整個時空的方法。即使時空是無限的，潘若斯還是會讓它變形，用巧妙的數學方法擠壓它，把整個時空放進有限的區域中。畫在艾爾哈德家黑板上的那張潘若斯圖，呈現出一個黑洞和許多掉入視界內的資訊。在圖中視界是用一條細細的斜線表示，資訊位元一越過那條線，就無法逃脫，除非速度超過光速。那張圖還顯示，每個像這樣的位元都注定會撞到奇異點。

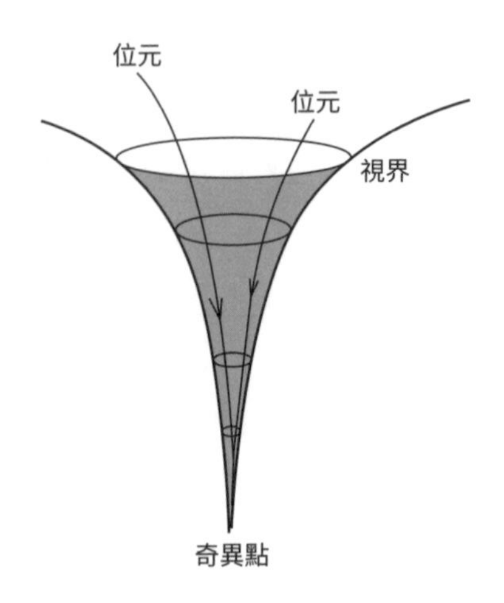

潘若斯圖是理論物理學家不可或缺的工具，但需要一點訓練才看得懂。下面是大家比較熟悉的圖，描繪了同一個黑洞。

霍金的論點很簡單，掉進黑洞的資訊就像在第 2 章用來比喻的，那些不小心越過不歸點的蝌蚪。位元一越過視界，就沒辦法返回外界了。

讓特胡夫特和我十分惱怒的事，並不是資訊可能會在視界之內消失，資訊掉入黑洞就像關進密閉的保險庫一樣悽慘。但這裡有更險惡的東西在發揮作用。把資訊藏在保險庫的可能性，幾乎不會引起驚慌，但如果門關上時，保險庫就在你眼前蒸發了呢？這正是霍金預測會發生在黑洞上的事情。

在 1983 年，我早已把黑洞蒸發和 1972 年在西區咖啡館跟費曼的交談連結起來。黑洞最後會分解成基本粒子，這個觀點完全不會讓我覺得困惑，但霍金的主張卻讓我滿腹狐疑：**當黑洞蒸發的時候，被困住的資訊會從我們的宇宙中消失。資訊並不是被打亂了，而是被永久清除了，無法逆轉**。

霍金在量子力學的墳墓上開心起舞，特胡夫特和我則灰頭土臉。對我們來說，這樣的觀點會讓所有的物理定律陷入危險處境。把廣義相對論和量子力學的規則結合起來，似乎會出事。

我不清楚特胡夫特在華納家閣樓的聚會之前，是否知道霍金的極端觀點，但我是第一次聽聞。儘管如此，這個觀點在當時並不新奇。霍金幾年前就發表了一篇論文提出他的論點，並且謹慎認真地做過研究。他已經想過也排除掉我所能想到要去避免他的「資訊弔詭」（information paradox）的所有方法。我們在這裡就來看一下其中四個方法。

1. 黑洞實際上不會蒸發

對大多數的物理學家來說，黑洞會蒸發的結論非常出人預料，但支持蒸發的論證十分有說服力，儘管很專門。霍金和翁汝研究很靠近視界的量子起伏，證明了黑洞有溫度，而且像任何一個溫熱的物體一樣，必會發出熱輻射（黑體輻射）。有時會出現一篇物理論文，主張黑洞不會蒸發，這樣的論文很快就會消失在無邊無際的偏激觀點垃圾堆中。

2. 黑洞留下殘骸

儘管黑洞蒸發看起來可信，但還有一個問題是，黑洞在蒸發的過程中會愈變愈高溫，而且愈變愈小。到某一刻，蒸發中的黑洞的溫度會高到釋放出能量極高的粒子。在最後一陣蒸發中，發射出的粒子帶有的能量會遠超過我們感受過的任何一種能量。我們對這最後的孤注一擲幾乎一無所知。也許黑洞在達到普朗克質量（一粒微塵的質量）時會停止蒸發，到那一刻，它的半徑將會是普朗克長度，沒有人敢說接下來會發生什麼事。合乎邏輯的可能結果是黑洞停止蒸發，留下一個殘骸，一個迷你資訊保險庫，所有的遺失資訊都困在裡面。按照這個想法，掉進黑洞的每一點資訊都會緊緊密封在這個無窮小的鎖箱裡。微小的普朗克殘骸會帶有古怪的性質：它會是個極微小的粒子，任意多的資訊量都能藏在其中。

雖然殘骸觀點是資訊破壞的熱門替代選項（事實上還比正確的觀點更熱門），但我對它從不感興趣。這個觀點看似巧妙避開了這個問題，但這不單單是興趣的問題。可隱藏無限多資訊量的粒子，也會帶有無窮多的熵。這種無窮熵的粒子如果存在，會是一場熱力學的災難：這些粒子由熱起伏產生出來，會吸走任何一個系統的所有熱能。照我的思考方式，不該把殘骸當一回事。

3. 嬰宇宙誕生

我偶爾會收到電子郵件，訊息都是這麼開頭的：「我不是科學家，我對物理或數學也懂得不多，但我認為我解答了您和霍金在研究的問題。」這些訊息中提出的解答，幾乎都是嬰宇宙（baby universe）。在黑洞的深處，有一塊空間分開了，構成一個和我們所在的時空脫離的微小獨立宇宙。（我總是想到氣球悄悄飛走，消失不見。）寄件者繼續論證說，所有掉入黑洞的資訊都受困在嬰宇宙中，這就解決了問題：資訊不是遭到破壞；它只是漂浮在超空間、全向空間、元空間或嬰宇宙所去的任何地方。到最後，黑洞蒸發了之後，空間中的裂縫癒合了，支離破碎的流落資訊就變得完全不可觀測。

嬰宇宙也許不全然是不切實際的，特別是在我們假設這些嬰宇宙長大的情況下。我們的宇宙確實在膨脹，或許每個嬰宇宙也會膨脹，最後長成一個有星系、恆星、行星、貓狗、人類的宇宙，而且還有自己的黑洞。我們自己的宇宙很可能就是這樣發源的，但要拿它來解釋資訊遺失的問題，就會引出別的問題。物理學的本質是觀察和實驗，如果嬰宇宙囊括的資訊變得不可觀測，那麼在我們的世界看到的結果，就會跟資訊損壞沒有兩樣，連同資訊損壞的所有不幸後果。[1]

4. 考慮浴缸選項

在反對霍金的觀點當中，浴缸選項是最不熱門的論點，黑洞專家和廣義相對論學者認為它「沒抓到重點」。不過在我看來，這是唯一說得通的可能說法。想像墨水慢慢滴進放滿水的浴缸中，攜帶著某個訊息——滴，滴，答，滴，答，暫停，答，滴。

1　我在第 1 章短暫提過這些後果中最不幸的一個：遺失資訊意味著熵增加，這又意味著產生熱。就像班克斯（Banks）、佩斯金（Peskin）和我指出的，量子起伏會轉換成熱起伏，幾乎瞬間就會把地球加熱到極高溫。

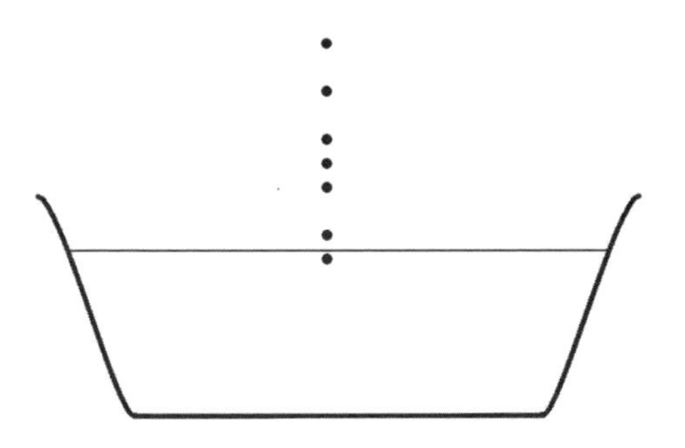

輪廓清晰的墨滴很快就開始溶於水中，訊息愈變愈難讀懂，水也變得渾濁了。

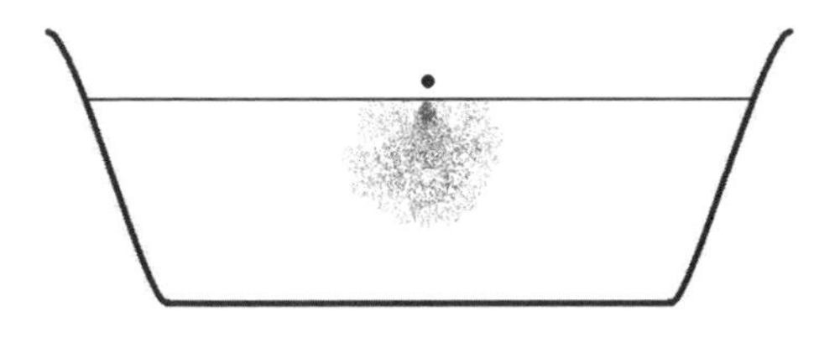

幾小時後，就變成一整缸淺灰色的水。

儘管從實用的角度來看，訊息被徹底打亂了，但量子力學的原理仍然確保它還在這一大堆毫無秩序地運動的分子當中。但沒多久，浴缸中的液體就開始蒸發了，分子一個接著一個逃散到真空中（墨水和水的分子都是），最後浴缸就變乾變空了。資訊不見了，但它損壞了嗎？雖然打亂到無論哪種實際方法都無法復原，但沒有半點資訊被刪除。顯然發生了這件事：它被蒸發物帶走了，隨著蒸氣分子雲狀物逃散到空間中。

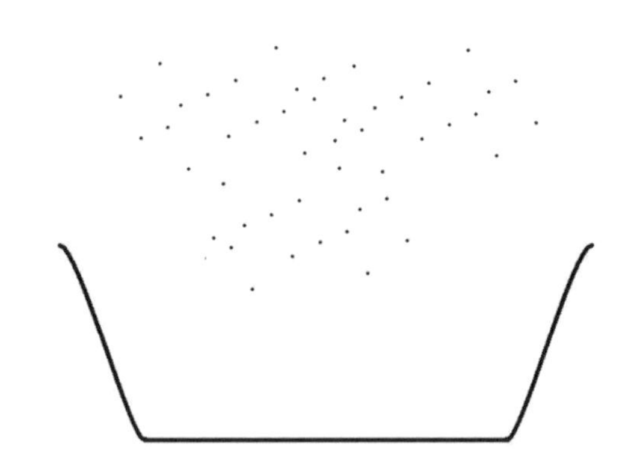

回到黑洞，當黑洞蒸發時，先前掉進黑洞的資訊會發生什麼事呢？如果黑洞多少有點像浴缸，答案就會是一樣的：每一位元的資訊最後都會轉移到光子和帶走黑洞能量的其他粒子上。換句話說，資訊儲存在構成霍金輻射的許多粒子中。我和特胡夫特很確定這是對的，但很了解黑洞的人幾乎都不相信我們的看法。

下面是弄懂霍金資訊弔詭的另一種方法。這個方法不是讓黑洞消失，而是在黑洞蒸發的過程中，不斷適時供應新的東西，如電腦、書籍、光碟片，不讓黑洞縮小。換句話說，我們替黑洞再補給源源不絕的資訊，防止它變小。按照霍金的說法，即使黑洞不會變大（它會在接受供給時蒸發），資訊也會被吞掉，看來沒有盡頭。

這一切讓我想起小時候最愛的馬戲團表演。我最喜歡看馬戲團裡的小丑，而在所有的小丑表演中，最令我著迷的是小丑車子把戲。會有非常多個小丑擠進一部很小的車子裡，我不曉得他們是怎麼做到的。但如果有川流不息的小丑爬進車裡，又沒有人出來呢？這不可能無限期進行下去對吧？任何一部車子容納得下的小丑人數都是有限的，一旦達到飽和，某些東西（也許是小丑，也可能是香腸）必定會開始出現。

資訊很像小丑，而黑洞很像小丑車。特定大小的黑洞有它所能容納的最大位元數。現在你可以猜到，這個極限就是黑洞的熵。如果黑洞像其他的物體，一旦你讓它裝到容量極限，要麼黑洞必定會變大，要麼資訊必定開始洩漏。不過，倘若視界真的是不歸路，又怎麼會向外洩漏呢？

難道霍金笨到看不出霍金輻射有可能隱含資訊？當然不是。儘管年輕，霍金對黑洞的了解至少還是和其他人一樣多，而且遠比我了解得多。他對浴缸選項思考得很深入，而且有非常充分的否決理由。

到 1970 年代中期，施瓦氏黑洞的幾何結構已經有透澈的理解了，凡是熟悉這個課題的人，都把視界看成不歸點。正如排水洞的類比，愛因斯坦的理論預測，不小心越過視界的人不會注意到什麼不尋常的事——視界是不帶有物質實在性的數學曲面。

已經灌輸到相對論學者內心深處的兩件最重要的事實是：

- 在視界上沒有什麼障礙物能阻止物體進入黑洞內部。
- 沒有任何東西，沒有任何類型的訊號，能夠從視界內返回外界，就連光子也不行。要去而復返，就需要超過光速——按照愛因斯坦的理論，這是辦不到的。

為了闡明這一點，我們就回頭看一下第 2 章的那座無邊無際的湖，和湖心的危險排水洞。

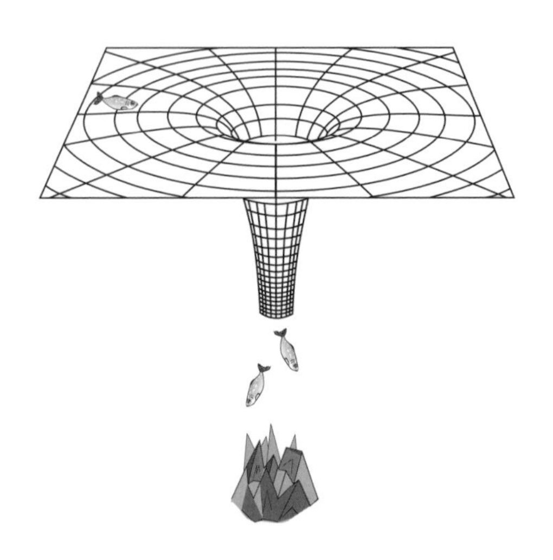

想像有一位元的資訊順流而下。只要沒有越過不歸點，這個位元就可以取回。然而在不歸點沒有任何警告標示；這個位元將漂流而過，一旦漂過不歸點，它就必須超過速度上限才返回得了。這個位元永遠遺失了。

廣義相對論的數學對黑洞視界是很清楚的。視界只不過是沒有標號的不歸點，不會阻礙物體掉落進去。

這是深植所有理論物理學家意識中的邏輯思維，也是霍金為何確信資訊位元不但會從視界掉入黑洞，而且會永久消失。因此一發現黑洞會蒸發，霍金就推斷資訊無法隨著輻射逃脫。資訊會被留下——但留在哪裡？黑洞一旦蒸發，就無處可躲了。

我離開華納家的時候心情很差。照舊金山的標準，那天很冷，而我只穿了一件薄外套。我不記得自己把車停在哪裡，而且我被同事弄得很生氣。我離開之前，嘗試跟他們討論霍金的論點，但讓我訝異的是，他們顯然興趣缺缺。我的團隊成員多半是對重力不大感興趣的基本粒子物理學家，他們和費曼一樣，認為普朗克尺度太遙遠了，不可能影響基本粒子的性質。羅馬在焚燒，匈奴人兵臨城下，卻沒有人注意到。

開車回家途中，我的擋風玻璃結霜了，101 號公路上車子非常多，走走停停。我滿腦子都是霍金的說法。車子動彈不得加上結霜，於是我開始在擋風玻璃上胡亂畫了幾張圖，寫出一兩個方程式，但我看不出任何解法。要麼資訊遺失，物理學的基本規則需要徹底重建，不然就是愛因斯坦的的重力論在黑洞視界附近出了很根本的問題。

特胡夫特怎麼看？我會說他看得非常清楚。他反對霍金的說法，這再清楚不過了。我在下一章會解釋特胡夫特的見解，但我要先解釋 S 矩陣的意義，這是他最強大的武器。

11

荷蘭抵抗運動

我們來看一下長遠的歷史——不是我們自己的歷史，而是某個恆星系的歷史，位於中心的恆星有十個太陽那麼重。它並非一直是恆星系；最初它只是一團巨大的氣體雲，裡面主要是氫原子和氦原子，但也有少量在週期表上的其他元素。此外還有一些自由電子和離子，換言之，剛開始它是一團非常散漫的粒子雲。

接下來重力開始發揮作用了。粒子雲開始聚攏。本身的重量讓它縮小了，而在縮小的過程中，重力位能轉變成動能。裡面的粒子移動更快，粒子之間的空間變小了。粒子雲一邊縮小，一邊升溫，最後溫度高到燃燒起來，成為恆星。在此期間，並非所有的氣體都讓恆星困住；有些氣體留在軌道上，凝聚成行星、小行星、彗星和其他碎片。

幾千萬年後，這顆恆星耗盡氫氣，成為紅超巨星，這時它所剩的壽命很短，可能只有數十萬年。最後它在劇烈的內爆過程中死亡，形成黑洞。

隨後，黑洞非常非常緩慢地輻射出它的質量。霍金蒸發逐步破壞它，它的能量以光子和其他粒子的形式散發掉。經過非常長的一段時間，大約 10^{68} 年之後，黑洞在最後一次高能粒子爆發中消失，到那個時候，行星早已分解成基本粒子了。

粒子進，粒子出，這就是長遠的歷史觀。基本粒子的所有碰撞，包括發生在實驗室裡的碰撞，都以同樣的方式開始與結束（粒子接近，粒子遠去），有些事情會在開始到結束之間發生。那麼，漫長的恆星史雖然短暫牽涉到黑洞，又和基本粒子的任何一種碰撞有什麼根本上的不同呢？特胡夫特的見解是沒有不同，而且這可能是解釋霍金為什麼錯了的關鍵。

粒子（原子和基本粒子）的碰撞，可由 S 矩陣這種數學物件來描述，這裡的 S 代表散射（scattering）。S 矩陣是個很龐大的表，上頭列出了某次碰撞所有可能的入態和出態，還有一些可處理成機率值的量。它並不是某本厚書上的表格，而是數學上的抽象概念。

想想這個情境：一個電子和一個質子沿著橫軸彼此靠近，它們的速率分別是光速的 20% 和 4%。它們會發生碰撞，然後變成一個電子、一個質子並產生四個光子的機率有多大？ S 矩陣就是描述這樣的機率（嚴格來說是機率幅）的數學表，這張表可總結量子碰撞史。和我一樣，特胡夫特深信整個恆星史（氣體雲→恆星系→紅巨星→黑洞→霍金輻射）可以用一個 S 矩陣來總結。

S 矩陣最重要的性質之一是可逆性（reversibility）。為了幫助你理解這個術語的意思，我會舉個非常極端的例子。這個想像實驗需要讓兩個「粒子」發生碰撞。其中一個粒子有點不尋常，它不是基本粒子，而是由大量鈽原子組成的。事實上，這種極度危險的粒子就像核彈，有非常需要小心處理的起動器，單單一個電子就能引爆。

發生碰撞的另一個粒子是電子。S 矩陣表中的初始元素是「炸彈和電子」。會跑出什麼東西？碎片。猛然噴出高溫氣體原子、中子、光子和微中子。當然，真正的 S 矩陣會非常複雜。碎片必須詳細列出，連同它們的速度和方向，還要給每個最終出態指定一個機率幅。S 矩陣的極簡版看起來會像這樣：[1]

出態

入態

	電子、質子和四個光子	* * * *	碎片	更多碎片
電子和質子	.002 + .321 i			
*				
*		機率幅		
*				
*				
*				
電子和炸彈			.012 + .002 i	.143

1 真正的 S 矩陣會有無窮多個入態和出態，每一格都會填上一個複數。

現在我們來看可逆性。S矩陣有個性質叫做「逆運算（inverse）」。逆運算，是描述「資訊永遠不會遺失」這個定律的數學方式。S矩陣的逆運算是在還原S矩陣所做的改變，換句話說，它和我先前說過的倒轉規則是同一回事。S矩陣的逆運算會讓一切反向進行，從出態回到入態。你也可以訊把它想成是在倒轉所有最終粒子的運動，回溯系統，就像倒著放電影一樣。如果在碰撞發生後做逆運算（反向執行），碎片就會聚集起來，重新組成原先的炸彈，包括它所有的高精確度電路系統和精密機械裝置。對了，還有原本的電子，現在正飛離炸彈而去。換句話說，S矩陣不但能數往知來，還能讓你根據未來重建過去。S矩陣是一種準則，裡面的細節可以確保資訊不會消失。

但實驗起來非常困難，稍有一點小錯誤，譬如一顆受到干擾的光子，就會毀掉這個準則。特別是在倒轉動作之前，不得查看或用其他方法干擾單單一個粒子，如果你看了，就會得到更多大小不一的碎片，而不是原本的炸彈和電子。

特胡夫特打著S矩陣的旗號作戰。他的看法簡單明瞭：黑洞的形成和隨後的蒸發，只是非常複雜的粒子碰撞罷了。這和實驗室裡電子和質子的碰撞沒有任何根本上的不同。事實上，如果可以把發生碰撞的電子和質子的能量，增加到奇大無比的比例，碰撞就會產生出黑洞。氣體雲的塌縮只是形成黑洞的方式之一。如果有夠大的加速器，只要讓兩個粒子發生碰撞，就能夠產生一個隨後會蒸發的黑洞。

對霍金來說，若S矩陣蘊涵了資訊守恆，就證明它對黑洞歷史的描述一定是錯的。他的觀點是，氣體雲的精確細節會向排水洞移動，越過不歸點，然後在黑洞蒸發時一起消失——無論氣體雲是由氫、氦還是笑氣組成的。原始氣體是有團塊的還是光滑的，究竟含有多少粒子，諸如此類的一切細節都會永遠消失。倒轉所有的最終粒子，讓一切反向執行，並不會重建原本的入態。根據霍金的說法，倒轉最終輻射的結果只是更無法區分的霍金輻射。

如果霍金是對的，那麼整段經過（粒子→黑洞→霍金輻射）就不能用 S 矩陣的普通數學來描述。因此霍金發明了一個代替的新概念。這個新準則會有額外的隨機度，會徹底毀掉初始資訊。為了取代 S 矩陣，霍金發明了「非 S 矩陣」，他把它稱為 $ 矩陣，後來漸漸被稱為美元矩陣（Dollar-matrix）。

美元矩陣和 S 矩陣一樣，是把進入與出來的東西拉上關係的規則。但在黑洞的例子中，規則並不是在保留不同起始點本身存在的差異，而是模糊這些區別，不論進入的什麼（愛麗絲、棒球還是擺了三天的披薩），在倒轉後，出來的都是一模一樣的東西。把你的電腦連同所有的電腦檔案丟進黑洞，出來的是毫無特徵的霍金輻射。如果反過來，S 矩陣就會吐出電腦，但 $ 矩陣會吐出更多毫無特徵的霍金輻射。根據霍金的說法，跟過去有關的所有記憶都消失在瞬變黑洞的中心。

這是令人挫折的僵局：特胡夫特說 S 矩陣；霍金說 $ 矩陣。霍金的論證清晰又具說服力，但特胡夫特對量子力學定律有堅定不移的信心。

也許像某些人所說的，特胡夫特和我抗拒霍金的結論是因為我們是粒子物理學家，不是相對論學者。幾乎所有的粒子物理學方法論，都圍繞著這個原則：粒子之間的碰撞是由可逆的 S 矩陣所支配。但我認為，讓我們拒絕捨棄規則的深層原因，並不是粒子物理學的沙文主義。一旦資訊有可能遺失，不光是黑洞物理學，而是整個物理學都會頓時亂成一團。霍金所下的戰書，引爆了一捆理論炸藥。

有鑑於此，或許現在解釋物理學家為何相信炸彈爆炸可以逆轉正合適。當然不可能在實驗室裡試驗，但我們先假設有可能捕捉到所有跑出來的原子和光子，然後讓它們回頭。如果能無限精確地做到，物理定律就會讓已爆炸的炸彈復原，然而只要有一點微小差錯，比方說弄丟了一個光子，甚或某個光子的方向有一點點誤差，都會招致大禍。微小的誤差總會擴大。如果生下成吉思汗的那個精子沒有命中卵子，歷史也許就會改寫了。在打撞球時，起初堆放球的方式或開球第一桿的方向只要改變一點點，就會在幾次碰撞後擴大，產生完全不同的結果。爆炸的炸彈或兩個發生碰撞的高能粒子也是如此：逆轉運動的過程中出一點小錯，結果就會和初始的炸彈或粒子完全不同。

那我們要怎麼確定，碎片的完美反轉一定會還原成炸彈呢？我們會知道，是因為原子物理學的基本數學法則是可逆的。在比炸彈單純許多的情境下，這些法則已經受過精確無比的檢驗。炸彈只是原子的集合體，要在爆炸之後注意約 10^{27} 個原子的動向，實在太麻煩了，但我們對原子定律的了解是很有把握的。

不過，倘若爆炸的炸彈換成蒸發的黑洞，取代原子和原子物理學定律的會是什麼呢？特胡夫特雖然對視界的本質有許多高明的見解，但對這個問題沒有明確的答案。噢，他知道取代原子的必定是組成視界的熵的微小物體，但這些物體是什麼？支配它們如何移動、結合、分離、重組的精確定律是什麼？特胡夫特不知道。霍金和其他大多數相對論學者就只是否定這種微觀基礎的概念，宣稱：「熱力學第二定律告訴我們，物理過程是不可逆的。」

事實上，第二定律並不是這麼說的，它只是說：逆轉物理過程是極困難的，連最小的誤差都會讓你功虧一簣。此外，你最好弄清楚確切的細節（即微結構），否則你會失敗的。

我自己在論戰早期的看法是，S 矩陣是對的，而不是 $ 矩陣。但光說「S，而不是 $」是沒有說服力的。最好的辦法就是設法找出黑洞熵的神祕細微起源。首先，我們必須明白霍金的論點出了什麼問題。

12

誰會在意？

不會有人利用霍金輻射去治療癌症，或製造性能更好的蒸汽機。黑洞永遠不會用來儲存資訊，或吞掉敵軍的導彈。更糟的是，不像基本粒子物理學或星系際天文學（這兩個學科可能也永遠沒有任何實際的應用），黑洞蒸發的量子理論大概永遠不會走向直接的觀測或實驗。那麼為何還會有人把時間浪費在上面呢？

在告訴你原因之前，讓我先解釋一下為什麼霍金輻射不大可能觀測到。假定我們未來可以非常靠近一個黑洞，近到能夠稍微仔細觀測它。儘管如此，我們還是沒有機會觀測到它蒸發，原因很簡單：目前沒有任何一個黑洞正在蒸發。情況恰恰相反，所有的黑洞全都在吸收能量，在變大，連最偏遠的黑洞四周也有熱環繞。星系際空間最空蕩的區域雖然很寒冷，仍遠比質量和恆星相當的黑洞溫暖。太空中充滿大霹靂後留下的黑體輻射（光子）。宇宙中最寒冷的地方，比絕對零度高了 3 度，而最溫暖的黑洞溫度只有它的一億分之一。

熱（熱能）總是從高溫流向低溫，絕對不會是反向，因此來自較高溫空間區域的輻射會流向較低溫的黑洞。宇宙中的真實黑洞會不斷吸收能量，不斷增長，而不會像空間溫度在絕對零度的情況下那樣蒸發並縮小。

太空的溫度曾經比現在高出許多，而在未來，宇宙擴張會讓它的溫度變得較低。在幾千億年後，它終會冷卻到比恆星質量的黑洞還低溫的程度，這時黑洞就會開始蒸發。（附近會有人看到嗎？誰知道呢，但我們就保持樂觀吧。）儘管如此，蒸發會十分緩慢，至少需要 10^{60} 年才有辦法偵測到黑洞質量或大小方面的變化，因此不大可能會有人偵測到黑洞在縮小。最後，即使我們實際上有全世界所有的時間，也不可能還原霍金輻射中包含的資訊。

倘若要破解霍金輻射中的資訊是毫無希望的，又沒有非做不可的實際理由，為什麼這個問題還是令這麼多物理學家著迷？從某種意義上說，答案是非常自私的：我們是為了滿足自己對於宇宙的運作及物理定律要如何結合起來的好奇心。

事實上，大部分的物理學都遵循這個模式。實際問題有時會促成重大的科學發展。蒸汽機工程師卡諾在嘗試造出更好的蒸汽機時，徹底改變了物理學。但純粹的好奇心更常促成物理學上重大的典範轉移。好奇心就像刺癢，需要抓搔幾下，而對物理學家來說，最令人發癢的莫過於弔詭（或稱悖論），也就是我們以為自己懂的許多事之間的矛盾性。不了解某件事的運作方式已經夠糟了，但在你自以為明白的事情之中發現矛盾，更令人受不了，尤其是牽涉到基本原理相牴觸的時候。有些像這樣的矛盾，以及這些矛盾如何把物理學推向影響最深遠的結論，值得我們回顧一下。

古希臘哲學家給後人遺留下一個弔詭的問題，也就是支配完全不同的現象世界的兩個不相容理論之間的衝突：天外的和地上的。天外是指天體世界，也就是我們所稱的天文學。天外世界是個更好、更光明、更完美的世界——擁有完美永恆、如鐘錶般精準的世界。根據亞里斯多德的說法，所有的天體都在 55 個完美同心透明球的其中一個上面運行。

相形之下，他們把地上現象的法則視為是墮落邪惡的，沒有任何東西在骯髒的地球表面上移動。除非有馬繼續拉著，要不然笨重的馬車就會搖搖晃晃地慢慢停下來。一塊塊物質會笨拙地掉落到地面上。這些基本法則支配四種元素：火升起、空氣盤旋、水落下、土沉到最低處。

這些希臘人顯然對兩套完全不同的法則心滿意足。但伽利略覺得這種二分法令人無法忍受，牛頓更是如此。伽利略的簡單想像實驗，推翻了可能有兩套自然律的觀點。他想像自己站在山頂上拋石塊，最初用了夠大的力氣，石塊落在離他的腳幾公尺遠的地方；接著丟得更用力，所以石塊行進了 1,000 公里才落地；然後又更用力，結果石塊繞地球走了一整圈。他明白這個石塊會在圓形的軌道上繞地球運行，這就產生了一個新的弔詭：如果地上的石塊可以變成天體，地上現象的定律怎麼可能會和天外現象的定律截然不同呢？

在伽利略逝世那年出生的牛頓，解決了這道難題。他領悟到，讓蘋果從樹上掉落的重力定律，也會讓月球環繞地球運行，讓地球繞著太陽運行。牛頓的運動定律和重力定律，是最早有普適效力的廣泛物理定律。牛頓知道這些定律對未來的航太工程師有多大用處嗎？他不大可能會在意，驅使他的是好奇心，而非實用性。

下一個想到的極度刺癢，是波茲曼拚命抓的那個。依然是原理之間的衝突：規定熵只增不減的單向定律，要怎麼和牛頓可逆轉的運動定律共存？如果像拉普拉斯所認為的，宇宙由遵守牛頓定律的粒子組成，就應該要能反向進行才對。最後波茲曼終於解決了這個問題，首先他承認熵是隱含的微觀資訊，隨後領悟到熵不一定都在增加。不大可能發生的事件偶爾會發生，把一副隨機排序的撲克牌洗一洗，也是會純憑運氣洗出按照紅心、方塊、梅花、黑桃花色順序，且各花色又是順子的完美結果。然而熵減少是十分罕見的例外事件，波茲曼解決這個弔詭的方法，是改口說熵幾乎永遠在增加。波茲曼從統計角度解釋的熵，如今是實用資訊科學的基礎，但對他來說，熵的謎團只不過是需要抓一抓的討厭刺癢。

有趣的是，在伽利略和波茲曼的例子中，衝突並不是出人意料的新實驗發現結果揭開的。這兩個例子的關鍵，都是恰到好處的想像實驗。伽利略的拋石塊和波茲曼的時間反轉實驗，根本不必進行，只要用想的就夠了。不過，最優秀的想像實驗大師是愛因斯坦。

在 1900 年前後，有兩個十分麻煩的矛盾讓物理學家很苦惱。第一個是牛頓物理學原理與馬克士威光理論之間的衝突。我們認為和愛因斯坦息息相關的相對性原理，其實可追溯到牛頓，甚至更早的伽利略。這個原理的本質，就是從不同的參考坐標系看物理定律的簡單陳述。舉例來說，想像有個馬戲團表演員，譬如表演拋接球雜耍的人，要坐火車去下一座城鎮。在火車上，他想練習一下，但由於從沒嘗試過在行駛中的火車上玩雜耍，他心想：「每次我拋接球的時候，需要彌補一下火車的移動嗎？讓我想想。火車往西行駛，所以每次拋接的時候，我最好往東邊移一點。」他用一顆球試了一下。他拋起球，把手往東移去接球，結果球撲通一聲掉在地板上。他再試一次，這次讓東移的彌補少一點，球又落地了。

很湊巧，這列火車的品質非常好，鐵軌十分平滑，懸吊系統絕佳，乘客根本察覺不出火車的運動。雜耍表演員笑著自語自語：「我懂了。火車在我渾然不覺的情況下減速，現在停住了。趁它還沒重新啟動，我可以用平常的方式練習，回到標準雜耍守則就行了。」一切進行順暢。

想像一下他看向窗外，發現鄉間景致正以 145 公里的時速呼嘯而過時的驚訝表情吧。雜耍表演員大惑不解，於是找他的朋友小丑解惑（他在淡季時碰巧是哈佛大學的物理教授）。小丑是這麼說的：「根據牛頓力學的原理，運動定律在所有的參考坐標系中都是相同的，只要它們相對於彼此是等速度運動就行了。因此，在靜止於地面上的參考坐標系和與平穩行駛的火車一起行進的參考坐標系，雜耍守則是完全相同的。完全在列車上進行的任何一個實驗，都不可能察覺到火車的運動，唯有朝窗外看，你才會知道火車有相對於地面的運動，儘管如此，你還是判斷不出移動的是火車還是地面。所有的運動都是相對的。」雜耍人大為訝異，只好拿起球繼續練習。

所有的運動都是相對的。時速 145 公里的列車行駛，地球每秒 30 公里的繞日運行，太陽系每秒 200 公里的繞銀河系運行——這些運動只要是平穩的，就察覺不到。

平穩？這是什麼意思？想想火車啟動時的雜耍員。火車突然向前晃動了一下，不但球會猛然向後跑，雜耍人自己都有可能摔倒。火車停下來時，也會發生類似的情形。或是假設火車做了個急轉彎。在所有這些情況下，雜耍守則當然都需要修正。新的要素是什麼？答案是加速度。

加速度代表速度的變化。當火車向前晃動或猛然停下來的時候，速度會改變，產生了加速度。那麼轉彎的時候呢？變化也許沒那麼明顯，但速度確實在改變——不是速度的大小，而是它的方向。對物理學家來說，速度的任何變化都稱為加速度，不論是大小還是方向。因此，相對性原理必須改一下：

在所有相對於彼此做等速度運動（沒有加速度）的參考坐標系中，物理定律都是相同的。

相對性原理最早是在愛因斯坦出生前約 250 年的時候提出

的，那為什麼愛因斯坦這麼出名呢？原因是，他揭示了相對性原理和物理學上另一個原理之間的明顯衝突——我們可以稱之為馬克士威的原理。我們在第 2 章和第 4 章討論過，馬克士威發現了近代電磁理論——探討自然界中所有電力與磁力的理論。馬克士威最偉大的發現，就是揭開了光的重要謎團；他主張，光是由像海浪般在空間中傳播的電磁擾動組成的。但對我們來說，馬克士威所證明的最重要事情是，光永遠以完全相同的速率在真空中移動：每秒大約 30 萬公里。[1] 以下就是我所說的馬克士威原理：

無論產生的方式為何，光在真空中永遠會以相同的速度移動。

但現在遇到一個問題：兩個原理之間有嚴重的衝突。愛因斯坦並不是最先擔心相對性原理與馬克士威原理相牴觸的人，但他看得最清楚。其他人都在為實驗數據傷腦筋，想像實驗大師愛因斯坦卻在為一個完全發生在他腦袋裡的實驗苦惱。據他自己回憶，在 1895 年，年僅 16 歲的愛因斯坦構思出以下的弔詭。他想像自己坐在以光速行駛的火車車廂內，觀察在他旁邊朝相同方向運動的光波。他會不會看到那束光線靜止不動呢？

愛因斯坦的時代還沒有直升機，但我們可以想像他在海面上空以海浪的速率盤旋。海浪會看似靜止不動。同樣的，這個十六

1　光在水中或玻璃中行進時，會移動得稍微慢一點。

歲的孩子推斷，火車車廂內的乘客（還記得吧，他正以光速運動）會察覺到完全靜止的光波。不知為何，愛因斯坦年紀輕輕就對馬克士威的理論了解得夠多，明白自己所想像的情境是不可能發生的：馬克士威原理斷言，所有的光都會以相同的速度運動。如果自然律在所有的參考坐標系中都是相同的，那麼馬克士威原理最好還是要能適用於行駛中的火車。馬克士威原理與伽利略和牛頓的相對性原理，勢必會發生衝突。

愛因斯坦抓這個癢抓了十年，才終於找到解決之道。他在 1905 年寫了著名的論文《論運動物體的電動力學》，在文中假設了一個關於時間與空間的全新理論——狹義相對論。這個新理論徹底改變了長度和持續時間的概念，尤其是兩個事件同時發生的意義。

在愛因斯坦想出狹義相對論的同時，他也在苦思另一個弔詭。1900 年前後，黑體輻射令物理學家十分迷惑不解。回想一下我在第 9 章解釋過的，黑體輻射是熾熱物體產生的電磁能。想像一個處於絕對零度的全空封閉容器，容器的內部是完美的真空，現在我們從容器外面加熱。外壁開始發出黑體輻射，內壁也是一樣。來自內壁的輻射會進入容器內的封閉空間，讓它充滿黑體輻射。紅光、藍光、紅外線和光譜上所有的色光，各種波長的電磁波橫衝直撞，在內壁上反彈。

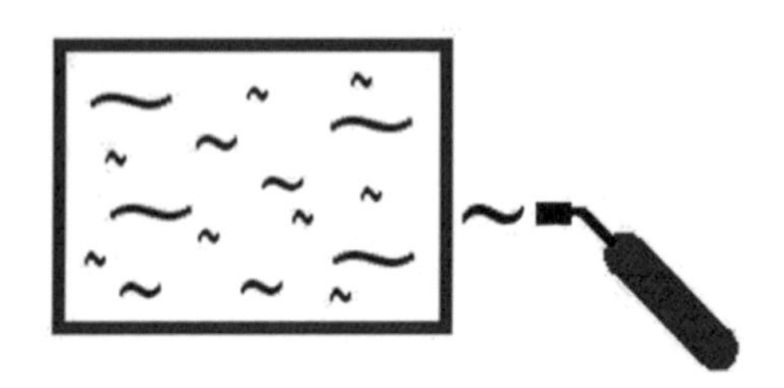

根據古典物理學，每一種波長都應該貢獻同樣多的能量，不分微波、紅外線、紅光、橙光、黃光、綠光、藍光和紫外線。但為什麼就此打住呢？甚至連更短的波長，如 X 射線、伽瑪射線，及愈來愈短的波長，也該貢獻一樣多的能量。由於沒有限制波長可到多短，古典物理會預測這個容器裡有無限大的能量。這顯然是胡扯，這麼龐大的能量會讓容器瞬間蒸發，但問題到底出在哪裡？

這個問題產生的後果十分嚴重，在 19 世紀末就有了紫外災變（ultraviolet catastrophe）之稱。這個問題同樣是兩種深受信仰的原理發生衝突所致，兩種原理都難以捨棄。一方面，波動理論非常成功解釋了光的眾多熟悉性質，如繞射、折射、反射及最令人印象深刻的干涉。沒有人願意拋棄波動理論，但另一方面，均分原理（Equipartition Principle）指出每種波長應帶有同樣多的能量，是得自熱理論最一般的層面（特別是熱是隨機的運動）的結論。

普朗克在 1900 年貢獻了一些重要的新觀點，差不多快要解決這個困境了。但要到 1905 年，才由愛因斯坦找到正確答案。這個籍籍無名的專利局辦事員，做出大膽無比的舉動，毫不猶豫。他說，光並不是馬克士威所想像的連續能量污跡，而是由不可分割的能量粒子或量子組成，這種粒子後來稱為光子。這個年輕人告訴世界上最偉大的科學家，他們對光的了解全錯了，這種狂妄自大只會讓人嘖嘖稱奇。

只要假設光由不可分割的光子組成，而光子的能量和本身的頻率成正比，就解決了這個問題。愛因斯坦把波茲曼的統計力學應用在這些光子上，就發現極短的波長（高頻率）小於一個光子，小於一個就等於沒有，所以極短的波長沒攜帶能量，紫外災變就不復存在。然而討論並未就此結束，海森堡、薛丁格和狄拉克花了將近三十年，才讓愛因斯坦的光子與馬克士威的波動達成一致，但愛因斯坦的突破打開了大門。

廣義相對論是愛因斯坦最偉大的傑作，同樣是一個簡單的想像實驗的產物，這個想像實驗也和原理間的矛盾有關。實驗非常簡單，連小孩子都能做，只需要日常的觀察就行了：火車從靜止狀態加速時，乘客會被推向椅背，這很像火車車廂朝上傾斜，重力會把乘客向後拉一樣。於是他想問，我們要怎麼判斷參考坐標系加速了？是相對於什麼在加速呢？

前面那位小丑轉達了愛因斯坦的答案：我們無法判斷。雜耍人說：「什麼？當然可以判斷呀。你剛才不是告訴我，你被推向椅背了嗎？」小丑答：「是啊，就好像有人讓車廂傾斜了，重力把你往後拉一樣。」愛因斯坦緊抓住下面這個概念：不可能區分加速度和重力效應。乘客沒辦法知道究竟是火車啟動，還是重力把他拉向椅背。從弔詭和矛盾中，等效原理就誕生了：

重力和加速度的效應很難區分開來。重力對任何一個物理系統的效應，與加速度的效應完全相同。

我們一次又一次看到同樣的模式。恕我說得誇大一些，物理學上最重大的進展是由想像實驗揭開的，這些想像實驗讓人看見深受信仰的原理之間的衝突。在這方面，現在與過去並無不同。

衝突

我們回到這一章開頭提出的原始問題：我們為什麼要在意資訊是否在黑洞蒸發中遺失呢？

在艾爾哈德家閣樓的聚會之後幾天和幾週，我開始明白，霍金已經確切指出某個原理之間的衝突，這個衝突可以比得上過去幾個重要的弔詭。有某件事嚴重偏離了我們最基本的空間和時間概念。霍金自己曾說過，等效原理和量子力學顯然會發生衝突。這個弔詭可能會推翻整個結構，或是讓兩方達成一致可能會為雙方提供深刻獨到的新見解。

對我來說，這個衝突產生難耐的刺癢，但它不大容易傳染。霍金似乎對資訊遺失的結論很滿意，而少數其他人似乎不很在意這個弔詭。從 1983 年到 1993 年，這種洋洋得意的樣子讓我惱怒了整整十年。我無法理解，所有的人（尤其是霍金）怎麼會看不出，讓量子力學原理和相對論原理達成一致，是我們這一代的重要問題——是和普朗克、愛因斯坦、海森堡及昔日其他偶像人物成就相當的機會。我覺得霍金沒能看出他自己提的問題的深度，是很愚鈍的。說服霍金和其他人（但主要是霍金）關鍵不在於拋棄量子力學，而是讓量子力學和黑洞理論達成一致，在某種程度上成了執念。

有兩種不相容的自然理論在智識上是無法容忍的，而廣義相對論必須和量子力學相容，在我看來這是再清楚不過了——而且我確信霍金、特胡夫特、惠勒和我認識的幾乎每一位相對論專家、弦論學者和宇宙學家都會同意。但理論物理學家是愛爭論的一群人。[2]

2　最近我發現並不是每個人都同意，這讓我很驚訝。戴森在評論葛林（Brian Greene）的《宇宙的結構》（The Fabric of the Cosmos）一書時，有一段值得注意的聲明：「身為保守派，我並不同意把物理劃分成處理大尺度和小尺度的不同理論是無法接受的。我對我們過去 80 年的處境很滿足，也很滿意恆星與行星的古典世界和原子與電子的量子世界有各自的理論。」戴森可能在想什麼？我們應該要像比伽利略早的古人，接受兩種無法縮小分歧的自然理論嗎？這很守舊嗎？還是極端保守？對我來說，這聽起來就是不感興趣罷了。

13

僵持不下

在我年輕的時候，每當有人問我是做哪一行的，尤其在聚會時或社交場合，我真的不想談論。並不是因為我覺得無地自容或難為情，純粹是太難解釋了。為了避開這個話題，我會說：「我是核物理學家，但我不能多談。」這招在 1960 年代和 1970 年代有效，但現在行不通，因為冷戰已經過去了。

如今這個問題仍然讓我有點困擾，但原因不一樣：我不確定答案是什麼。最恰當的回答是「我是理論物理學家」，不過這通常會引來下一個問題：「你研究的是哪種物理學？」這時我就被問倒了。我可以說我是基本粒子物理學家，但我也研究像黑洞、整個宇宙這樣的大東西。我可以說我是高能物理學家，但我有時候會研究能量最低的情形，甚至真空的性質。我和大多數朋友的研究興趣，還沒有合適的稱呼。說我是弦論學者，會把我惹毛；我不喜歡被歸類得這麼狹隘。我很想說我在研究自然界的基本定律，但這聽起來很自命不凡。所以通常我會回答，我是理論物理學家，研究過很多主題。

事實上，在 1980 年代初期之前，我所做的大部分研究都可以合理稱為基本粒子物理學。然而差不多在那個時候，這個領域就有點停滯不前，粒子物理學的標準模型已經無法改變，最有意思的變體已經發展出來，打造加速器檢驗這些變體只是遲早的事——還需要很久就是了。因此實際上我有點厭倦，決定看看我在量子重力方面能不能做出什麼。幾個月後，我開始擔心費曼說對了——量子重力太遙遠；似乎沒辦法做出任何進展。我甚至不清楚問題是什麼。惠勒（用他的獨特說話方式）說過：「問題就是——問題是什麼？」我當然看不到答案。就在我準備返回傳統粒子物理學之際，霍金突然投下炸彈，回答了惠勒的問題：問題就是，我們要怎麼從資訊遺失的混亂狀態中救出物理學？

若說當時粒子物理學處於停滯，那麼黑洞的量子理論也是停滯不前的，而且停滯了大概九年，從 1983 年到 1989 年，連霍金都沒有發表任何一篇談黑洞的論文。在那段期間發表的期刊論文當中，我只能找到八篇在探討黑洞資訊遺失的問題，其中一篇是我寫的，其餘都是特胡夫特寫的，大多是在表達他對 S 矩陣的信心，而不是霍金的 $ 矩陣。

我在 1983 年之後的九年裡幾乎沒有發表任何關於黑洞的論

文，是因為我根本找不到解決這個難題的方法。在那段期間，我發現自己毫無進展，反覆問同樣的問題，然後遇到同樣的障礙，無法跨越。霍金的邏輯十分明確：視界僅僅是不歸點，跨過它的東西都一去不返。推論很有說服力，但結論很荒謬。

下面是我 1988 年在舊金山對一群業餘物理和天文學愛好者演講時，解釋這個問題的過程。[1]

特大黑洞的弔詭：一場在舊金山的演講

我想讓各位注意一下，霍金大約在 13 年前首次描述的原理嚴重衝突。我提出這個衝突的原因，是它暗示了一個非常嚴重的危機，這個危機必須解決，我們才能了解物理學和宇宙學上最深奧的問題。這些問題一方面牽涉到重力，另一方面也牽涉到量子理論。

你們可能會問，為什麼我們非把這兩個經驗領域結合起來不可？畢竟重力在處理非常大又非常重的物體，而量子力學支配非常小又輕的世界。沒有哪樣東西又重又輕，那麼這兩個理論在同樣的情境下怎麼可能都有影響力呢？

1　以下的內容是根據我保留下來的筆記大致重寫出來的講稿。為了用文字代替方程式，我沒有忠於原始筆記。〈別忘了吃抗重力藥〉這篇故事，是為某本科普雜誌而寫的，它從未刊登過，但以濃縮版的形式納入舊金山這場演講中。

我們從基本粒子開始談吧。各位都知道，比起讓原子結合在一起的電力，電子和原子核之間的重力極度微弱。把夸克束縛在質子裡的核力，也是同樣的情形，但更甚於此。事實上，重力的強度大約是普通作用力的 100 萬兆兆兆分之一，所以重力在原子物理或核物理中顯然沒發揮什麼重要的作用——但基本粒子呢？

我們通常把電子這樣的粒子想成空間中的無窮小點，但這不是完整的真相，因為基本粒子有非常多讓自己與眾不同的性質。有些帶電，有些不帶電。夸克的性質有特殊的名稱，如重子數、同位旋，以及命名有誤的顏色。粒子會像玩具陀螺一樣繞軸自旋，認為區區一點就能擁有這麼多結構和種類，並不合理。大多數的粒子物理學家都相信，如果能夠在小到某個極小的尺度上檢查粒子，就會開始看出讓它們運作的隱藏機制。

如果電子和它們的各種遠房親戚確實不是無限小，那麼必定有某個大小。但透過直接觀測（把它們一起打碎），我們只知道它們不會大於原子核大小的萬分之一。

然而不同凡響的事情發生了。近幾年我們一直在累積間接證據，證明粒子內部的系統不會比普朗克長度大很多，也不會小很多。如今，普朗克長度對理論物理學家有非常引人注目的意義。我們習慣把重力想成比電力和次核粒子間的作用力弱得多，因而和基本粒子的行為完全無關，但當物質在普朗克長度上彼此靠近的時候，情況就不是這樣了。到那時，重力不但變得和其他的力一樣強，甚至更強。

這一切意味著，在世界的根基，距離小到連電子都是複雜的結構，重力可能會是把這些粒子集合在一起的最重要作用力。所以你看，重力和量子力學很有可能在普朗克尺度上統一起來，解釋電子、夸克、光子和它們所有的同伴的性質。我們基本粒子物理學家最好把量子重力弄清楚。

宇宙學家也只能短暫逃避量子重力論。在追溯宇宙的過去時，我們知道早期宇宙充滿密密麻麻的粒子。在今天〔1988〕，組成宇宙微波背景輻射[2]的那些光子，大約相隔 1 公分遠，但在它們最初發射出來的時候，彼此間的距離是現在的千分之一。我們往過去追溯時，這些粒子擁擠得就像沙丁魚擠在更小的罐頭裡一樣。看來在大霹靂的時候，粒子間的距離很可能和普朗克長度差不多，如果是這樣，粒子就靠得非常近，所以它們之間最重要的作用力會是重力。換句話說，握有基本粒子的線索的量子重力，也有可能是引起大霹靂的主要作用力。

那麼，假定量子重力對我們的未來（和過去）很重要，我們對它了解多少呢？除了量子理論和重力有很大的衝突（尤其在黑洞方面）之外，了解得不多。這是好事，因為它代表我們有可能透過解決衝突，來學習重要的事情。今天我要用一個小故事說明這個問題——不是解決方法，只要講問題本身。

2　宇宙微波背景（cosmic microwave background）輻射是最初由大霹靂發出的輻射。

別忘了吃抗重力藥

8,419,677,599 年

地球很久之前就脫離了繞行太陽的軌道，太陽這顆恆星現在已經死亡。遊蕩了無數世代之後，它終於在彗髮超星系團找到安身之地環繞一個龐大的黑洞運行。自從 21 世紀末，一場不流血的政變讓所有的政權移交到製藥產業以來，整個地球就一直由同一家公司集團把持。

「怎麼了，巨力多伯爵，又有什麼事？過去五年你一直承諾要行動。你又要拿一份『進度』報告浪費我的時間嗎？」

「殿下，懇求您原諒，我這個卑微無用的可憐蟲愚蠢到不可饒恕啊，但這次我真的帶來好消息了。我們抓到他了！」

殿下是皇帝默克 505036 世，先是皺了一下眉頭，然後把他的大光頭轉向伯爵，即假資訊產出暨反理性科學執行部長，用銳利的目光像是要把伯爵釘在牆上般。「蠢貨。你抓到誰？是不是鱈魚？」

「不是，閣下。是那個頭號異端分子。我們抓到那個下流物理學家養的解方程式龜兒子——不斷用邪惡謠言汙染我們的人民，說抗重力藥是詐騙的那個傢伙。現在他就銬在前廳的牆上。我可以把他帶進來嗎？」伯爵像黃鼠狼般的臉上露出一抹諂媚的笑容。「我敢說他現在可以吃些抗焦慮藥。哈哈。」

殿下的臉上短暫閃過一絲微笑。「把那個無賴帶進來。」

囚犯衣衫襤褸，傷痕累累，但頑固不化，被人粗暴地甩在巨力多的腳前。「無賴，你叫什麼名字？你有些什麼家人？」囚犯站了起來，挑釁地撣了撣長袍上的塵土，直視著迫害他的人自豪地答道：「我叫史蒂夫。」[3]

他姿態強硬，停頓了許久（久到讓伯爵不舒服），才又繼續說下去。「我來自一個古老的家族，家族史可以追溯到黑洞戰爭。我的祖先是劍橋勇者史蒂芬。」

皇帝的臉色立刻陰沉下來，但隨即恢復鎮定，笑了起來。「嗯，史蒂夫，我想用博士稱呼你應該很恰當吧——現在看看你的古老家世害你落得什麼下場。看到你實在讓我不舒服。唯一的問題就是，要用什麼方法讓你從我眼前消失。」

人造太陽西下之後，有人替史蒂夫送上他的最後晚餐。像是為了嘲弄，皇帝從他自己的餐桌上送來上等佳餚，還附了一個「弔慰」訊息。悶悶不樂的獄卒（史蒂夫很受監獄人員喜愛）低著頭讀訊息。對於獄卒來說，這似乎是最壞的消息。「明天一大早，你和你的家人及你的所有異端朋友，會被送上一顆適於居住的小型行星，再丟進深淵——環繞在黑洞周圍，充滿黑暗之火和熱的巨大無底洞中。你們會先感受到溫暖得令人難受，沒多久你們的

3　到 20 世紀晚期，世界上很大一部分的傑出物理學家的名字都叫史蒂夫。溫伯格（Steve Weinberg）、霍金（Steve Hawking）、申克（Steve Shenker）、吉丁茲（Steve Giddings）和朱棣文（Steve Chu）是其中幾位名字是史蒂夫的物理學家。在 21 世紀晚期，渴望教養出傑出物理學家的父母開始替孩子（男女都有）取名史蒂夫。

肉體就會燒煮起來，你們的血液會滾沸，你們的資訊會被打亂，直到蒸發然後不可逆轉地散布到天空中為止。」史蒂夫的臉上無端露出淡淡的笑意。「聽到壞消息有這種反應，真是奇怪，」獄卒心想。

隔天皇帝和伯爵起得很早。皇帝很友善，幾乎可說是很愉快。「今天會很好玩。你說是吧，伯爵？」「是的，殿下。我已經宣布執行處決。人民會覺得，用望遠鏡觀賞異端分子的血液開始滾沸的過程，是件賞心樂事。」

逢迎馬屁的伯爵急於得到皇帝的批准，提議對黑洞的溫度很快做最後一次檢查。「可以，部長，我們就再檢查一次吧。從這個距離判斷，視界看起來很低溫，但我們就用鋼索把溫度計放到它的表面，記錄視界附近的溫度。當然我們已經做很多次了，但我會很喜歡看溫度升高。」於是，一枚小型火箭準備就緒，要把溫度計帶離地球。溫度計一脫離地球的重力，就會落向視界，拉著後面的鋼索。

溫度計一直往下掉落，直到鋼索繃緊為止。皇帝下令：「溫暖就好，不要太熱。把溫度調低一點，伯爵。」鋼索慢慢鬆開了一點。皇帝透過望遠鏡看著溫度升高，超過水的沸點，再超過玻璃和水銀的蒸發點，最後連溫度計都蒸發了。伯爵問：「殿下，您看這樣夠高溫嗎？」「你的意思是對史蒂夫來說夠高溫吧，伯爵，嗯，我認為火候很完美。我們走吧，該開始行刑了。」

不一會兒，大到可容納 200 人的第二枚火箭已備妥，要把倒楣的理性科學異端分子運送到小型但宜人的衛星上。史蒂夫的妻子絕望地啜泣起來，緊抓住他的手臂讓自己鎮定下來。這個物理學家渴望解釋真相，但時機還沒到，他們四周都是皇帝的護衛。

幾個小時後，伯爵親自按下啟動巨型火箭的按鈕，讓這個藍綠色小衛星從自己的地球軌道發射出去。載著 200 個擔驚受怕的乘客（護衛沒再跟著他們了），這群體開始撲向黑暗之火。

皇帝說：「我看得到他們，伯爵。高溫開始發揮影響，他們正變得無精打采，動作緩慢，非常非常遲緩。」天文臺的圓頂很大，望遠鏡的目鏡位於最不牢靠的位置。伯爵笑了，拿出一顆抗重力藥，然後也遞給皇帝一顆。「殿下，為了安全起見。從這裡墜落會很不舒服。」皇帝大人吞了藥，又去看望遠鏡。「我還是看得到他們。但你看，他們開始落進拉長的視界了。我的忠誠臣民現在會看到我的敵人被打亂。瞧啊，他們各自的資訊正逐漸融入高溫的濃湯裡。他們一個又一個被光子帶走。我們來數數看，確定他們已經完全蒸發了。」

他們觀看光子一個接著一個記錄在望遠鏡的龐大電腦庫中，並加以分析。

伯爵說：「哈，就跟量子力學原理的預測如出一轍。每個資訊位元都算進去了，但打亂得面目全非。沒有人會把打散的蛋頭先生重新組合起來。」

皇帝把手臂搭在伯爵的肩膀上說：「恭喜啊，伯爵，一早的工作有大豐收了。」但這個隨便的姿勢影響到他們的平衡，離地面 60 公尺的伯爵突然心生疑惑，關於抗重力藥的傳聞到底是真是假。

史蒂夫專注研究他的筆記，隨後興高采烈地抬起頭，擁抱他的妻子。「親愛的，我們很快就會安全越過視界了。」史蒂夫女士和其他人聽史蒂夫繼續說，顯然感到大惑不解。他解釋說：「等效原理是我們的救星，視界並不危險，它只是個無傷大雅的不歸點。」他繼續說：「幸好我們會處於自由落體狀態，我們的加速度恰好會抵消黑洞重力的效應。我們在越過視界時，不會有絲毫感覺。」他的妻子仍然有疑慮：「好吧，就算視界無傷大雅，我還是聽過一些可怕的故事，說黑洞裡有個逃避不掉的奇異點。它不會把我們摧毀碾碎嗎？」他回答說：「會，確實是這樣，可是這個黑洞非常大，我們的行星大概需要一百萬年，才會靠近這個奇異點。」

於是，他們開心地越過視界——至少在你相信等效原理的情況下是如此。

全文完

除了文學價值外，這個故事還有很多問題。舉例來說，如果黑洞夠大，讓史蒂夫和他的擁護者在抵達奇異點前還能存活很多年的話，[4] 伯爵的溫度計也需要這麼多年才會掉落到目的地。更糟

4　人在視界外的皇帝和伯爵，永遠看不到這個景象。

糕的是，黑洞若要發出史蒂夫和他的擁護者原本含有的資訊位元，時間會非常久，比宇宙的年齡還要長。不過，如果我們忽略諸如此類的數值細節，這篇故事的基本邏輯就說得通了。

或是說不通？

史蒂夫在視界被燒死了嗎？伯爵和皇帝清點了每個位元，全都在蒸發物中，「就跟量子力學原理的預測如出一轍。」所以，史蒂夫在靠近視界時被摧毀了。然而這個故事也聲稱，史蒂夫平安抵達另一頭，他或他的家人毫髮無損——和等效原理的預言一模一樣。

我們顯然遇到了原理相牴觸的狀況。量子力學暗示，所有的物體都會碰到視界上方的超高溫區域，那裡的極高溫會把所有的物質轉變成分離的光子，還會像太陽發光般把這些光子從黑洞中輻射出來。到最後，掉落物質所攜帶的每個資訊位元，都必須用這些光子來解釋。

但看來等效原理好像要講個不同又大相矛盾的故事。

打斷一下

請容我打斷一下 1988 年這場專題討論的進行，澄清幾個觀點，這些是與會的許多物理愛好者都知道的，但各位可能不熟悉。首先，為什麼等效原理讓遭到流放的人相信視界是安全之地呢？我在第 2 章提過的想像實驗，對理解有幫助。想像一下電梯裡的生活，但這部電梯所在的世界的重力，要比地球表面的重力大很多。如果電梯是靜止的，乘客的腳底和被壓扁的身體各部位，就會感受到全部的重力。假設這部電梯開始上升。向上的加速度會讓情況變糟。根據等效原理，加速度會在乘客所感受到的重力外加一個作用力。

不過，萬一電梯鋼索啪的一聲斷了，電梯開始朝下加速了呢？這麼一來，電梯和乘客會像自由落體一樣墜落。重力和向下加速度的效應剛好互相抵消，乘客判斷不出自己是不是在強大的重力場中——至少在他們撞到地面，感覺到猛烈的向上加速度之前，是判斷不出來的。

同理，在自由落下的行星上的流放者，到達視界時應該也感覺不到黑洞重力的任何效應。他們會像第 2 章裡那些自由漂流而下的蝌蚪，在不知不覺中越過了不歸點。

第二點會更陌生。我解釋過，大型黑洞的霍金溫度非常非常低，那為什麼伯爵和皇帝在垂放溫度計的時候，會在視界附近測到這麼高的溫度呢？要弄懂這個現象，我們必須知道光子在離開強大重力場的過程中會發生什麼事。但我們要從大家比較熟悉的例子開始——從地球表面垂直向上拋的石塊。如果拋起石塊的初速度不夠快，石塊就會掉落回地面，但要是給了夠大的初動能，石頭就會脫離地球的束縛。然而，即使石塊成功脫離了，它在運動時的動能會比一開始小很多，或換一種說法：石塊一開始的動能，比最後脫離的時候大得多。

光子都以光速運動，但這並不表示它們全都帶有同樣的動能。光子其實很像那塊石頭。它們離開重力場的時候，會損失能量；必須克服的重力愈強，損失的能量就愈多。伽瑪射線從視界附近發出來時，能量已經消耗得差不多，成了能量非常低的無線電波。

相反的，遠觀黑洞時觀測到的無線電波，在離開視界時一定是高能的伽瑪射線。

現在考慮在黑洞上方遠望的伯爵和皇帝。霍金溫度非常低，所以無線電波光子的能量非常小，但伯爵和皇帝多想一下可能就會明白，同樣的光子在視界附近發射出來時，一定是能量超高的伽瑪射線，這就等於在說那裡溫度更高。事實上，黑洞視界的重力非常大，大到從那塊區域發出的光子必須有極高的能量才能脫離。從遠處看，黑洞可能非常低溫，但靠近看，溫度計就會受到能量極高的光子撞擊。這正是兩位行刑者很確定受刑者會在視界蒸發的原因。

專題討論繼續

好了，看來我們得出矛盾的結果。其中一組原理，也就是廣義相對論和等效原理，說資訊會不受干擾地駛過視界。另一方是量子力學，告訴我們相反的結論：落入的位元雖然嚴重打亂了，最後還是會以光子和其他粒子的形式復返。

現在你可能要問，我們怎麼知道位元在越過視界後，但還沒撞到奇異點前，不會隨著霍金輻射返回呢？答案很清楚不過：必須超過光速才辦得到。

我已經讓各位看到一個很有效力的弔詭，告訴你們為什麼這個弔詭對未來的物理學可能會非常重要。但我沒有指點出解決這個難題的可能方法，那是因為我不知道答案。不過我確實有偏愛，所以請容我告訴各位。

我認為我們不必捨棄量子力學的原理，或捨棄廣義相對論的原理，特別是我和特胡夫特一樣，認為資訊並沒有在黑洞蒸發的過程中遺失。不知什麼原因，我們漏掉了一個非常深刻的觀點，這個觀點和資訊及它在空間中的位置有關。

舊金山的那場演講，是我在至少五大洲的物理系所和物理會議上給的許多類似演講的第一場。我已經下定決心，即使解決不了這個難題，我也要成為勸人識其重要性的說客。

某次演講我記得特別清楚。那是在德州大學物理系，全美最好的物理系之一。在座的人有幾位非常傑出的物理學家，包括溫伯格、菲施勒（Willy Fischler）、普欽斯基（Joe Polchinski）、德威特和提特波因，他們都對重力論做出了重大的貢獻。我對他們的看法很感興趣，所以在演講尾聲做了意見調查。如果我沒記錯，菲施勒、德威特和提特波因是少數派，認為資訊不會遺失，普欽斯基堅信霍金的論點，贊同多數的一方。溫伯格棄權。總票數大約是三比一，多數贊同霍金，但在座者明顯不願意表態。

在僵持期間，史蒂芬和我多次偶遇。在這幾次邂逅中，最引人注目的一次發生在阿斯本（Aspen）。

14

阿斯本的小衝突

在 1964 年夏天之前，我從沒看過比卡茨基爾山脈（Catskill Mountains）雄偉的明尼瓦斯卡山（Mount Minnewaska，總共才 915 公尺高）更高的山。當我還是 24 歲的研究生，第一次看到科羅拉多州的阿斯本時，這個鎮對我來說真是個奇怪又迷人的山嶽王國。小鎮周圍高聳、白雪覆頂的山峰，給人杳無人煙、超脫塵世的感覺，尤其是對像我這樣的城市小孩來說。阿斯本雖然已是熱門的滑雪小鎮，但依然帶著一點 19 世紀末多姿多采銀礦業時代的邊陲風情。街道沒有鋪石子，6 月間遊客稀少，你可以在鎮外幾乎任何地方紮營。這是個怪人充斥的地方，在當地隨便一家酒吧，你旁邊都可能坐著真正的美國牛仔，和粗魯、蓬頭垢面的山地人，或有可能發現自己擠在邋遢的漁夫和來自波蘭的牧羊人中間。你也有可能和美國商業界的權力菁英、柏克萊學生管弦樂團首席或理論物理學家交談。

小鎮西端有一群低矮的建築，坐落於南面的阿斯本山和北面的紅山之間，周圍有一大片草坪。在夏季，你可以看到十幾位物理學家坐在野餐桌旁爭論、辯論、享受好天氣。阿斯本理論物理研究所（Aspen Institute for Theoretical Physics）的主樓沒什麼可看的，但就在它的後方，就在一個宜人的戶外空間，有一塊擺在遮篷下的黑板。這是真正的活動場所，世界上一些最傑出的理論物理學家齊聚在此，參加研討會，討論最新的奇想。

在 1964 年，我是這個研究中心唯一的學生（我甚至認為我是該機構整整兩年間唯一的學生），但事實上，我出現在那裡並不是因為我在物理方面的任何才能。羅爾福克河（Roaring Fork River）從鄰近的美洲大陸分水嶺（Continental Divide）奔流而下，穿過小鎮。河水湍急又冰冷，而且全是銀色的：但不是銀礦的金屬銀色，而是野生虹鱒的活生生銀色——那年夏天這對我來說是最重要的。我的指導老師彼得是飛釣手，他發現我會飛釣，就邀我跟他一起到阿斯本過暑假。

小時候我父親在比較平靜的美東鱒魚溪流（卡茨基爾山脈赫赫有名的比維奇河和伊索普斯溪）教我釣魚。那裡的水潭很平靜，可走到水深及胸的地方，通常不但看得見餌（毛鉤），還可以看見褐鱒上鉤。但在 6 月間的羅爾福克河，腦袋清楚的釣手必須待在河邊，盡所能猜測餌的位置。雖然我花了一些時間抓到要領，那年夏天釣到了很多虹鱒，但我沒有學到物理。

我不大喜歡現在的阿斯本。社會名流取代了牛仔，在我看來沒有什麼好處。這些年來我又去過幾次，為了物理活動而不是釣魚。差不多 1990 年左右，我要路過小鎮前往波德（Boulder），在這裡停下來做了一場演講。

那時，黑洞和資訊遺失的難題已開始出現在雷達屏幕上了。普遍一致認為霍金是對的，但除了特胡夫特和我之外，還有一些人提出了質疑，獨一無二的席尼．寇曼（Sidney Coleman）就是其中一位。

寇曼這個人很有趣，也是一整代物理學家的偶像，他留著小鬍子，眼睛下垂，長髮蓬亂，總會讓我想起愛因斯坦。他心思非常敏捷，能夠迅速洞悉事情的核心，尤其是遇到涉及困難奧妙之處的問題時，這項本領是出了名的。寇曼很和藹可親，但可不樂於忍受傻瓜，在哈佛大學（寇曼在哈佛是受人尊敬的資深教授），不止一位知名的專題討論會主講者被寇曼無情地質問之後，夾著尾巴離去。那天他出現在阿斯本，代表研討會的主講者會被拉向高標準。

很巧合的是，出席者當中有另一張熟面孔。就在我踏進室外研討會空間，向黑板走去時，熟悉的高科技輪椅駛來，霍金在第一排就定位。每個人都知道，我的意圖是暗中破壞霍金提出資訊遺失的論點。我的策略是，先重述霍金的邏輯，概述一下問題的本質，這大概會占用分配給我的一半時間。接著我會解釋，為什麼我認為這個邏輯不可能是對的，不過我也想在霍金的論點當中補充一點內容，讓它更有說服力。霍金的論點愈有說服力，那麼最後若證明是錯的，就愈能蘊涵會有個重要的典範轉移。

我想在解釋霍金的邏輯時，填補一個顯然沒人考慮到的漏洞。構想是這樣的：想像視界外的區域由許許多多看不見的微小影印機占用了，當任何一個資訊（如一份書面文件）掉入視界的時候，影印機會複印資訊，得到兩個一模一樣的版本。其中一份絲毫不受干擾，繼續越過視界，進入黑洞內部，最後在奇異點被摧毀。但第二份資訊的命運比較複雜，首先被徹底打亂或重組，直到沒有重組碼就無法辨識的地步，而隨後它會在霍金輻射中被輻射回來。

在資訊跨越視界前，複印資訊似乎可以解決這個問題。首先，考慮遠遠盤旋在黑洞外的觀測者。他們看到霍金輻射中返來的所有資訊，因此他們的結論是，沒有理由改變量子力學的規則。說得更直接些，他們推斷霍金的資訊破壞觀點是錯的。

那位像自由落體般掉落的觀測者呢？在通過視界的瞬間，他看了看四周，發現什麼事也沒發生。他的資訊仍與他同在，組成同一個人，連同跟他一起墜落的一切東西。從這個角度看，視界不過是無傷大雅的不歸點，而愛因斯坦的等效原理完全受到尊重。

黑洞視界真的有可能被百分之百準確可靠的微小（也許是普朗克大小的）複印設備覆蓋住嗎？這個想法看似吸引人。如果它是對的，就會簡單又合乎邏輯地解釋霍金提出的弔詭：沒有任何資訊會遺失在黑洞中，未來物理學家還是可以繼續應用慣常的量子力學原理。每個黑洞的視界上的量子影印機，都會讓黑洞戰爭迅速停戰。

我讓寇曼印象深刻。他在座位上轉身面對聽眾，接著用比我所用的說法更清楚的說法，把我所說的內容解釋了一遍——也只有他做得到。但霍金什麼話也沒說，只是歪靠在輪椅上，臉上掛著燦爛的笑容。他顯然知道寇曼不了解的某件事。事實上，霍金和我都知道，我的解釋只是我用來反駁而創造出來的假想論點。

霍金和我都了解，量子資訊的完美複印機和量子力學的原理相矛盾。在海森堡和狄拉克定下的數學規則所支配的世界裡，完美複印機是不可能存在的。我替這個原理取了個名字：無量子影印機原理（No-Quantum-Xerox Principle）。在稱為量子資訊理論的近代物理領域，這個概念稱為無複製原理（No-Cloning Principle）。

我一邊得意地看著寇曼說：「席尼啊，量子影印機是不可能的事。」一邊盼望他馬上就會意過來。不過，難得一次他的敏捷腦袋遲鈍了。我得詳細解釋我的重點，於是我向寇曼和其他與會者解釋，在黑板上寫滿了數學式，還占用了剩下所有分配給研討會的時間。下面是比較簡單的版本。

量子影印機

進去一個帶著波函數的電子，出來了
兩個完全一樣的電子。

想像一部影印機有一個輸入埠和兩個輸出埠。處於任何一個可能量子態的任何系統，都可以插到輸入埠，舉例來說，我們可以把電子裝進這部影印機，影印機接受了輸入，然後射出兩個一模一樣的電子，輸出不但彼此相同，還跟原始輸入相同。

如果可以打造出這樣的機器，它可能就會提供我們一種方法，去攻破顛撲不破的海森堡測不準原理。假設我們想知道電子的位置和速度，那麼我們就只要複製這個電子，然後去量測其中一個複製品的位置，和另一個複製品的速度。不過，考慮到量子力學原理，這當然是不可能的事。

講到最後，我成功地為霍金提出的弔詭辯護，解釋了無量子影印機原理，但沒時間解釋我自己的觀點了。就在研討會快解散的時候，霍金那脫離軀體的機械般聲音幸災樂禍地大聲響起：「這下你同意我的說法了吧！」他眼中閃爍著淘氣的光芒。

在那次交戰中，我顯然輸了。由於時間不夠，我被友軍誤發的砲火擊敗，尤其是被霍金的機敏挫敗。那天傍晚離開阿斯本的路上，我在迪弗科溪（Difficult Creek）暫停，拿出我的飛釣釣竿，但我最愛的水潭中，滿是坐在輪胎救生圈上喧鬧戲水的孩子。

第三部

回擊

15

聖巴巴拉之役

1993 年某個星期五下午，其他人都已經回家了，我和約翰、拉魯斯坐在我史丹佛的辦公室裡，吹著微風，喝著拉魯斯煮的咖啡。冰島人煮出來的咖啡，是全世界最濃烈的。據拉魯斯說，這跟他們深夜喝酒的習慣有關。

拉魯斯．托拉修斯（Lárus Thorlacius）是身材高大的冰島維京人（他聲稱自己不是古代北歐戰士的後裔，而是愛爾蘭奴隸的後代），剛拿到普林斯頓大學博士學位，來史丹佛做博士後研究。約翰．阿格朗（John Uglum）是德州人，共和黨員（不屬於宗教派別，而是艾茵．蘭德的自由派），是我的研究生。不管我們的政治和文化差異多大（我是來自紐約南布朗克斯區的自由派猶太人），我們是好夥伴，建立起男性之間的交情：坐下來一起喝咖啡（偶爾喝些更烈的東西）、談政治、討論黑洞。（不久之後，從紐西蘭來的學生亞曼達．彼特加入，把我們的小「兄弟幫」擴大到三個兄弟和一個姊妹。）

在 1993 年，黑洞不僅已經出現在物理學家的雷達屏幕上，還成了關注的焦點，部分原因是大約一年半前，有四位知名美國理論物理學家寫了一篇引發爭論的論文。普林斯頓的菁英柯特．卡倫（Curt Callan）從 1960 年代以來，就一直走在基本粒子物理領域的前面，也是美國科學界頗具影響力的人物。（他擔任過托拉修斯的博士指導教授。）比較年輕的安迪．史壯明格（Andy Strominger）和史蒂夫．吉丁茲（Steve Giddings），在加州大學聖巴巴拉分校任教，前途看好。在我的印象中，當時要區分他們兩人是看穿著，吉丁茲穿短褲，史壯明格穿吊帶褲。芝加哥大學的傑夫．哈維（Jeff Harvey）以前是（現在仍是）傑出的物理學家、很有才華的作曲家（見第 24 章結尾）和單口喜劇演員。他們四人統稱為 CGHS，而他們所寫的簡化版黑洞，稱為 CGHS 黑洞。他們共同發表的論文引起了短暫的轟動，部分原因是，作者們聲稱終於解決了黑洞蒸發中的資訊遺失問題。

讓 CGHS 理論非常簡單的因素，在於它是描述只有單一空間維度的宇宙——現在回頭看，這理論是看似簡單，但其實不簡單。他們描述的世界甚至比愛德溫．艾勃特（Edwin Abbott）虛構出來的二維世界平面國[1]還要簡單。CGHS 設想的宇宙中，生物都生活在一條無窮細的線上面，這些生物簡單無比：就只是單一的基本粒子。這個一維宇宙的其中一端有個質量很大的黑洞，重量和密度大到能讓靠得太近的任何東西無法逃脫。

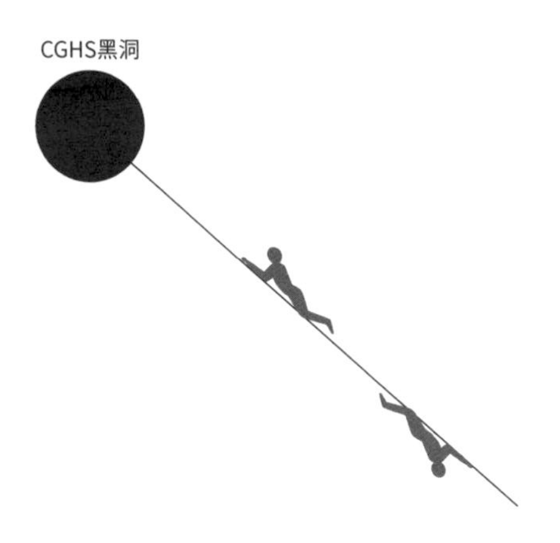

CGHS 所寫的論文是針對霍金輻射的極優雅數學分析，但他們在分析過程中犯了一個錯，聲稱量子力學消去了奇異點，也連帶清除了視界。有幾個人指出這個錯誤，包括托拉修斯和我，連同我們的同事荷黑．魯索（Jorge Russo），這就讓我們變成 CGHS 黑洞方面的專家。（甚至有某個版本的 CGHS 理論，稱為 RST 模型——RST 代表我們三人的姓氏魯索、瑟斯坎和托拉修斯。）

1　見 Edwin A. Abbott, *Flatland: A Romance of Many Dimensions* (1884)，中文版《平面國：向上而非向北》，木馬文化出版，2019 年。

好了，約翰、拉魯斯和我在那個星期五下班後坐在一起，是因為有一場即將為了討論黑洞謎團和弔詭而召開的會議。會議預定幾週後在聖巴巴拉，也就是加大聖巴巴拉分校（UCSB）理論物理研究所（ITP）的所在地舉行。[2] 理論物理研究所到底是多優秀的物理研究機構？簡短的答案是真的很優秀。它在 1993 年已經成為很活躍的黑洞研究中心。

詹姆斯．哈托（James Hartle）是任教於 UCSB 的黑洞理論家當中最資深的，他是非常傑出的元老，早在量子重力還沒熱門起來之前，他就和霍金一起做出了量子重力方面的開拓工作。但 UCSB 的物理系有四個年輕的成員，注定會在黑洞戰爭中扮演要角，這四位才三十多歲，非常活躍。前面已經跟各位介紹過吉丁茲和史壯明格（CGHS 當中的 G 和 S），這兩人雖然都是我的朋友，我很欣賞他們的物理研究，但接下來兩年會證明他們是惹人惱怒的敵手。他們對錯誤的觀點執迷不悟，常弄得我心煩，然而最後他們挽回了自己的形象。

蓋瑞．霍洛維茨（Gary Horowitz）是 UCSB 年輕教授當中的第三位，他是廣義相對論專家（相對論學者），當時已經在該領域贏得傑出領導者的名聲。霍洛維茨也和霍金密切合作，對黑洞的了解和任何人不相上下。最後一位是喬．普欽斯基（Joe Polchinski），

2 ITP 如今稱為 KITP，卡夫利理論物理研究所（Kavli Institute for Theoretical Physics）。

才剛從德州大學轉到聖巴巴拉。我和普欽斯基合作過幾個研究計畫，我很了解他，雖然一直覺得他很和氣，充滿真正的幽默感，但他的才智、速度和才華也令我敬畏。從我們剛認識的時候（他應該是 25 歲左右，而我 40 歲），我就深信他注定會成為那個時代最棒的理論物理學家之一。他沒讓我失望。

這些與眾不同的年輕物理學家密切地一起工作，有時研究黑洞，有時是弦論。這個關係緊密的小團體的過人才智，讓他們成為理論物理學界非常強大的力量，也讓聖巴巴拉變成理論物理學家經常出沒的最有趣場所之一（如果不是那個最有趣的地方）。在聖巴巴拉舉辦一場專門討論黑洞謎團的會議，會是很重要的盛事，這無庸置疑。

這場會議可能是為了慶賀 CGHS 論文帶來的興奮而辦的，眾人希望 CGHS 發展出來的專門數學，會解開當時所稱的資訊弔詭（information paradox）。幾位會議主辦人請我報告我和托拉修斯、魯索在史丹佛做的工作，所以那個星期五傍晚，我們就在討論我要說些什麼。

也許是那杯超高咖啡因的咖啡、睪固酮急遽上升，或者只是我們三劍客的情誼，結果我對阿格朗和托拉修斯說：「媽的，我才不想談 CGHS 或是 RST。這是死路。[3] 我希望我們做出真正顛覆

3　現在回想起來，我認為 CGHS 理論給我們很大的啟發。它用清楚明瞭的數學闡明了霍金揭示出來的矛盾，更甚以往的理論，對我自己的思路當然產生了很大的影響。

的事情。我們就來冒個險，說些真正能吸引他們注意的大膽內容好了。」

有一段時間，我們三個人一直在找方法解決霍金的弔詭結論，然後逐漸形成了想法。它只是個模糊的概念，甚至還沒有名字，但現在是採取行動的時候了。

「我認為我們三個人應該把這個未成熟的想法整理出頭緒，即使我們沒辦法證明，也要嘗試把它變得更精確。光是替一個新的概念命名，有時就能讓思路變清晰。我建議我們寫一篇談黑洞互補性的論文，我會在聖巴巴拉的會議中宣布這個新的見解。」

〈別忘了吃抗重力藥〉這篇故事（見第 13 章），很適合拿來解釋我的想法。就像黑澤明的電影《羅生門》，它是透過不同參與者的眼睛所看到的故事，結論完全矛盾的故事。在皇帝和伯爵的那個版本中，遭到迫害的物理學家史蒂夫被視界周圍異常高溫的環境消滅了。照史蒂夫的說法，這個故事的結局截然不同，而且更歡樂。如果不是兩個版本都錯了，顯然其中一個一定是錯的；史蒂夫在視界附近不可能同時處於活下來和被殺死的狀態。

我向我的同事們解釋：「黑洞互補性的觀點是，但兩個故事版本都同樣正確，雖然這聽起來很荒謬。」我的兩個朋友一臉困惑。我不記得接下來我到底講了什麼，但它八成類似這樣：留在黑洞外的每個人，包括伯爵、皇帝和皇帝的忠誠子民，都看到同樣的事情[4]——史蒂夫被加熱、蒸發，最後變成霍金輻射，而且一切都發生在他抵達視界之前。

我們要怎麼樣理解這件事？唯一和物理定律一致的方法，是假設視界上方就有某種過熱層，厚度也許不超過一個普朗克長度。我向阿格朗和托拉修斯承認，我並不清楚這種過熱層是什麼東西組成的，但我解釋，黑洞的熵就意味著這層必定是由微小物體組成的，很可能不超過普朗克長度。高溫層會吸收掉任何落在視界上面的東西，就像墨水滴溶解在水中一樣。我記得我是把未知的微小物體稱為視界原子，我當然不是指普通的原子。我對這些原子的了解，和 19 世紀的物理學家對普通原子的了解差不多：只知道它們存在。

這種高溫層需要一個名稱，最後我決定採用天文物理學家已經創造的名字。他們想像黑洞視界的上方覆蓋了一層膜，然後去分析黑洞的某些電性質。天文物理學家把這個假想的表層稱為延伸視界（stretched horizon），但我提出的是真實的物質層，位於視界上方一個普朗克長度的地方，而不是假想的表面。更重要的是，我聲稱任何一個實驗（例如垂降溫度計去測溫度）都會證實視界原子存在。[5]

4 我這裡用的「看到」，是有點籠統的用法。黑洞外的觀測者可以探測到史蒂夫的身體含有的能量，甚至各個資訊位元（都以霍金輻射的形式發出來）。

5 物理學家從 1970 年代就已經知道，把溫度計垂降到視界的附近，會記錄到高溫。提出啞洞的翁汝（Bill Unruh）在還是惠勒的學生時，就發現了這件事。

我喜歡「延伸視界」給人的感覺，就把它借用過來了。如今延伸視界是黑洞物理學中的標準概念，是指位於視界上方大約一個普朗克距離外，具有高溫微小「自由度」的薄層。

延伸視界幫助我們理解黑洞是如何蒸發的。偶爾會有某個高能量的視界原子，受到比平常猛烈一點的撞擊，從這個表面向外彈射到空間中。你幾乎可以把延伸視界想成又薄又高溫的大氣層，從這個意義上來看，黑洞蒸發的描述會和地球大氣逐漸蒸發到外太空的方式非常類似，更重要的是，黑洞在蒸發時會損失質量，因此也一定會縮小。

但這只講了一半——從黑洞外居高臨下看到的那一半。這一半的本身幾乎不怎麼極端。東西掉進熱湯裡，熱湯蒸發了，資訊隨著蒸發物帶出去了，一切尋常。如果我什麼都講，就是不談黑洞，這樣的解釋不會引起注意。

那麼從黑洞內部看到的景象呢？或說得更精確些，像自由落體般墜落的觀測者會看到什麼景象？我們可以把這稱為史蒂夫的版本，而它似乎會和黑洞外的描述（皇帝和伯爵的版本）相牴觸。

我提出了兩個假設。

1. 對留在黑洞外的觀測者而言，延伸視界看起來像是高溫的視界原子層，可吸收、打亂、最後（以霍金輻射的形式）輻射出落在黑洞上的各個資訊位元。

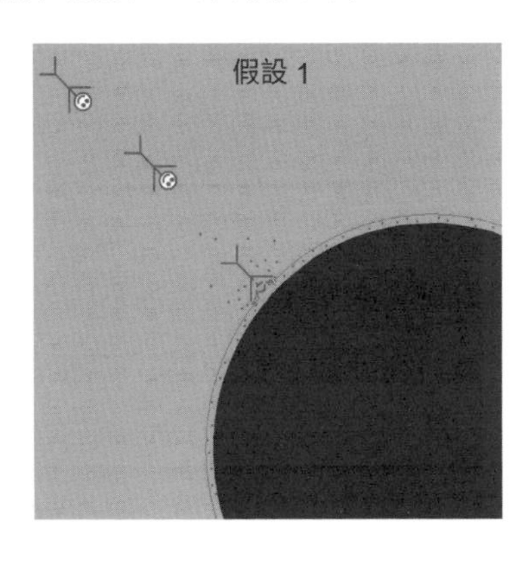

2. 在自由墜落的觀測者看來，視界會像是真空。雖然視界對那些墜落的觀測者來說是不歸點，但他們並沒發現什麼特別的東西。過了很久之後，他們終於靠近奇異點，這時就只會遇到有害的環境。

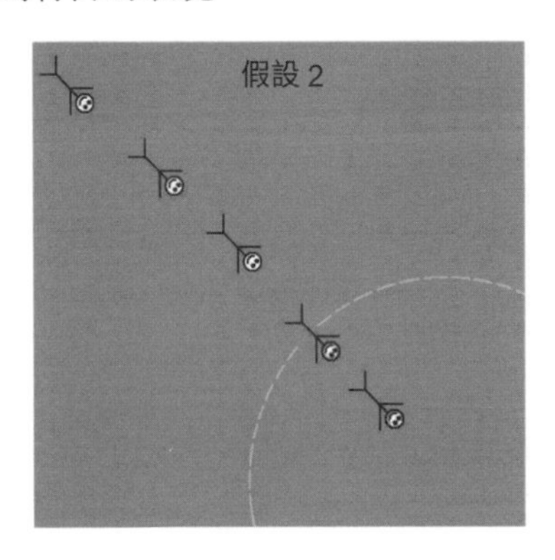

再加第三個假設是多餘的，但我還是加了。

3. 假設 1 和假設 2 都是對的，看上去矛盾，但其實不衝突。

托拉修斯表示懷疑，他問：兩個彼此矛盾的故事怎麼可能都是對的？一下說掉進去的史蒂夫在視界死去了，一下又說他多活了一百萬年，在邏輯上是矛盾的。基本的邏輯是，一件事和它的反面不可能同時為真。事實上，我自己也在問同樣的問題。

史丹佛物理系的二樓曾經展示過一幅全像圖。從平面軟片反射出來的光會聚焦在空間中，而軟片上由微小暗點和亮點構成的隨機圖案，就會形成一個懸浮的性感年輕女子立體影像，你路過的時候她會對你眨眼。

你可以在這個虛構的影像周圍繞一圈，從不同的角度觀看。托拉修斯、阿格朗和我不時會刻意走過這個全像圖。現在我跟托拉修斯開玩笑說，黑洞的表面（視界）一定是全像圖，是黑洞內部所有三維物質的二維軟片。托拉修斯不同意，我也不同意，至少在那個時候不同意。事實上，我還不大理解自己這番評論的意義。

但我思考過一段時間，也得到了比較正經的答案。物理學是講求實驗和觀察的科學；把所有的心智想像都剝除之後，剩下的就是一堆實驗數據，以及概述那堆數據的數學式。真正的矛盾不代表兩個心智想像有出入，和心智想像比較有關係的是我們的演化歷程強加的限制，而不是我們設法了解的實際現實。唯有在實驗產生矛盾的結果時，才會出現真正的矛盾。舉例來說，如果把兩支相同的溫度計放入一鍋熱水中，但溫度的讀數不一樣，我們不會接受這樣的結果；我們會知道其中一支溫度計有問題。心智想像在物理學上很有價值，但如果看起來會產生數據中沒有的矛盾，這種想像就不是正確的。

若假設兩個黑洞故事（史蒂夫的版本和伯爵的版本）都是對的，我們能夠揭露真正的矛盾嗎？如果要發現矛盾，兩個觀測者必須在實驗結束時聚在一起，拿出筆記比對一下。但要是其中一方是在視界內觀測，另一個觀測者未曾越過視界，那麼根據視界的定義，雙方就不可能聚在一起比對數據。所以，沒有真正的矛盾——只有不好的心智想像。

阿格朗問，霍金會如何回應。我的回答是：「喔，史蒂芬會發笑。」結果證明相當準確。

互補性

互補性（complementarity）一詞是由大名鼎鼎的量子力學奠基者波耳引入物理學的。波耳和愛因斯坦是朋友，但兩人在量子力學的弔詭和明顯矛盾問題上爭論不休。愛因斯坦是真正的量子力學之父，但他逐漸討厭這個題材。事實上，他還用盡他無可匹敵的才智，企圖在它的邏輯基礎找出漏洞。愛因斯坦一次又一次認為自己發現了矛盾，而波耳一次又一次用他自己的武器，即互補性，對抗愛因斯坦的攻擊。

我在描述量子黑洞弔詭會如何解決的過程中用到互補性，這並非偶然。1920 年代，量子力學中的明顯矛盾層出不窮，其中一個和光的未解爭論有關：它究竟是波還是粒子？有時候光像是表現出其中一個特徵，有時候又恰恰相反。說光同時有波和粒子的特徵，是很荒謬的。我們怎麼樣才會知道，何時用粒子方程式，何時要用波動方程式呢？

還有一個難題是，我們把粒子想成是占據空間中某個位置的微小物體，但粒子可以從一點行進到另一點，為了描述粒子的運動，我們就必須確定它們的運動速度和方向。根據定義，粒子幾乎是帶有位置和速度的東西，但並不是！按照看似不合邏輯的邏輯，海森堡測不準原理堅稱位置和速度不可能同時確定。又是謬論。

某件非常古怪的事情正在發生。道理似乎被沖進馬桶了。實驗數據裡當然沒有真正的矛盾；每個實驗都會產生明確的結果，刻度盤上的讀數，某個數字。然而，這個心智想像有哪裡非常不對勁。接線到我們腦中的現實模型，無法理解光的真實特徵或粒子運動的不確定方式。

我自己對黑洞弔詭的看法，和波耳對量子力學弔詭的看法是一樣的。在物理學中，只有導致實驗結果不一致的矛盾才算是矛盾。波耳也非常注重用字精準。用字如果不精確，有時就會導致沒有矛盾的地方出現矛盾。

互補性和一個簡單的字的誤用有關：and（且、及）。「光是波，且光是粒子。」「粒子具有位置及速度。」波耳說，實際上要捨棄 and 不用——改用 or（或）：「光是波，或光是粒子。」「粒子具有位置或速度。」

波耳的意思是，在某些實驗中，光表現得像一群粒子，而在另外一些實驗中表現得像波。沒有哪個實驗顯示光同時表現出兩者的特徵。如果去量測波的某個特性，比方說沿著波行進方向的電場值，你會得到一個結果。如果量測某個粒子性質，譬如光子在強度極低的光束中的位置，你也會得到一個結果。然而，不要試圖在量測粒子性質的同時測量波的性質，一件事會妨礙另一件事。你可以量測波的性質或是粒子的性質。波耳說，波和粒子都不能完整描述光，但兩者互補。

位置與速度也是同樣的道理。有些實驗對電子的位置很敏感——例如，電子撞擊電視螢幕並照亮的那個點。其他一些實驗則對電子的速度很敏感——例如某個電子經過磁鐵附近時，這個電子的軌跡彎曲了多少。不過，沒有任何一個實驗能夠對這個電子的精確位置及速度都很敏感。

海森堡的顯微鏡

然而，我們為什麼不能同時量測一個粒子的位置和速度呢？測定一個物體的速度，實際上就只是量測它在相繼兩個時刻的位置，看看它在這段時間移動了多遠。如果可以量測一次粒子的位置，就一定可以量測兩次，這看似和認為不能同時量測位置及速度的見解相矛盾。乍看起來，海森堡像是在胡說八道。

海森堡的策略正是那種讓互補性很有說服力的高明想法。像愛因斯坦一樣，海森堡也成了進行想像實驗的人，他想問：如何才能實際著手量測電子的位置及速度呢？

首先，他了解自己必須在兩個不同的時刻量測位置，才能推斷出速度。再來，他還得在不干擾電子運動的情況下量測位置，否則干擾可能會讓原速度的量測結果無效。

測定物體位置最直接的方法就是觀察，換句話說，就是先把光照射在物體上，然後從反射光推斷出位置。事實上，人的眼睛和腦有特別內建的電路，可根據視網膜上的影像判定物體的位置，這正是那些由演化提供的天生物理技能之一。

海森堡想像自己用顯微鏡觀察這個電子。

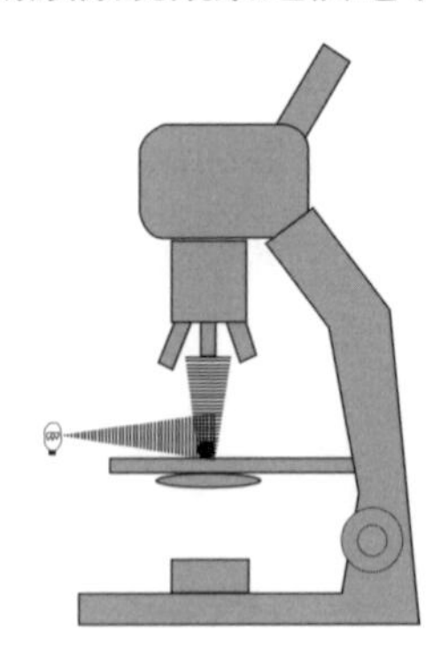

他的想法是要用光束輕輕碰一下電子（以免踢到電子，改變了它的速度），然後讓光束聚焦，形成影像。然而海森堡發現自己被光的性質困住了。首先，單一電子讓光散射，是電磁輻射粒子理論的工作。海森堡能用來碰撞電子的最輕度方法，就是用單一光子去撞擊，而且它還必須是非常輕柔的光子——能量非常低的光子。和能量高的光子碰撞，會產生他想避免的那種猛力一踢。

由波構成的所有影像本身就都是模糊的，波長愈長，影像愈模糊。無線電波的波長最長，在 30 公分以上。無線電波可生成絕佳的天體影像，但如果你嘗試用無線電波做出一張人臉的照片，結果會勉強得到模糊不清的影像。

微波的波長僅次於無線電波，由波長 10 公分的微波對焦生成的人像，仍然很模糊，看不出任何臉部特徵。但當波長縮短到幾公分時，鼻子、眼睛和嘴巴就會開始顯現出來。

規則很簡單：你所獲得的聚焦能力最好只能到用來成像的波的波長。臉部特徵只有幾公分大，所以當波長變得那麼小的時候

就會變清晰。到波長只有 1/10 公分時，人臉會很清楚，雖然可能還是會有小粉刺看不到。

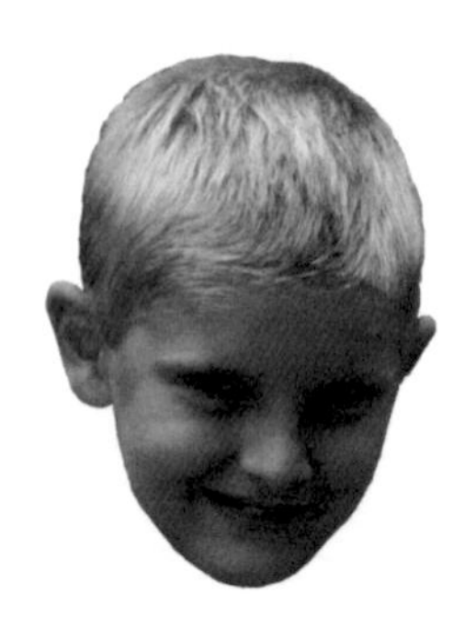

假設海森堡想把那個電子拍攝得夠清晰，讓他在查看它的位置時準確度達到 1 微米。[6] 這樣的話，他就必須採用波長短於 1 微米的光。

現在開始跳脫困境。回想一下第 4 章提過的，光子的波長愈短，它的能量就愈大。舉例來說，單一無線電波光子的能量非常小，對原子幾乎沒有影響。相較之下，波長 1 微米的光子的能量，大到可以讓電子「高升」到具有更高能量的量子軌道，激發原子。波長只有 1/10 微米的紫外線光子，能量大到可以把這個電子從原子撞飛出去。於是海森堡被困住了，如果他想很精確地判定這個電子的位置，就要付出代價。他必須用一個能量非常大的光子碰撞這個電子，而這會「用力踢」電子，任意改變它的運動。如果

6 1 微米是 1 公尺的百萬分之一，和一個非常小的細菌差不多大。

他採用能量很小的光子溫和碰撞，他頂多只能隱約知道這個電子的位置。這真的是進退維谷。

你可能想知道有沒有可能測定電子的速度，答案是：有可能。你必須量測它的位置兩次，但要接受很低的精確度，譬如你可以用長波長的光子取得一個很模糊的影像，然後隔段時間再做一次。量測這兩個模糊影像之後，就可以準確判定電子的速率，但大大犧牲了位置的準確度。

海森堡想不出什麼辦法，讓他能夠同時判定電子的位置和速度。我想他（當然還有他的導師波耳）會開始懷疑，去假設電子同時具有位置和速度是否合理。根據波耳的哲學，電子要麼可以描述成具有位置，而這個位置可用短波長的光子準確量測出來，要不就是可以把電子描述成具有速度，而這個速度可用長波長的光子測定，但無法兼具。量測了一個性質，就量測不了另一個性質。波耳陳述這件事時說，這兩種知識（位置和速度）是電子的互補觀點。海森堡用來論證的這個電子，當然毫無特殊之處；換成質子、原子或保齡球，也都可以。

伯爵、皇帝和史蒂夫的故事看起來有矛盾，但只是貌似矛盾。在視界內尋找資訊，同時又要在視界外尋找資訊，這兩件事是會互相妨礙的，就像位置和速度的量測會互相妨礙一樣。沒有人可以同時在視界內又在視界外。至少那是我想在聖巴巴拉提出的主張。

聖巴巴拉

黑洞是真實存在的，宇宙中充滿了黑洞，而且它們是最壯觀、最狂暴的天體。但在 1993 年的聖巴巴拉會議中，大多數的物理學家對天文黑洞不是特別感興趣，想像實驗才是關注的焦點，而不是望遠鏡觀測。資訊弔詭終於隆重登場。

會議規模不大——與會者可能頂多一百人。我踏進會議廳的時候，看到很多我認識的人。遠遠另一側是霍金，坐在他的輪椅上，我沒有見過面的貝根斯坦，坐在觀眾席的中間區塊。聖巴巴拉本地的人——吉丁茲、普欽斯基、史壯明格和霍洛維茲，也都坐在顯眼的地方；他們在即將到來的革命中會扮演重要的角色，但那個時候他們是敵手，是資訊遺失支持派的迷茫步兵。特胡夫特直接坐在前排，準備作戰。

霍金的演講

以下是我記得霍金在演講中說的內容。霍金歪靠在輪椅上，頭重得無法擺正，我們其他人都安靜下來，翹首盼望。他在舞臺右側，可以看到會議廳前方的大型投影布幕，也可以注視全場。現在霍金已經沒辦法用自己的聲帶說話，他的電子聲講出一段預錄的訊息，同時有位助理在後方操作幻燈機，幻燈機和錄音訊息是同步的。我很納悶為什麼他非出席不可。

儘管聽起來像機器人在說話，他的聲音還是充滿個性。他的笑容傳遞了無比的信心與自信。霍金的表現有個謎：他一動不動的虛弱身體，到底如此把這麼多的活力注入原本死氣沉沉的會議中？霍金的臉上幾乎沒閃過絲毫動作，就散發出一股很少人擁有的個人魅力。

演講本身不值得記上一筆，至少內容不值得記。霍金講了我預料他會講的（而我不想講的）CGHS 理論，以及 CGHS 怎麼把這個理論搞砸的（他毫不吝嗇地讚許 RST 發現了當中的錯誤）。他的主要訊息是，如果你正確套用了 CGHS 的數學，得到的結果就會證實他自己的理論：資訊無法從黑洞向外輻射。對霍金來說，從 CGHS 的經驗學到，該理論的數學恰恰證明了他的觀點，對我來說，則是學到不但心智想像是有缺陷的，而且量子重力的數學基礎也是前後矛盾的，至少就如在 CGHS 中具體展現的那樣。

霍金的演講最不尋常的地方，是隨後的 Q&A 時段。其中一位會議主辦人走上舞臺，要聽眾提問。提的問題通常很專門，有時長篇大論，刻意顯示提問者了解他所講的東西。但緊接著會議廳陷入一片死寂，一百位追隨者成了肅靜大教堂裡的靜默修士。霍金在輸入他的答覆。他和外界溝通的方式令人驚嘆，他無法說話，也不能用手比劃手語，他的肌肉嚴重萎縮，幾乎使不出力，他沒有力氣也沒有協調性，讓他在鍵盤上打字。如果我沒記錯的話，那時他的溝通方式是在一根控制桿上施加微弱的壓力。[7]

他的電動輪椅扶手上裝著一個小電腦螢幕，螢幕上閃過一連串電子詞語和字母，大致上是連續不斷的。霍金把它們一個接一個挑出來，儲存在電腦裡，組成一兩個句子，這個過程可能會花上十分鐘。在傳遞神諭的祭司忙著寫下答覆的時候，會議廳宛如

7 後來又更難了：控制桿換成一個感測器，去偵測霍金臉頰肌肉的微小動作。

教堂地下墓穴般寂靜，所有的交談都停止了，懸疑與期盼的氣氛漸漸升高。最後終於冒出答案：最多只能說是或不是，或大概用一兩句話。

我除了在有一百位物理學家的場所看過這種情況，還有一次是在有 5,000 個觀眾的小型體育場，觀眾裡包括了某位南美國家的總統、參謀長和幾位高級將領。我對異常寂靜的反應從開心到義憤填膺（為什麼我的時間要浪費在這場鬧劇上？）。我老是想弄出聲響，也許只是和鄰座交談，但我從未付諸行動。

霍金身上有什麼特質，引起了全場精神專注，讓一位準備揭開上帝和宇宙最深妙的奧祕的聖人能夠接收到這種專注？霍金傲慢，自以為是，非常自我中心。可是話說回來，我所認識的人有一半是如此，包括我自己。我認為這個問題的部分答案，是那位坐著輪椅遨遊宇宙、脫離軀體的才智出眾者帶有的魔力和神祕感。但還有一部分是，理論物理學界是由相識許多年的人組成的小世界，對我們當中的很多人來說，這是個大家庭，霍金是這個家庭裡深受愛戴的一分子，儘管有時候會惹人沮喪和氣惱。我們都非常清楚，他只能透過冗長乏味的程序進行溝通，別無他法。我們珍視他的觀點，所以靜靜坐著，等待著。我也認為霍金在寫答覆的過程中可能很全神貫注，所以對四周怪異的寂靜渾然不覺。

正如我說過的，他的演講不值得一記。霍金重申往常的說法：資訊進入黑洞，永遠不會出來，等到黑洞蒸發的時候，資訊就完全消失了。

特胡夫特緊接在霍金之後。特胡夫特也是很有個人魅力，在物理界頗受人敬佩。他在講臺上氣度不凡，威儀逼人，雖然未必都很容易理解，但他不像霍金那般晦澀神祕。他是個相當直爽又理智的荷蘭人。

特胡夫特的演講總是充滿樂趣，他喜歡用肢體語言來說明觀點，還懂得怎麼製作漂亮的圖形。過了這麼多年，我仍然記得他為了解釋黑洞視界而製作的一段影片。有個球上鋪著隨機排列的黑白像素，影片播放時，像素就開始從黑格閃現成白格，從白閃現成黑，畫面看起來像是電視螢幕壞掉時出現的雜訊。特胡夫特顯然和我有類似的想法，認為有一層迅速變化視界原子的活躍層存在，這種視界原子構成了黑洞熵。（我等他搶走我的風頭，提出他自己的黑洞互補性版本，但如果他所思考的是這個，他並沒有解釋清楚。）

特胡夫特是深思熟慮又有創見的思想家，他和許多非常有創見的人一樣，別人往往不明白他的意思。他的黑洞演講結束後，顯然沒吸引住聽眾，倒不是他讓聽眾感到厭煩，完全不是這樣，而是他們不懂他的邏輯。記住，黑洞的視界應該是真空，而不是壞掉的電視螢幕。

大體上，我懷疑他們兩位有誰改變了聽眾看待資訊在黑洞中的命運的觀點。沒有人對聽眾做意見調查，但我推測當時贊同霍金的人數是特胡夫特的兩倍。

我覺得奇特的是，會議上其餘的講者多半固執地拒絕考慮這個弔詭的正確解法。大多數的演講都提到這三種可能的解決辦法：

1. 資訊在霍金輻射中向外跑。
2. 資訊遺失了。

3. 資訊最後留在黑洞蒸發過後的某種微小殘留物中。（通常殘留物不大於普朗克尺度，也不會超過普朗克質量。）

演講一個接著一個重申這三種可能，然後立刻排除第一種。講者的普遍共識是，要麼像霍金所主張的，資訊遺失了，不然就是有一些微小的殘留物，能夠把無窮多的資訊藏起來。也許還有幾位主張嬰宇宙，但我不記得了。除了特胡夫特和其他兩、三人之外，幾乎沒有人對資訊和熵的慣常定律有信心。

唐・佩舉（Don Page）差點就要表示出這樣的信心了。佩舉是個親切、粗魯、胃口很大的阿拉斯加人，精力旺盛，聲音洪亮，熱情到極點，至少在我看來就是個集矛盾於一身的活例子。他是出色的物理學家，也是學問淵博的思想家。他對量子場論、機率論、資訊、黑洞和普遍科學知識基礎的理解，令人十分驚嘆。他同時還是福音派基督徒，有一回他花了一個多小時利用數學論證向我解釋，耶穌是上帝之子的機率超出 96%。不過，他的物理和數學工作不帶有意識形態，而且非常傑出，對我自己在黑洞方面的思考，也對整個領域，都有很深遠的影響。

佩舉在演講中像唸口號般重述那三種可能之道，但他似乎比其他人更不願排除第一種。我覺得他確實認為黑洞表現得和自然界其他物體一樣，會遵守那些規定資訊在蒸發過程中洩漏出來的慣常定律。然而他也不明白，要如何讓這件事和等效原理達成一致。當時的物理學家這麼不願意接受資訊有可能像水蒸發般，在霍金輻射中洩漏，是很不尋常的。

黑洞互補性

黑洞戰爭陷入僵局，雙方似乎都無法尋得支持。事實上，戰爭的迷霧令人很難看清兩方陣營。除了霍金和特胡夫特之外，我覺得我看到一群極度驚嚇的部隊踉踉蹌蹌走在騷亂之中。

我自己的演講排在那天晚一點的時間。我覺得自己很像福爾摩斯，在對華生說這句話：「當你排除掉一切不可能的情況，不管剩下的情況多不可能發生，都一定會是事實真相。」終於輪到我起身演講的時候，我覺得一切都排除掉了，只剩一種可能的情況——從表面上看非常不可能，甚至稱得上是荒謬的可能性。然而，儘管黑洞互補性是謬論，但一定是對的。可選擇的其餘解決辦法都是不可能的。

「我不在意各位同不同意我所說的，我只希望你們記住我有說過。」這兩句是我的開場白；14 年後我依然記得。接下來我用專門的物理術語，很扼要地敘述了史蒂夫故事的兩個矛盾結果。「因為兩個結果講的事情相反，顯然其中至少有一個一定是錯的。」很多人點頭表示贊成，但我繼續說：「不過我要告訴各位一件不可能發生的事：這兩個故事都不是錯的。它們都是對的——以互補的方式。」

解釋了波耳如何採用互補性這個術語之後，我論證了在黑洞的例子中，實驗者面臨一個選擇：究竟要留在黑洞外，從安全區記錄數據，還是跳進黑洞，從內部做觀測。我堅稱：「不可能兩者都做。」[8]

想像有個包裹送到你家。一個路過的友人看到郵差沒辦法投遞這個包裹，就準備把包裹帶回郵務車上。在此期間，你在屋內應門，然後從郵差手中接收包裹。我認為我會有相當充分的理由，主張這兩種觀察結果不可能同時為真。有人感到迷惑了。

為什麼黑洞不一樣？我提議我們繼續把包裹的故事說下去。把專門術語和數學符號翻譯成文字，這個故事大致上發展如下：那天稍晚你出門了，跟你的朋友在一家咖啡館碰面。她說：「我先前路過你家，看見郵差想投遞包裹，但沒人應門，所以他又把包裹帶回車上了。」你說：「不對，你弄錯了，他有投遞包裹。那是我郵購的新洋裝。」顯然出現矛盾了，兩個觀測者都知道有什麼地方不一致。事實上，你甚至不必真的踏出門就能顯出矛盾。在電話上進行同樣的交談，也會揭露出同樣的矛盾。

然而黑洞視界和你家門口基本上是不同的。你可能會說它是單向的門：只能進，不能出。按照視界的定義，沒有任何訊息可以從視界內傳到視界外。視界外的觀測者和視界內的任何人事物永隔了，不是被厚牆隔開，而是被基本物理定律隔開。導致矛盾的最後那一步，也就是把兩個據稱不一致的觀測結果合而為一，在物理上是不可能發生的。

8　我使用的語言是理論物理學家用來溝通的慣常專門數學，但我攻擊的是從過往經驗獲得的心智想像，並不是數學式。我還是用圖片比較好。

我原本想補充一些哲學評論，說明演化如何產生出心智想像，引導我們在遇到洞穴、帳篷、房子、門的時候採取的行動，但說到黑洞和視界，那就會誤導我們。不過，那些評論應該沒有人會理會。物理學家想要事實、方程式和數據，而不是哲學和演化大眾心理學。

在我傳達這個訊息的時候，霍金面露微笑，但我不大相信他同意。

接下來我用墨水滴進一鍋水的類比，說明延伸視界如何吸收資訊再打亂資訊，最後資訊在霍金輻射中帶出去，好比水從鍋中蒸發掉。對留在黑洞外的人而言，這極為尋常——黑洞和浴缸沒那麼不同，或者我是這麼宣稱的。

聽眾坐立不安，有些人遲疑不決地舉手表示反對。他們知道資訊如何從浴缸蒸發，但少了什麼東西：如果是人掉進黑洞呢？他到達延伸視界的時候，身體會突然弄溼嗎？這不會違反等效原理嗎？

所以我繼續講故事的後半段：「在掉進黑洞的人看來，視界像是平凡不過的空曠空間，沒有延伸視界，沒有極高溫的微觀物體，沒有熱到沸騰的延伸視界，沒有什麼不尋常的東西：只有真空。」我還進一步解釋為什麼永遠看不出矛盾。

我不確定霍金是否還在微笑，而我後來得知，在座的大部分相對論學者都認為我腦袋出問題了。

很顯然，即使在我的演講過程中，我也吸引住聽眾的注意。有時候也會引起爭議的特胡夫特坐在前排，邊皺眉邊搖頭。我知道他是在座的人當中，最懂我在說什麼的人。我也知道他同意我說的，但他希望是用他自己的獨特方式來說。

我最感興趣的是聖巴巴拉那幾位的反應——吉丁茲、霍洛維茲、史壯明格，尤其是普欽斯基。我從臺上無法獲得什麼印象，但後來我發現他們根本沒有被我的論點打動。

有兩個聽眾表示支持。演講結束後，我在大學自助餐廳吃午餐的時候，約翰．普瑞斯基爾（John Preskill）和佩舉走過來坐在我旁邊。精力旺盛的佩舉在托盤上堆滿食物，包括三份大分量的甜點。（這很顯然是他的活力來源。）佩舉講起話來聲音洪亮又熱絡，但他也善於傾聽，那天他處於傾聽模式。我已經知道，在談到資訊問題時，他傾向認為黑洞幾乎就像普通的物體。這是他在自己充滿活力的演講中公開說過的。

比較起來，普瑞斯基爾就內斂一些，但一點也不古板。普瑞斯基爾瘦而結實，幽默風趣，年紀和普欽斯基差不多，當時是加州理工學院教授。加州理工學院有 20 世紀最傑出的兩位物理學家，葛爾曼和費曼。普瑞斯基爾本人是廣受推崇的物理學家，以真誠直率出名，和寇曼一樣，普瑞斯基爾思路清晰，而這賦予他特殊的道德權威，和普瑞斯基爾交談總是給我很大的收穫。我們那天的對話很有啟發性。但在我解釋之前，我必須補充一下黑洞互補性。

用海森堡的顯微鏡看視界

有一個氫原子掉進巨大的黑洞。首先我們會想到這個天真的情景：這個微小原子沿著軌跡，跨越視界，毫髮無傷。在古典物理中，這個氫原子會在一個非常明確的點越過視界——這個點就和原子本身差不多大。根據等效原理，當這顆氫原子通過不歸點的時候，應該不會發生什麼劇烈的反應，因此上述的情景似乎是對的。

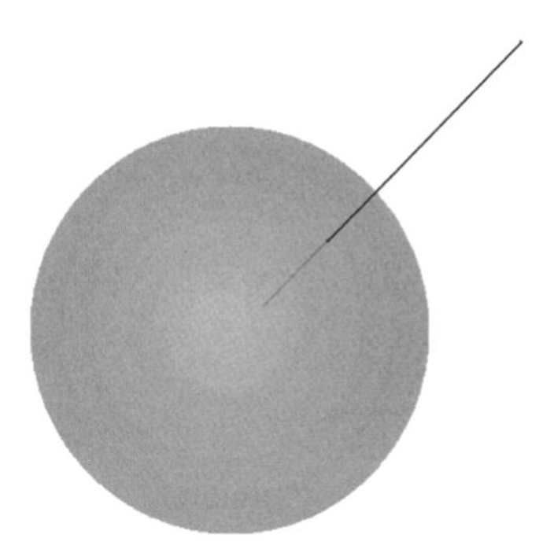

但這麼想太天真了。根據黑洞互補性，從外界觀看的觀測者會看到原子掉進一層非常高溫的面（延伸視界），就像一個粒子落入一鍋熱水。在它進入熱物質層的過程中，會受到來自四面八方的猛烈自由撞擊。起先是左側受撞擊，然後是上方，接著又是左側，最後變右側受到撞擊。它像喝醉的水手般東倒西歪，搖來晃去。把這種布朗運動稱為隨機漫步（random walk），非常貼切。

布朗運動

原子掉進組成延伸視界的高熱自由度時，可預期它會做出一模一樣的行為——在整個視界上搖搖晃晃走來走去。

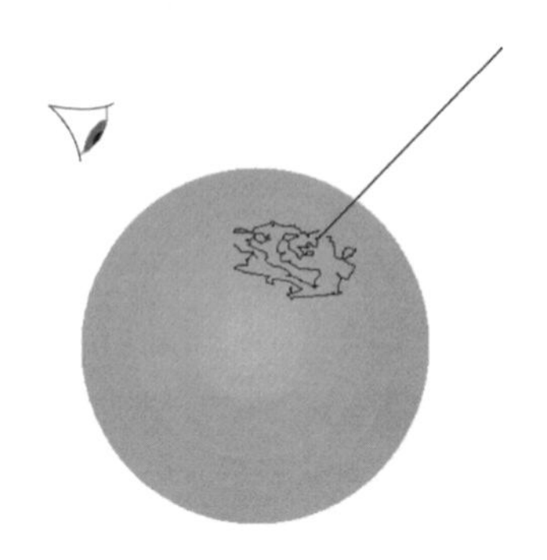

但連這個說法也有點簡化。延伸視界的溫度高到會讓原子炸開，用專門術語來說就是游離（ionized），還會讓電子和質子在視界上分頭搖晃走動。甚至連電子和夸克也有可能分裂成更基本的元素。請注意，這一切都應該會發生在原子還沒穿越視界之前。我記得是佩舉一邊吃著他的第三份甜點，一邊意有所指地問這會不會給互補性招來麻煩。甚至在這個原子穿過視界之前，都像是有兩種描述。其中一種是，原子在整個視界搖晃走動時游離，但在另一種描述中，原子完全不受干擾地掉落，直接朝向視界上的一個點。為什麼外部觀測者無法觀測到原子並沒有產生任何劇烈的反應？那樣就會徹底證明黑洞互補性是錯的。

我開始解釋之後，很快就知道普瑞斯基爾和我一樣，也想過這個問題，而且得到同樣的結論。我們都是先注意到，原子在到達視界附近某個溫度約 10 萬度的位置時才會游離。那個點距離視界非常近，大約只隔了 100 萬分之一公分，正是我們必須觀測電子的位置。這聽起來不是很困難；100 萬分之一公分不是非常小。

海森堡會怎麼做？答案當然是，他會拿出顯微鏡，用適當波長的光照射原子。在這個例子中，若要在這個原子距離視界 100 萬分之一公分遠的時候可鑑別出來，就需要波長為 10^{-6} 公分的光子。現在就會遇到一個尋常的難題了：波長這麼短的光子，帶有很大的能量；事實上，這樣的光子帶有的能量大到會使受撞擊的原子游離。換句話說，想要嘗試證明這個原子沒被高溫延伸視界游離，結果反而讓它游離了。我們進一步論證，想要嘗試查看電子和質子是否在視界上隨機漫步，結果都會炸開這些粒子，讓它們散落在視界上。

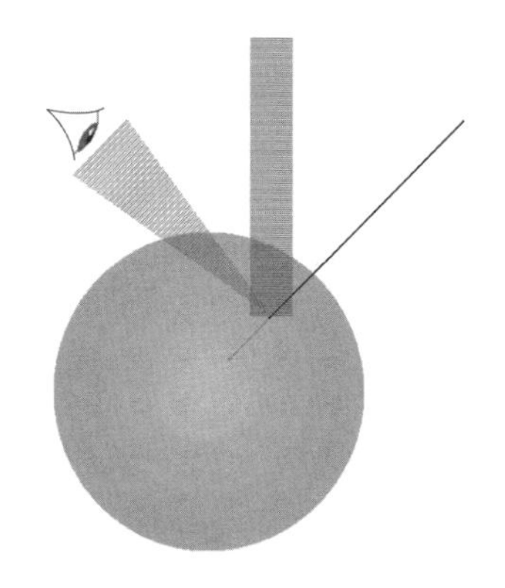

我對那次討論的記憶並不很完整，但我確實記得佩舉興致勃勃，還扯開嗓子說我稱它互補性不是在開玩笑。這正是波耳和海森堡當初談論的那類事情。事實上，透過實驗來反駁黑洞互補性，和反駁測不準原理非常類似——這個實驗本身就產生了它所要反駁的那種不確定性。

我們討論了那個原子離視界更近的時候會發生什麼情況。海森堡的顯微鏡勢必要採用能量更高的量子，到最後，為了追蹤原子到距離視界不到一個普朗克長度的地方，我們還必須用能量大於普朗克能量的光子撞擊它。沒有人知道這樣的碰撞會是什麼樣子，世上還沒有加速器能夠把粒子加速到接近普朗克能量的地步。普瑞斯基爾把這個想法變成一個原理：

論證黑洞互補性導致可觀測矛盾的任何理論證明，都必然仰賴「超出普朗克尺度的物理學」的無根據假設——也就是對遠超出我們經驗範圍的自然界所做的假設。

隨後普瑞斯基爾拋出一個令我擔心的問題。假設一個資訊位元被丟進黑洞，根據我的觀點，外面的人可以收集霍金輻射，最後再還原那個資訊。但假設在收集到那點資訊後，他帶著資訊跳進黑洞，這樣黑洞裡不就會有兩份資訊嗎？就好比你從郵差手中收下包裹後，你待在家裡，然後朋友進了你家。當觀測者在黑洞裡碰面並比對筆記，難道不會有矛盾產生嗎？

普瑞斯基爾的問題讓我頓時驚醒，我從沒想過這種可能性。如果黑洞裡面有人發現兩份同樣的資訊，那就會違反無量子影印機原理。這是我所遇過，對黑洞互補性的最嚴峻挑戰。雖然我在幾個星期後才弄懂，但普瑞斯基爾自己當場就提出了部分的答案。他推測，或許這兩份資訊在撞向奇異點之前不會相遇。奇異點附近的物理學牽涉到量子重力的神祕未知領域，這會讓我們避開這個問題。佩舉的想法碰巧也在拆除普瑞斯基爾最初拋出的炸彈方面，發揮了很重要的作用。

有人通知下一場演講馬上要開始了，我們的討論就戛然而止。

我想這可能是那次會議的最後一場演講，我不知道講者是誰，也不知道講了什麼。我太擔心普瑞斯基爾提出的問題，結果注意力不集中，但在整場會議結束前，其中一位主辦人宣布的事情讓我回過神來。普欽斯基站了起來，說他要做個意見調查。提問是：「你認為黑洞蒸發的時候，資訊會像霍金所說的那樣遺失嗎？或者你認為它會像特胡夫特和瑟斯坎所聲稱的，向外跑出來？我猜，在會議前調查的話，絕大多數會支持霍金的觀點。我非常好奇在場的人到底有沒有動搖。

與會者要從常用的三個加上第四個選項表決。以下是四個選項，已經過改寫。

1 霍金的選項：掉進黑洞的資訊遺失了，無法挽回。

2 特胡夫特和瑟斯坎的選項：資訊隨著霍金輻射中的光子和其他粒子一起慢慢回流出來。

3 資訊困在微小普朗克尺度的殘留物中。

4 其他。

普欽斯基把舉手表決的結果記錄在演講廳前方的白板上，有人把白板拍照下來，供後人參考。照片在此，由普欽斯基提供。

最後的投票表決結果是：

· 資訊遺失 25 票

· 資訊隨著霍金輻射跑出來 39 票

· 殘留物 7 票

· 其他 6 票

WHAT HAPPENS TO INFORMATION THAT FALLS INTO A BLACK HOLE?

a) IT'S LOST. 25

b) IT COMES OUT WITH THE HAWKING RADIATION. 39

c) IT REMAINS (ACCESSIBLE) IN A BLACK HOLE REMNANT. 7
(INCLUDES REMNANTS WHICH DECAY ON TIME SCALE LONG COMPARED TO HAWKING RADIATION).

d) SOMETHING ELSE. 6

這次的短暫勝利不像看起來那麼令人滿意——實際上該稱為黑洞互補性的原理獲得 39 票，而其他三個選項總共 38 票，只以一票險勝。怎麼樣才會是真正的勝利？是 45 票對 32 票，還是 60 票對 17 票？多數人怎麼想，真的很重要嗎？科學不像政治，不應該由多數人的想法來支配。

聖巴巴拉會議舉辦前不久，我讀了湯馬斯．孔恩（Thomas Kuhn）的《科學革命的結構》（*The Structure of Scientific Revolutions*）這本書。一般來說，我就像多數的物理學家一樣，對哲學家就科學如何運作發表的意見不很感興趣，但孔恩的見解似乎非常正確；這些見解總算把我對過去物理學的發展方式，說得更扼要些，是把我在 1993 年希望物理學如何發展的模糊想法聚焦了。孔恩的觀點是，科學的發展常態（做實驗來匯集數據、使用理論模型來解釋數據、解方程式）不時會被重大的典範轉移打斷。典範轉移完全就是用一種世界觀替代另一種世界觀，全新的問題思考方式一下子取代了過去的概念體系。達爾文的天擇原則是一種典範轉移；從空間與時間轉變到時空，再轉變到可彎曲、有彈性的時空，也是典範轉移；以量子力學的邏輯取代古典的決定論，當然也是。

科學的典範轉移，不像藝術或政治上的典範轉移。藝術和政策觀點的改變，真的就只是觀點的改變，相較之下，永遠不會從牛頓的運動定律變回亞里斯多德的力學。談到太陽系的準確預測時，我非常懷疑我們會改變看法，回頭認為牛頓的重力論比廣義相對論好得多。科學的發展歷程（即典範的進展）是真實不虛的。

當然，科學是人的事務，而在為新典範痛苦掙扎的過程中，觀點和情感可能會反覆不定，就像在人類的其他探索中那樣。但不知什麼原因，當所有的熱門觀點都透過科學方法過濾之後，有些小小的真理核心就留下來了，它們也許會再作改進，但一般來說不會倒退回去。

我覺得黑洞戰爭是為某個新典範而戰的古典爭鬥。黑洞互補性在民意調查中以一票險勝，不是證明真正獲勝的證據。事實上，我最想要影響的人——普欽斯基、霍洛維茲、史壯明格，尤其是霍金，都投了反對票。

接下來幾個星期，托拉修斯和我根據現有情況推論，解開了普瑞斯基爾拋出的問題。找答案花了我們一些時間，但我很確定，如果我跟普瑞斯基爾和佩舉的交談再繼續半個小時，我們大概當場就把它解決了。事實上，我認為普瑞斯基爾已經給了半個答案。

簡單說，一個位元的資訊需要一些時間才會從黑洞中輻射回來，普瑞斯基爾推測，等到外部觀測者尋回資訊，然後跳進黑洞時，原本的資訊早就撞到奇異點了。唯一的問題是，從蒸發的霍金輻射中尋回那個資訊，究竟需要多久的時間。

有趣的是，有一篇在聖巴巴拉會議之前一個月發表的出色論文，已經提供答案了。那篇論文雖然沒有明說，但暗示即使只是尋回一個位元的資訊，也必須等到一半的霍金光子輻射出來。如果黑洞輻射光子的速率非常緩慢，那麼一個恆星質量的黑洞會需要 1068 年，才能輻射出一半的光子——這個時間比宇宙的年齡久得多。不過，原先那個資訊位元只需要幾分之一秒，就消失在奇異點了，顯然不可能從霍金輻射中尋獲那個位元，然後跳進黑洞去和前一個位元比對。黑洞互補性是沒有爭議的。這篇精采的論文是誰寫的？唐 · 佩舉。

16

等等！把重接好的神經迴路還原吧

我在 1960 年代曾去格林威治村的某個小型前衛劇場看舞臺劇。那天有個重要的環節，是讓觀眾在換幕的時候參與表演，代替舞臺工作人員和移動場景——後來發現是鬧劇式的幽默。

他們請某位女士把椅子搬到舞臺後面，但她一碰到椅子，它就垮掉變成木柴堆。另外一位觀眾要抓住小手提箱的握把，但那個手提箱動也不動。我的任務是舉起一塊六英尺的大石，交給坐在低層包廂的某個人；為了表現出熱情參與，我雙臂環抱住大石，假裝使出全力要把它舉起。但當大石彷彿只有二十幾克重般，一下就舉到空中的時候，真實的認知失調片刻出現了。它其實是用薄薄的輕木板彩繪做成的空心道具。

人腦在物體的大小和重量之間建立起來的關聯，一定是那些與生俱來的本能之一，是我們的自動化物理學理解器的一部分。持續出錯有可能暗示大腦嚴重損傷——除非這個人恰好是量子物理學家。

在愛因斯坦 1905 年的幾個發現之後，其中一項重大的神經迴路重接工作，需要還原大即是重，小即是輕的直覺，代換成完全相反的認知：大是輕的，小是重的。就和其他許多事情一樣，愛因斯坦率先隱約想到了這個不合常理的邏輯翻轉。他當時抽什麼菸？很可能只有他的菸斗。像往常一樣，愛因斯坦影響最深遠的結論，來自他在腦袋裡進行的最簡單想像實驗。

不可思議的光子縮小箱

這個特殊的想像實驗，是先假想一個可調整大小的箱子，它幾乎是空的，只有幾顆光子。箱子內壁是可完全反射的鏡子，能夠讓困在箱內的光子在鏡子間來回反彈，不會洩漏出去。

受限在封閉空間區域的波，波長無法比此區域的大小更長。試著想像你把一個 10 公尺的波裝進 1 公尺長的箱子裡。

這並不合理。然而，一公分的波就可以舒舒服服地放進箱子內。

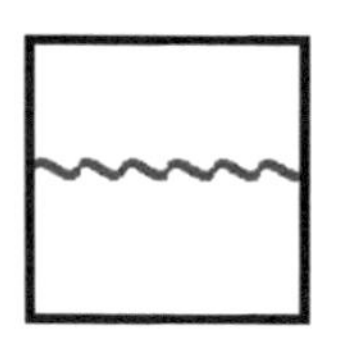

愛因斯坦想像箱子愈來愈小，而那幾個光子仍困在裡面。隨著箱子縮小，光子的波長無法維持不變，唯一的可能就是每個光子的波長必定會隨著箱子一起縮小。到最後，箱子會變得非常微小，且充滿能量很高的光子——能量高是因為它們的波長很短。繼續讓箱子縮小，會進一步提高能量。

但不妨回想一下愛因斯坦最著名的方程式，$E = mc^2$。如果箱子內的能量增加了，箱子的質量也會增加，因此它變得愈小，質量增加得愈多。天真的直覺又再次讓它顛倒了，物理學家不得不重新認識規則：小即重，大即輕。

大小和質量之間的關係，以另一種方式展現出來。自然界似乎是階層式建構的，每層結構都由更小的物體組成，因此，分子由原子組成，原子由電子、質子和中子組成，質子和中子由夸克組成。科學家觀測目標原子與粒子的碰撞結果，因而發現了這些結構層。就某種意義來說，這和普通的觀測沒太大區別——在普通觀測中，光線（光子）被物體反射，然後聚焦在軟片或人眼的視網膜上。但就如我們看到的，若要探測非常小的尺度，就必須採用能量非常高的光子（或其他粒子）。用非常高能量的光子去探測原子的過程中，很大的質量顯然必須集中在很小的空間裡——

至少按照基本粒子物理學的標準是很大的質量。

我們不妨畫一張圖來呈現尺度和質量／能量之間的倒數關係。我們用縱軸代表想探測的尺度，用橫軸代表需要多少質量／能量的光子才能鑑別物體。

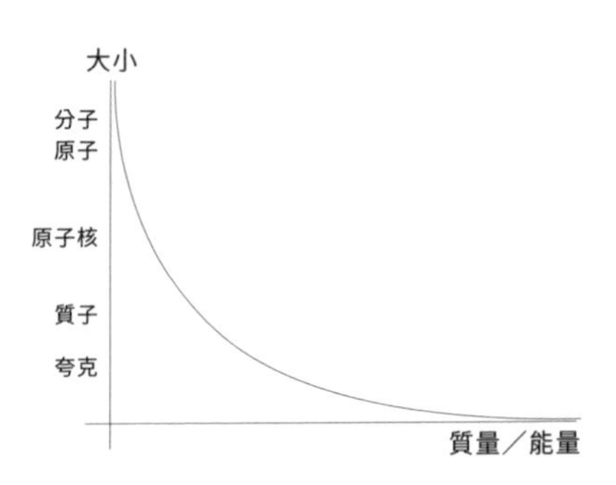

模式很清楚：物體愈小，看見它所需的質量／能量就愈大。在 20 世紀的大部分時間裡，每一位讀物理的學生都必須讓自己的神經迴路接好線，去接受尺度和質量／能量之間的這種逆關係。

愛因斯坦的光子箱並非孔恩所謂的異例。尺度更小意味著質量更大的觀點，滲透到近代基本粒子物理學的各個角落。然而諷刺的是，21 世紀卻有可能把先前的神經迴路重接線還原。

為了弄清楚原因，不妨想像我們現在想判定，在 100 萬分之一個普朗克長度的尺度上如果有東西存在，會是什麼東西。或許自然界的階層結構可延伸到那麼小。20 世紀的標準對策，會是用普朗克能量 100 萬倍的光子去探測某個目標。但這個對策會失算。

為什麼我會這麼說？雖然我們可能永遠沒辦法把粒子加速到普朗克能量，更不用說 100 萬倍了，但我們已經知道，如果能辦到的話，會發生什麼結果。倘若那麼大的質量塞進很小的空間，就會形成黑洞。這個黑洞的視界會阻撓我們，把我們想在它的內部探測的一切事物藏起來。當我們嘗試增加光子的能量，想去觀看愈來愈小的距離時，視界會變得愈來愈大，藏匿愈來愈多的東西：又是進退維谷的狀況。

那麼碰撞會帶來什麼結果？霍金輻射——沒別的了。但隨著黑洞變大，霍金光子的波長也會變長，比普朗克尺度還小的微小物體的清晰影像，就會由長波長光子形成的愈來愈模糊影像取代。因此，我們最多可以預期，當碰撞的能量增加了，我們只會在更大的尺度上重新發現自然界。於是，真實的尺度－能量關係圖會像這樣：

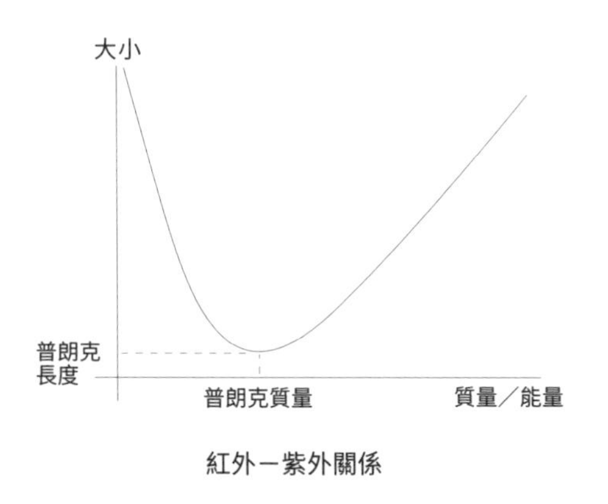

紅外－紫外關係

事物在普朗克尺度附近達到最低點，我們無法偵測更小的東西，而在小於這個尺度的範圍，新的接線就等同於前工業時代的大＝重。因此，認為事物由更小的事物組成的化約論，必定在普朗克尺度止步。

紫外和紅外這兩個術語在物理學上的意義，已經超越與短波長和長波長的光有關的原始含意。由於尺度和能量之間在 20 世紀的關係，物理學家經常用這兩個術語表示高能量和低能量。不過，腦神經迴路的新接線把這些搞混了：在超出普朗克質量的範圍，能量愈高代表尺度愈大，能量愈低代表尺度愈小。這種混淆不清就反映在術語上：把大尺度和高能量混為一談的新趨勢，稱為紅外－紫外關係（Infrared-Ultraviolet connection），這實在令人費解。[1]

在某種程度上，由於不了解紅外－紫外關係，才讓物理學家對於落在視界上的資訊的本質有所誤導。在第 15 章，我們假想自己用了海森堡的顯微鏡，去觀察一個落向黑洞的原子。隨著時間，原子愈來愈靠近視界，就需要能量愈來愈高的光子才可鑑別出原子，到最後，能量會變得很大，光子和原子碰撞後就會產生很大的黑洞，接者這個影像必會由長波長的霍金輻射組合起來。結果，這個原子的影像並沒變得更清晰，反而愈變愈模糊，模糊到原子看上去像是散在整個視界上。借用一個現在各位很熟悉的類比來說，它從外面看就像溶解於一盆熱水中的一滴墨水。

黑洞互補性即使怪異，從內部看似乎是一致的。在 1994 年，我很想對霍金說：「史蒂芬，你看，你並沒有理解你自己的工作啊！」我很快就嘗試了，但沒有用。一整個月的努力有好心情也有痛苦。我們就趁我描述當時的挫折時，暫時擱下物理學吧。

1 我個人要為這個糟糕的術語負責。我和愛德華・威頓（Edward Witten）在 1998 年一起寫的一篇論文中，率先用到紅外－紫外關係一詞。

17

亞哈船長在劍橋

小小的白點愈變愈大，最後填滿了我的整個視野，但不像小說《白鯨記》裡那位亞哈船長的執迷，纏擾我的不是百噸重的鯨魚，而是坐著電動輪椅的百磅重理論物理學家。霍金和他對黑洞內部資訊破壞的錯誤見解，幾乎一直在我腦袋裡縈繞，揮之不去。

在我看來，這是不再有任何疑慮的事實，但我滿腦子都在想怎樣才能讓霍金明白這件事。我不想用捕鯨叉，更不想讓他出醜；我只希望他明白我所看出的事實，我想讓他明白他自己提出的弔詭的深奧含意。

最讓我糾結的是，這麼多專家居然那麼輕易就接受霍金的結論——那些專家基本上全是或幾乎都是廣義相對論學者。我很難理解他和其他人怎麼會這麼自滿。霍金認為有弔詭存在，而且可能是一場革命的前兆，這個主張是對的，但他和其他人為什麼只是屈就，毫不抵抗？

更糟糕的是，我覺得霍金和相對論學者沒有提供任何替代理論，就愉快地拋掉一根科學支柱。霍金曾經嘗試採用他的美元矩陣，但失敗了（推展之後會嚴重違反能量守恆），但他的所有追隨者卻很滿足地說：「嗯哼，資訊在黑洞蒸發中遺失了。」然後就到此為止。這種態度在我看來是學術懈怠和放棄科學好奇心，讓我惱怒。

唯一能讓我從執迷中抽離的，是在帕羅奧圖後面的山坡跑步，有時會跑個 25 公里。專心追上碰巧跑在我前面幾公尺的人，通常會讓我腦袋清醒，直到我超越他或她為止。接下來出現在我前方的就是霍金了。

他闖進我的夢裡。在德州的某天夜裡，我夢見自己和霍金兩人擠在一個電動輪椅上，我拚命使勁，想把他推下輪椅，但浩克霍金力大無窮，他掐住我的脖子，讓我無法呼吸。我們繼續搏鬥到我驚醒，渾身是汗。

我的執迷要怎麼戒除？像亞哈船長一樣，我必須迎向仇敵，在他的出沒之地獵捕。於是在 1994 年初，我接受邀請，準備去參訪劍橋大學新設立的牛頓數學科學研究所。6 月時，霍金也會在一群物理學家簇擁下出席，當中的大多數人我都熟識，但不算我的盟友：霍洛維茲、蓋瑞·吉本斯（Gary Gibbons）、史壯明格、哈維、吉丁茲、潘若斯、丘成桐等重量級人物。我唯一的盟友特胡夫特不會去。

TRINITY COLLEGE
CAMBRIDGE

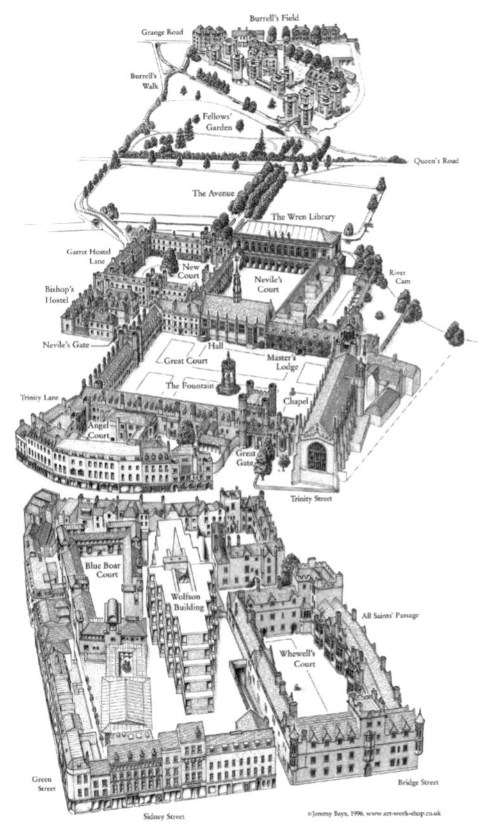

我並不渴望重訪劍橋。23 年前的兩次經歷，讓我覺得受傷又生氣。我那時很年輕，又沒名氣，仍然懷著藍領階級出身學者的不安全感。受邀坐在劍橋三一學院的貴賓席用餐，並沒有緩減這股不安全感。

我現在還是不知道受邀坐上貴賓席的意義是什麼。我不曉得這是不是某種榮譽，如果是，又有誰獲此榮譽，或表彰了什麼榮譽。或者那只是個用餐場所？無論如何，邀請我的主辦人約翰．波金霍恩（John Polkinghorne），一位親切和藹的教授，把我領進一個中世紀的大廳，大廳裡掛滿牛頓和其他巨擘的畫像，穿著學士服的大學生在最底下的那層就坐，理學院教授走向大廳其中一端高臺上的貴賓席。送餐的服務生穿得比我體面很多，坐在我兩邊的都是學術界紳士，用我幾乎聽不懂的語言咕噥著。在我的左側有位年邁的英國講師，在喝湯的時候很快就打起鼾來了。在我的右側有位傑出的學者，正在講一位許久前到訪的美國來客的事蹟，這個美國人聽起來似乎缺乏劍橋人應有的精明老練，挑了一種不合適的葡萄酒，極為可笑。

在身為葡萄酒鑑賞家方面，我相當確定我閉著眼睛也能分出紅酒和白酒，我甚至很確定我可以區分啤酒和葡萄酒。但除此之外，我失去味覺了，我不禁覺得自己是那個學者描述的對象。其餘的交談內容只有劍橋人感興趣，就被我忽略了。我專心享用一道無味的餐點（淋上白麵糊的水煮魚），與任何交談完全隔絕。

另外一天，我的東道主帶我參觀三一學院。有一大片修剪得非常平整的草坪，占據了其中一棟建築正門前的光榮位置。我注意到沒有人踏過草地，環繞草坪的通道是唯一可走的路線。所以當波金霍恩教授拉起我的手臂，開始筆直斜穿過草地的時候，我驚訝萬分。這意味著什麼？我們是在擅闖聖地嗎？答案很簡單：英國大學的教授人數遠比美國大學教授少，他們享有踏過草地的古老特權。其他人，至少是地位較低的人，都不准踐踏。

隔天，我在沒人陪同的情況下離開三一學院，回到我的旅館。那年我 31 歲，以教授來說算很年輕，但我當了教授，我自然認為這賦予我穿越草坪的權利。但在我走到半路時，有位穿著看似燕尾服、頭戴圓頂禮帽的矮胖紳士，從其中一棟建築物飛奔出來，氣沖沖地要我立刻離開草坪。我聲辯說我是美國教授，我的辯解沒有用。

23 年後，我留著鬍子，上了年紀，也許外表還有點嚇人——我再次嘗試擅闖。這次我成功了，沒遇上什麼麻煩。劍橋變了嗎？我還真不知道。是我變了嗎？是。二十幾年前讓我不舒服的階級虛榮，貴賓席，踐踏草坪特權，現在看來只不過是殷勤好客，或許還帶著一點英式怪癖。從很多方面來說，這次重訪劍橋令我大感吃驚，除了本來對這所大學的特色感到厭惡，已經變得比較像是愉悅，難吃到出了名的英國食物也有了明顯的進步。我發現我非常喜歡劍橋。

我在劍橋的第一天，很早就醒來。我決定穿過城鎮，慢慢走到目的地——牛頓研究所。我讓我太太安妮（Anne）待在卻斯特頓路的公寓，然後走過康河（Cam），途經保管划船比賽用船的船庫，接著穿過耶穌草坪（Jesus Green）。（在我第一次造訪期間，我對劍橋的文化有這麼多宗教根源感到不解甚至惱怒）。

我向橋街（Bridge Street）走去，然後越過康河。康？橋？康橋（劍橋大學的舊譯）？我有沒有可能就站在當初讓這所頂尖大學定名的那座橋上？大概不可能，但猜一下很有趣。

附近的公園長椅上坐著一位年邁但舉止優雅的紳士，他留著長長的翹八字鬍，看上去有「科學家」的味道。老天，那個人神似發現原子核的厄尼斯特．拉塞福（Ernest Rutherford）。我坐下來，開始和他攀談。對方當然不是拉塞福，除非他從墳墓裡復活了：拉塞福已經過世 60 年了。或許是拉塞福的兒子？

我的長椅之友非常熟悉拉塞福的大名——他知道他是發現了原子能的紐西蘭人。雖然很相像，但他並不是拉塞福。他反倒比較有可能是我的遠親：已退休的猶太郵差，業餘嗜好是科學。他姓 Goodfriend，可能是從上一代的姓氏 Gutefreund 英語化變來的。

我的清早散步也走到了銀街（Silver Street），那條街上有一棟古老的建築，曾是應用數學和理論物理學系的校舍——當年波金

霍恩就在這棟建築裡接待我。但就連劍橋也變了，數學科學系（英國大學對「數學系」的用語）現在搬到牛頓研究所附近的新址。

接著我看到遠處的高聳建築，懸停在高處，若隱若現，高高聳立。國王學院禮拜堂（King's College Chapel）是上帝在劍橋的居所，在實體上俯瞰著劍橋的眾多科學系所校舍。

有多少世代的科學主修學生在那間大教堂裡祈禱，或至少假裝祈禱？出於好奇，我走進它的神聖內部。我是沒有半點宗教信仰的科學家，我認為除了電子、質子和中子，其餘的都不存在，而生命的演化不過是最自私的基因之間的一場電玩競賽，但在那個神聖的環境下，連我也會覺得我的信念某種程度上是空洞的。「教堂炎」（cathedralitis），由磚石和彩繪玻璃窗巧妙堆砌起來的高大建築物引發的畏懼感：我幾乎，但並非完全對它有免疫力。

這一切讓我想起英國學術界的某件事情，是我長久以來百思不解的：宗教與科學傳統的不協調結合。劍橋和牛津都是在12世紀由教士創辦的，兩校以同樣的熱情，欣然接受了我們在美國委婉稱為基於信仰和基於現實的社群。更奇怪的是，他們似乎用一種獨特的學術容忍做到這一點，這讓我困惑不解。就拿劍橋最著名的九個學院的名稱來說吧：耶穌學院、基督學院、基督聖體學院、抹大拉學院、彼得學院、聖凱瑟琳學院、聖艾德蒙學院、聖約翰學院和三一學院。不過話又說回來，也有沃爾森學院（Wolfson College），命名自無關宗教的猶太人艾薩克·沃爾森（Isaac Wolfson）的姓氏。更引人注目的是達爾文學院——那位使出高招把上帝逐出生命科學的達爾文（Charles Darwin）。

歷史悠久而多采多姿。在棄除超自然信仰方面，牛頓做到的比前人都多。慣性（質量）、加速度和萬有引力定律，取代了上帝之手，行星的運行不再需要上帝之手指引。不過，研究 17 世紀科學史的歷史學家不厭其煩地提醒我們，牛頓是基督徒，而且還是狂熱虔誠的信徒，他耗在基督教神學的時間、精力和筆墨，比物理學還要多。

對牛頓和他的同儕來說，從知識的角度看，具有智慧的造物主是必然存在的：還有什麼別的方法解釋人的存在嗎？在牛頓的世界觀裡，沒有任何事物可以解釋，從無生命的物質如何創造出像人類這樣能夠感知又非常複雜的物體。牛頓有充分的理由相信跟神有關的起源。

然而兩個世紀後，在牛頓失敗的地方，最首要（但情非得已）的顛覆分子達爾文（也是劍橋人）成功了。達爾文的天擇概念，連同華生和克里克（在劍橋發現）的雙螺旋結構，用機率法則和化學取代了創世的神奇力量。

達爾文是宗教的仇敵嗎？完全不是。雖然已經對基督教教義失去信仰，自認是不可知論者，但他還是當地牧區教堂的堅定支持者，也是約翰．殷尼斯牧師（Reverend John Innes）的摯友。

當然，並非人人隨時都這麼友善。湯馬斯．赫胥黎（Thomas Huxley）和人稱「滑舌山姆」的塞繆爾．威伯福斯主教（Bishop Samuel "Soapy Sam" Wilberforce）辯論（演化）的故事，本身就有美中不足之處。主教問赫胥黎，他的祖母還是祖父，哪方是人猿。赫胥黎的回敬方式，是稱呼威伯福斯真理的妓女（prostitute of the truth）。儘管如此，沒有人被射殺、刺傷甚至被揍，一切都在英國學術交流的文明傳統中進行。

那麼現在呢？即使到了今天，宗教與科學依然彬彬有禮地共存。陪同我踏過草坪的波金霍恩 不再是物理教授了，他在 1979 年辭去教授職位，跑去攻讀英國國教的神學院。有個廣為流傳的觀點認為，科學和宗教正進入完美匯聚的時期，上帝的計畫會透過自然法則的超凡設計來陳述，波金霍恩是這種觀點的主要擁護者之一。這些法則不但完全不可能，而且理所當然保證智慧生命的存在——可領會上帝和祂的法則的生命。[1] 如今波金霍恩是英國最聲名顯赫的牧師之一，但我不知道他是否還有穿越草坪的特許權利。

1 我自己對這個主題的看法，見我的著作 *The Cosmic Landscape: String Theory and the Illusion of Intelligent Design* (2005).

在此期間，牛津大學的知名演化論學家理查．道金斯（Richard Dawkins）帶頭批評任何認為科學與宗教正在匯聚的想像。根據道金斯的理念，生命、愛和道德是致命競爭的結果，但不是人與人的競爭，而是自私的基因之間的競爭。對道金斯和波金霍恩兩人來說，英國知識界似乎夠寬大。

但回到國王學院禮拜堂吧。當晨光透過了彩繪玻璃，很難從純光學的角度去思考，結果，我就像罹患了輕微的教堂炎，找了一張可好好欣賞瑰麗內部的長椅坐下來。

沒過多久，有個看上去很嚴肅的男子也坐了下來我——他人高馬大，但不肥胖，神態在我看來不特別像英國人。他身上的藍色粗棉襯衫，在我年輕的時候會稱為工作襯衫，褲子是咖啡色燈芯絨褲，用兩條寬吊帶固定著，讓他看上去像 19 世紀的美國西部居民。事實上，我的猜測雖不中，亦不遠。他的口音是蒙大拿州西部口音，而不是東英格蘭口音。

弄清楚我們都是美國人之後，就聊起宗教了。我向他解釋，我並不是來禱告的，事實上我不是基督徒，而是希伯來人亞伯拉罕的子孫，來此欣賞建築。他是建築承包商，走進國王學院禮拜堂來看石造工藝。他雖然篤信宗教，但不確定在這個教堂禱告是否恰當。他自己信奉耶穌基督後期聖徒教會，英國國教引起他的懷疑。就我自己而言，我沒有理由用我本身的懷疑態度去掃他的興——我全然拒絕宗教信仰，我認為宗教信仰是在信奉超自然的力量。

我對摩門教幾乎一無所知。我接觸到這個宗教的唯一經驗就是，我隔壁曾經住了非常友善的摩門教家庭。我只知道摩門教徒有嚴格的教規，不能喝咖啡、茶和可樂。我推測摩門教徒的信仰是典型的北歐新教分支，所以這位初識的朋友告訴我摩門教徒就像猶太人時，我很吃驚。他們沒有稱得上家園的國度，於是追隨他們自己的摩西穿過沙漠，冒著可以想見的各種危險與損失，最後終於到達他們的富饒樂土——猶他州大鹽湖地區。

我的這位點頭之交弓背坐著，前臂靠在張開的膝蓋上，一雙大手緊握著。他講的故事背景不是在記憶模糊的古代，而是 1820 年前後發生在美國的故事。我以為自己應該很熟悉，但其實沒有。下面是我所記得的大致細節，加上後來我查到的歷史記載。

約瑟 · 史密斯（Joseph Smith）出生於 1805 年，母親患有癲癇，而且對宗教狂熱心馳神往。有一天，天使摩羅乃（Moroni）在他面前顯現，低聲說出刻著上帝話語的古代純金板被隱藏起來的祕密。這些話語是為了顯現給史密斯一人看而刻寫的，但有個難題：刻銘文所用的語言，在世的人都解讀不了。

但摩羅乃叫約瑟不要擔心，他會提供約瑟一對神奇的透明石頭，一副超自然眼鏡。這對石頭有名字，叫做烏陵（Urim）和土明（Thummim）。摩羅乃指示約瑟把烏陵和土明放進他的帽子，然後往帽子裡看，就能看到用簡明的英文呈現出來的神奇手稿了。

我對這個故事的反應是靜靜坐著，像在沉思似的。我想一個人要麼有宗教信仰，要麼沒有，如果沒有，那麼透過放進男士帽子裡的魔法眼鏡去看金板的故事就非常可笑。但不管可不可笑，有幾千個信徒追隨史密斯，而在史密斯 38 歲死於非命之後，追隨他的繼任者楊百翰（Brigham Young），歷經痛苦不堪的危險和磨難。今天，這些宗教信徒的後代有數千萬人。

對了，你可能會問約瑟借助烏陵和土明才解讀出來的那些金板去哪裡了。答案是，他把它們翻譯成英文之後就搞丟了。

這下子，史密斯有超凡的個人魅力，對異性有很強大的吸引力。這想必是神聖計畫的一部分。神命令約瑟娶愈多年輕女孩愈好，讓她們懷孕，祂還要約瑟召集大批信眾，把他們帶往第一個應許之地，在伊利諾州的諾弗（Nauvoo）這個地方。他和信眾到達諾弗的時候，他很快就宣布參選美國總統，但諾弗的傑出人士是虔誠的基督徒（傳統基督徒），不大喜歡他的一夫多妻觀念，所以開槍把他打死了。

就像摩西的衣缽傳給了約書亞，史密斯的權力傳給了楊百翰，他也有多位情人和許多孩子。摩門教徒迅速出走，離開諾弗，楊百翰幫助他們熬過漫長、艱巨又危險的路程，最後在猶他州落腳。

這個故事讓我著迷，不論當時還是現在。我相信當時也影響到我對霍金本人，對他的魅力給許多物理學家的強大影響的感覺——毫無疑問，這是完全不公平的。由於揮之不去的挫折感，我把他想像成斑衣吹笛人（pied piper），引領著反對量子力學的虛假運動。

但那天早上，霍金和黑洞都沒有在我心上。國王學院禮拜堂留給我一個全新的科學弔詭，讓我反覆尋思，它幾乎和物理無關，只有間接的關係。這個弔詭和達爾文演化論有關。人類怎麼可能演化出如此強烈的衝動，創造出非理性的信仰體系，而且還這麼固執地繼續相信？大家或許以為達爾文的天擇理論會加強理性的傾向，淘汰任何偏好基於迷信和信仰的信念體系的基因傾向，畢竟非理性的信念會讓人喪命，就像約瑟．史密斯的遭遇一樣。毫無疑問的，成千成萬的人已經因此而死去，我們也許會期望，演化能夠淘汰以信仰之名追隨魯莽領袖的傾向，但事實似乎恰好相反。在劍橋，這個科學弔詭首次挑起我的好奇心，此後我一直很感興趣，還花很多時間設法弄清楚。

我待在劍橋的那幾個星期，表面上看似偏離我去那裡的主要原因——黑洞的量子行為。但實際情況不完全是這樣。在我腦海不斷縈繞的問題是，像霍金、特胡夫特、我自己和其他參與黑洞戰爭的人這樣的科學家，會不會是我們自己的信仰錯覺的受害者。

在劍橋的那幾週令我憂慮，卻也充滿了誇張的想法。亞哈船長和鯨魚的故事意義並不明確：是發狂的鯨魚讓亞哈葬身海底，還是發狂的亞哈把軟弱的大副星巴克（Starbuck）帶向厄運？說得更貼切些，是我像亞哈一樣執迷不悟，還是霍金一直用錯的想法打動其他人

我不得不承認，現在我覺得斑衣吹笛人霍金或隱士霍金（命名自發起平民十字軍的法國人隱士彼得）把他的信眾帶向學術毀滅，這想起來頗為可笑。執迷顯然是強效的迷幻藥。

好了，我無意讓你以為我幾個星期下來，就是這樣漫無目的在劍橋的街上閒逛，受陰暗的思緒羈絆，不能自拔。我預定在牛頓研究所做一系列的演講，要談黑洞互補性。我在研究所內花很多時間準備演講的內容，和我的多疑同事辯論各式各樣的論點。

前往牛頓研究所

我步出國王學院禮拜堂，走進陽光燦爛的 6 月天時，想必已

經早上 10:00 了。非理性信仰的達爾文理論之謎，已經鑽進我的腦袋，但有個更緊迫的技術問題需要馬上解決：我還得找到牛頓研究所。

我手上幾乎無用的地圖指引我走出老劍橋城中心，來到一個看上去很現代、又少了一點特色的住宅區。我希望地圖弄錯了，我的浪漫感傷失落了。我看到威伯福斯路（Wilberforce Road）的路標。這會不會是人稱「滑舌山姆」，問過赫胥黎他的祖父還是祖母哪方是人猿的那位威伯福斯？也許歷史的浪漫氣氛並未完全消失。

事實上，真相更令人滿意。威伯福斯路是紀念塞繆爾的父親，威廉．威伯福斯（William Wilberforce）。威廉在英國史上扮演了令人欽佩的角色，是大英帝國廢除奴隸運動的領袖之一。

牛頓研究所

最後，我從威伯福斯路轉進克拉克森路（Clarkson Road）。我看見牛頓研究所的第一印象又是失望。那是一棟當代建築，算不上醜，但就是用平常的現代工法，由玻璃、磚塊和鋼筋建成的建築。

但我一踏進這棟建築，失望頓時變成讚賞。它的完美結構恰恰符合本身的目的：在激烈的辯論中爭論，交流意見——舊的、新的和未嘗試過的；譏諷錯誤的理論；我還希望能和敵方交鋒，擊敗對方。裡面有個寬敞、光線充足的區域，擺著很多舒服的椅子、供人書寫的桌子，大部分的牆壁上都有黑板。幾小群人圍坐在幾張咖啡桌旁，每張桌子上都放滿了大大小小的廢紙，物理學家老是喜歡在上面亂寫亂畫。

我打算加入霍洛維茲、哈維和其他幾個朋友的那一桌，但在我加入之前，有某件事引起我注意。現場正在進行一種不同類型的談話，我忍不住偷聽了一會兒。在一個單獨的角落裡，有一群人簇擁著國王：霍金坐在中間，正在接受一群英國記者採訪，他的電動輪椅寶座略微抬高了他的身軀。採訪的內容顯然無關物理，而是霍金本人。我到的時候，他正在講到自己的經歷和讓他衰弱的疾病。他的故事想必是預先錄好的，但和過去一樣，他獨特性格中難以言喻的某種本質，蓋過了機器人聲的單調乏味。

記者都聽得入迷了——他講述自己診斷出漸凍人症之前的年輕歲月時，每個人都在端詳霍金的臉，察看細微的動作。根據他的說詞，那些歲月充斥著某種厭倦感——年輕人似乎一無所成的厭倦感。那年他 24 歲，普普通通的物理研究生，沒做出什麼進展：有點懶散，沒什麼抱負。然後，午夜鐘聲提早敲響，那個可怕的診斷結果，不可避免的死刑。我們全都活在死刑的控制之下，但在霍金的例子中，死刑看起來近在眉睫：一年，或許兩年，可能根本來不及拿到他的博士學位。

起初霍金極度恐懼又沮喪，他經歷了立刻被宣判死刑的夢魘。不過，接下來意想不到的事情發生了，不知什麼原因，時日不多的想法換成了緩刑幾年的希望。結果，他對生命突然滿腔熱情，他亟想在物理學上留名，想要結婚生子，想在有生之年體驗世界和它提供的一切，這些強烈的需求取代了原本的厭倦感。霍金對記者們說了某句令人吃驚又難忘的話，如果是從其他人口中說出來，我應該會斥為十足的屁話。他說，生病變成殘疾，是在他身上發生過的最好的事物。

我不喜歡崇拜偶像。我敬佩過某些科學家和文學界名人思路清晰又精深，但我不會把他們當成我的偶像。在那一天之前，我的偶像名單當中唯一的偉人只有偉大的尼爾森·曼德拉（Nelson Mandela）。但在牛頓研究所偷聽訪談的時候，我突然開始把霍金視為真正的英雄人物：重要到能夠取代那頭白色抹香鯨。

但我也可以明白，或想像我可以明白，像霍金這樣的人會多麼容易成為斑衣吹笛人。各位不妨回想一下，在霍金輸入某個提問的答覆時，整個大型演講廳猶如肅穆的大教堂般寂靜。

霍金不只在學術場合會受到這樣的待遇。有一次我和霍金一起吃飯，在座的還有他的第二任妻子伊蓮（Elaine），和他以前的學生、如今功成名就的拉斐爾·布索（Raphael Bousso）。我們在德州中部一般的路邊餐館裡——就是那種在美國任何一條公路上都很常見的餐館。有個崇拜霍金的服務生認出他的時候，我們已經開始吃了，我和伊蓮、布索邊吃邊聊天，霍金主要在聽我們講話。那個服務生帶著畏怯、崇敬、畏懼和謙卑的態度走過來，宛如虔誠的天主教徒在路邊小餐館巧遇教宗一般。他向這位大物理學家吐露自己長久以來的深切敬愛，幾乎快要撲倒在霍金的腳邊，祈求賜福。

霍金當然很喜歡當個超級名人；這是他和世界溝通的少數途徑之一。然而，他喜歡或鼓勵這種近乎虔誠的崇敬嗎？很難看出他是怎麼想的，但我和他相處的時間已經多到能夠理解他的臉部表情，至少可以理解一部分。在這間德州餐館露出的細微示意，暗示的是被打擾，而非愉悅。

言歸正傳，回到我來英國的目的：讓霍金相信他的資訊遺失看法是錯的。可惜的是，直接和霍金討論對我來說幾乎不可能，我沒有耐性只為了幾個字的回應等上幾分鐘。不過，還有其他人和他長時間互動及合作，譬如佩舉、霍洛維茲和史壯明格，他們已經比我還懂得用有效率的方式和他溝通。

我的策略要靠兩件事。第一點，物理學家喜歡說話，而我很擅長讓交談繼續進行。事實上，我非常善於延續話題，能夠讓物理學家即使不同意我的看法，還是多半會熱烈參與我起頭的討論。每當我拜訪某個物理系的時候，即使在最安靜的地方，也會冒出迷你研討會。所以我知道，要召集霍金和我的幾個共同朋友（那時他們都是朋友，儘管我把他們視為黑洞戰爭中的敵方），然後展開辯論，會是很容易的事。我也很確定霍金會被吸引過來（不讓他靠近物理辯論，就像不讓貓靠近貓草一樣），不用多久，他和我就會展開激烈爭論，直到其中一方認輸為止。

我的策略也仰賴我的論點的優點，和對方的論點的弱點。我絲毫不懷疑我最後會占上風。

一切進行得非常順利——只除了一個細節：霍金未曾加入。原來那段期間他身體特別不適，我們很少看見他。結果，這些戰役和幾年來我在美國經歷的戰役完全一樣。鯨魚在我沒有射殺他的情況下悄悄溜走了。

我離開劍橋前一兩天，預定為整個研究所舉辦一場正式的研討會，主題是黑洞互補性。這是和霍金對抗的最後機會。演講廳座無虛席。就在我開始講的時候，霍金來了，坐在後面。通常他會坐在靠近黑板的前面，但這次他不是一個人；他的護士和另一個助理也在場，以防他需要就醫。顯然他的身體有些狀況，研討會大約進行到一半時，他離開了，就這樣，亞哈船長失去機會了。

研討會在下午 5:00 左右結束，那時我再也無法忍受牛頓研究所了，我想離開劍橋。安妮在和朋友閒聊，把我們租的車子留給我。我並沒有開車回到我們的公寓，而是開出城鎮，經過鄰近的米爾頓村（Milton），最後在一間酒吧前停車。我不愛喝酒，而且獨自喝酒當然不是我的習慣，但在當時的情況下，我真的很想一個人坐下來喝杯啤酒。我需要的不是孤獨，只要沒有物理學家就行了。

這是典型的鄉村酒館，吧檯那裡有個中年的女調酒師，和幾個當地的客人。其中一個男客人，我猜有八十多歲了，穿著棕色西裝，打著領結，拄著拐杖。我相信他不是愛爾蘭人，但他和愛爾蘭已故演員巴瑞．費茲傑羅（Barry Fitzgerald）十分神似，費茲傑羅和平克勞斯貝（Bing Crosby）聯袂主演了《與我同行》（*Going*

My Way）這部老片。（費茲傑羅在片中飾演脾氣暴躁但內心和善的愛爾蘭神父。）這位男客正在和調酒師溫和爭執，調酒師稱呼他路（Lou）。

我很確定他不是物理學家，就朝著吧檯走去，站在路的旁邊點啤酒。我記不起來交談是怎麼起頭的，只記得他告訴我在軍中待過很短的時間，戰爭期間（我想是指第二次世界大戰）失去一條腿，就結束了軍旅生涯。儘管少了那條腿，他似乎還是能穩穩地站在吧檯邊。

話題自然而然轉到了我是誰，以及我到米爾頓這裡來做什麼。我無意解釋物理，但也不想對老先生說謊，於是我告訴他，我來劍橋參加一場和黑洞有關的會議。他馬上告訴我，他是這方面的專家，可以告訴我很多我可能不知道的事情。我們的話題開始轉到古怪的方向。他聲稱，根據家族傳說，他有個祖先曾經待過黑洞，但在最後一刻逃出來了。

他在講什麼黑洞？自創說法解釋黑洞的瘋子多的是，而且通常很無聊，但這個人看起來不像普通的瘋子。他喝了一小口啤酒，繼續說加爾各答黑洞（Black Hole of Calcutta）是該死的鬼地方，骯髒齷齪到極點。

加爾各答黑洞！他顯然以為我在劍橋參加的是某種和英屬印度史有關的歷史會議。我聽說過加爾各答黑洞，但不清楚那是什麼，我只有非常模糊的印象，以為那是個妓院，有毫不設防的英國士兵在裡面被搶劫並遭到殺害。

我決定不澄清真相，反而想盡量多了解一下那個原版的黑洞。這個故事頗具爭議性，但聽起來它是某座英國堡壘中的一個地窖，也可能是地牢，這座堡壘在 1756 年被敵軍占領，有一大批英國士兵被困在地窖裡一個晚上，結果被悶死了（很可能是意外）。根據路的家族傳說，七代以前的其中一個祖先差點就死在裡面。

就這樣，我找到了資訊逃出黑洞的一個例子。要是霍金也在場聆聽就好了。

18

宇宙是個全像圖

推翻主流典範。

——在汽車保險桿貼紙上看到的一句話

離開劍橋的時候，我意識到錯不在霍金或相對論學者。長時間討論下來，尤其是和徹頭徹尾的相對論學者霍洛維茲（CGHS 當中的 H）的討論，讓我相信全然不是那麼回事。霍洛維茲除了是廣義相對論方程式的專業高手，還是喜歡尋根究底的深刻思想家。他花了許多時間思索霍金提出的弔詭，儘管清楚知道資訊遺失的危險，但他還是斷定霍金一定是對的；黑洞蒸發的時候，資訊一定會遺失——他看不出什麼避免這個結論的辦法。我向霍洛維茲解釋黑洞互補性的時候（並非第一次），他非常了解我的論點，但認為這一步太激進了。假設量子力學的不確定性在巨大黑洞的尺度上運作，似乎很牽強。這很顯然不是學術懈怠的問題，而是全都歸結到一個問題：你相信哪些原則？

在離開劍橋的飛機上，我意識到真正的問題在於，黑洞互補性缺乏穩固的數學基礎。連愛因斯坦都沒辦法讓大部分的物理學家相信他的光粒子理論是對的，要等大約 20 年，做了一個十分重要的實驗，還有海森堡和狄拉克的抽象數學理論，案子才解決了。我想當然認為，永遠不會有實驗可檢驗黑洞互補性（結果我錯了），但也許可能會有更嚴謹的理論基礎。

在離開英國的路上，我還不知道在不到五年內，數學物理學將會漸漸接受有史以來在哲學上最令人不安的想法之一：在某種意義上，立體的三維經驗世界只是一種幻覺。我也不知道這個根本的突破會如何改變黑洞戰爭的進展。

荷蘭

再會，美好又古老的英格蘭。哈囉，風車，還有高大的荷蘭人。回家之前，我打算橫跨北海，去拜訪我的朋友特胡夫特。我和安妮很快就飛到了阿姆斯特丹，然後開車前往另一座有運河和窄長房子的城市烏得勒支，特胡夫特是烏得勒支的物理教授——有些人會說他是那裡獨一無二的物理教授。他在 1994 年還沒有獲得諾貝爾獎，但大家都深信他很快就會獲獎。

在物理學家之間，特胡夫特這個名字是科學傑出人士的代名詞，而在荷蘭，他是國寶級人物——而且據我猜測，按人口平均來計算的話，這個國家的傑出物理學家人數比其他國家還要多。因此當我到了烏得勒支大學的時候，我很驚訝特胡夫特的辦公室居然不大。那年夏天，歐洲宛如潮溼的溫室，荷蘭更是令人難以忍受，儘管以溼冷著稱。特胡夫特的狹小辦公室和其他的辦公室一樣，甚至連空調也沒有。我記得他的辦公室在建築物的向陽側，我很想知道有什麼奇蹟，讓他那株高大的綠色異國植物沒有因為高溫而死亡。我是客人，所以被安排在轉角一間比較陰涼的辦公室，但仍然熱到沒辦法工作，甚至無法討論我們共同的愛好：黑洞。

週末的時候，特胡夫特、安妮和我會坐進特胡夫特的車，遊覽烏得勒支附近的小村莊，那裡的空氣涼爽一些。像許多傑出科學家一樣，特胡夫特對自然界有強烈的好奇心——不只對物理學，還有整個自然界。由於對動物在明顯受城市污染的世界中如

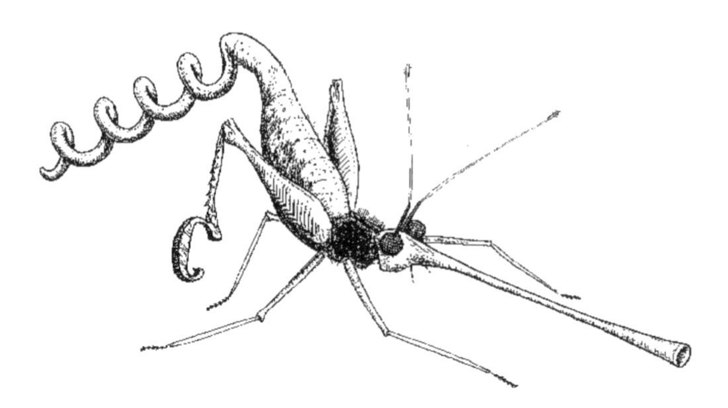

Het Wijndiefje（酒賊），Bacchus deliriosus。你可以在酒吧附近看到這種寄生蟲。牠能夠打開各種瓶瓶罐罐，如果你的酒窖碰巧被牠感染，可能會很麻煩。

何演化感到好奇，讓他設計出了一整群未來生物。下面是他的作品之一，如果想看更多作品，可以造訪他的個人主頁：www.phy.uu.nl/~thooft。

特胡夫特還是業餘畫家和音樂家。安妮也是畫家和鋼琴演奏家，所以在車上和在當地村莊吃午飯時，我們一邊享用荷蘭小鬆餅、冷礦泉水和大量的冰淇淋，一邊聊著貝殼的形狀、受污染行星上的生命未來的演變，到荷蘭畫家和鋼琴技巧等各種話題。但就是沒有聊黑洞。

在工作日，我們討論了一些物理。特胡夫特是喜歡辯論和唱反調，我們的交談經常像這樣：我會說：「傑拉德，我完全同意你說的。」然後他會回：「是，但我完全不同意你說的。」

我想講一個特別的論點，那是我近 25 年來一直在思考的，它和弦論有關。但特胡夫特不喜歡弦論，讓他探究弦論是一件苦差事。我想說的論點，和個別資訊位元的位置有關。我在 1969 年第一次接觸到的時候，弦論中就帶有某種荒唐的特質，但它實在太荒唐了，甚至連弦論學者都不想考慮。

弦論主張，宇宙萬物都是由微小、一維的彈性弦組成的，光子、電子等基本粒子都是極小的弦圈，每個弦圈都和普朗克尺度差不多大。（如果你不理解細節，別擔心，我在下一章會詳細解釋主要的概念。在這裡就先接受這個前提吧。）

這些弦即使沒有額外的能量，測不準原理還是會讓它們以零點運動的狀態振動和波動（見第 4 章）。同一條弦的不同部分會做相對的等速運動，把微小的部分拉長伸展一定的距離。就這條弦本身而言，這種伸展不是問題；原子內的電子散布在比原子核大得多的體積上，原因也是零點運動。所有的物理學家想當然認為，基本粒子並不是空間中無窮小的點，我們都期望電子、光子和其他基本粒子至少和普朗克長度一樣大，甚至可能再大一些。問題是，弦論的數學蘊涵了一種極其劇烈的量子抖動，起伏的程度劇烈到會讓電子碎片散布到宇宙的盡頭。對於包括弦論學者在內的大多數物理學家來說，那看起來非常荒誕，簡直不可思議。

電子怎麼可能像宇宙一樣大，我們卻沒有發覺呢？你可能會納悶，有什麼東西讓你體內的弦和我體內的弦不會碰撞或糾纏在一起，即使我們剛好相隔幾百公里。答案並不簡單。首先，即使在普朗克時間所設定的極小時間尺度上，起伏也極為快速。但這些弦受到非常細微的協調，使得一條弦的起伏和第二條弦的起伏配得恰到好處，抵消了不良效應。然而，如果能觀察基本粒子內部最快速的零點運動，就會發現它的各個部分波動到宇宙的邊緣。至少弦論是這麼說的。

這種怪得離譜的行為，讓我想起了我跟托拉修斯開的玩笑（見第 15 章）：黑洞裡面的世界可能像全像圖，真實的資訊則在遠遠的二維視界上。如果認真看待弦論，弦論就會進展得更遠。它把每個資訊位元，不論是在黑洞中還是用白紙黑字寫下的資訊，全都放在宇宙的外緣，如果宇宙沒有盡頭的話，就放在「無窮遠處」。

每當我和特胡夫特開始討論這個想法，我們一開頭就會卡住。但在我從烏得勒支動身回家前不久，特胡夫特說了某件讓我嚇一跳的事情。他說，要是我們可以檢查他辦公室牆上像普朗克尺度這麼微小的細節，原則上這些細節會包含和這個辦公室內部有關的所有資訊。我不記得他用了全像圖（hologram）一詞，但顯然他和我在想同樣的事情：世界上所有的資訊都以某種我們不理解的方式，儲存在最遙遠的空間邊界上。事實上，他還比我搶先一步：他提到自己在幾個月前寫的一篇論文中，已經思索過這個想法。

交談就這樣結束了，在我待在荷蘭的最後兩天，我們沒有多談黑洞。但那天晚上回到旅館後，我想出一個詳細的論證來證明這個論點：任何空間區域中可能包含的最大資訊量，不能超出該空間邊界上可儲存的資訊量，每個普朗克面積單位最多使用四分之一個位元。

現在讓我評論一下這個無所不在、一再出現的四分之一。為什麼是每個普朗克面積單位四分之一個位元，而不是每個普朗克面積單位一個位元呢？答案很明顯。從歷史的觀點來看，普朗克單位定義得並不清楚。事實上，物理學家應該回頭重新定義普朗克單位，讓四個普朗克面積單位變成一個普朗克面積單位。我來帶頭吧；從現在開始，規則改成下面這樣：

空間區域中的最大熵是每個普朗克面積單位一個位元。

我們回到第 7 章提過的托勒密。在那裡，我們想像他非常恐懼有人圖謀不軌，所以他的圖書館內只許儲存可從圖書館外看見的資訊，因此，資訊都必須寫在外牆上。如果每個普朗克面積單位儲存一位元，托勒密的圖書館最多能容納 10^{74} 位元。這是非常大的資訊量，遠超過任何一座真實的圖書館所能容納的資訊量，但仍然比他的圖書館內部可容納的 10^{109} 個普朗克尺度的位元少很多。特胡夫特猜想測的，以及我在旅館房間裡證明的，是托勒密的假想法律相當於空間區域可容納資訊量的真實物理上限。

像素和三維像素

現代數位相機不需要底片，它有個二維的「視網膜」，裡面布滿了稱為像素的極小感光面積單元。所有的圖像都是騙術，不論是現代的數位照片還是古代的洞窟壁畫；這些圖像會讓我們以為看到不存在的東西，明明只有二維的資訊，卻看成三維的圖像。林布蘭（Rembrandt）在《解剖學課》這幅畫作中，讓我們以為自己看到實體、層次和景深，但平面的畫布上其實只有薄薄一層油畫顏料。

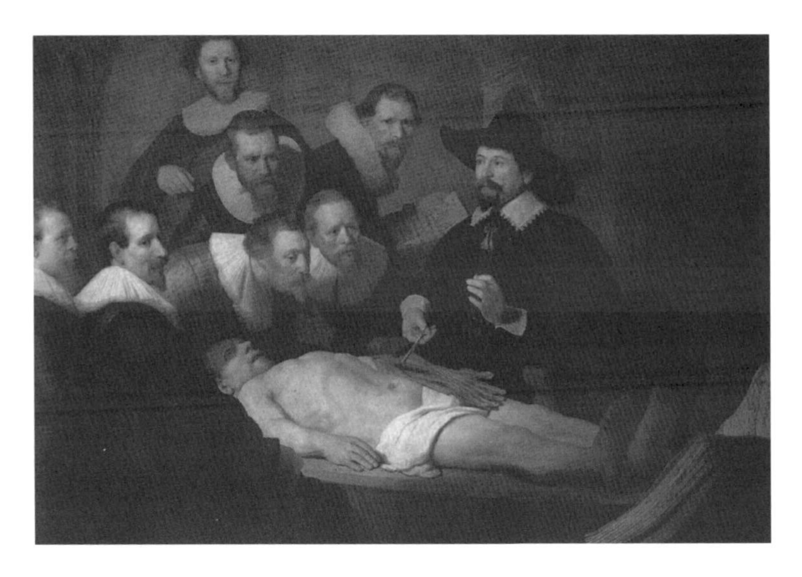

騙術為什麼成功？這一切都發生在大腦中，特化的神經迴路根據過去的經驗創造出錯覺：你所看見的，是你的大腦經過訓練

才看見的東西。事實上，畫布上並沒有足夠的資訊，讓你看出死者的腳究竟是真的離你比較近，還是相對於軀體其他部位來說太大。他的身體按透視法縮短了，還是說他本來就很矮小？他皮膚底下的器官、血液和內臟，全在你的腦袋裡。就算這個人不是真人，而是石膏做成的假人甚至一幅平面的畫作，都無所謂。你想看一下個子最高的人後方的掛軸上寫些什麼嗎？那就試著在畫作的周圍走動一下，找個更好的欣賞角度。很抱歉，什麼資訊也沒有。填滿了像素的相機螢幕上的影像，也不是儲存真實的三維資訊；它同樣只是騙術。

有沒有可能建一套電子系統，儲存真實的三維資訊？當然有可能。可以想像用極微小的三維單元，有時稱為三維像素（voxel），而不是二維的像素，把一個空間體積填滿。由於三維像素陣列確實是三維的，因此很容易想像編了碼的資訊如何忠實呈現立體的三維世界。大家很想猜測一個原理：二維的資訊可以儲存在二維的像素陣列中，但三維的資訊只能儲存在三維的三維像素陣列中。我們可以給這個原理取一個華麗的名字，諸如維度不變性。

這個原理顯然正確，而這正是讓全像圖這麼出人意料的原因。全像圖就是可儲存三維場景完整細節的二維軟片或二維像素陣列。它並不是在腦袋裡創造出來的假象，資訊確實就在軟片上。

普通全像圖的原理最早是匈牙利物理學家丹尼斯　加柏（Dennis Gabor）在 1947 年發現的。全像圖是獨特的照片，由十字交叉的斑馬條紋干涉圖案構成，這種干涉圖案很類似光通過兩道狹縫時產生的干涉圖案。在全像圖中，圖案不是由狹縫形成的，而是被描述物體的不同部分散射出來的光形成的。照相軟片上滿是以極微小的明暗斑點來呈現的資訊，看起來一點也不像真實的三維物體；在顯微鏡下，你只看得到隨機的光雜訊[1]，就像這樣：

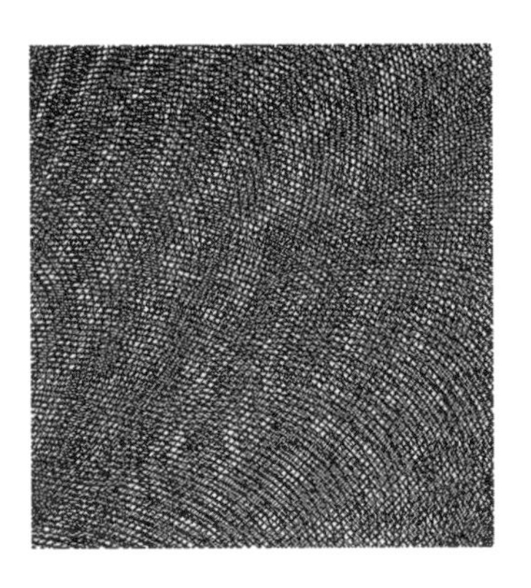

三維物體被拆開，再重新組合成徹底打亂的二維形式。唯有用這種打亂的方法，三維世界的一部分才能在二維面上忠實呈現。

這種打亂是可以還原的，但前提是你要知道技巧。資訊就在軟片上，而且可以重建。照射在打亂圖案上的光會散射，重組成可自由活動、逼真的三維影像。

1　雜訊的英文是 noise，但不是指噪音，而是表示隨機、毫無結構的資訊，例如電視螢幕損壞時出現的白雜訊。

你可以從任何角度看到全像影像若有若無的真實感，而且它看起來是立體的。如果有成熟的技術，托勒密可能就會在圖書館的牆上，塗上包含了無數書卷的打亂全像影像的像素。在適當的打光條件下，這些書卷會以三維影像的形式出現在他的圖書館內部。

你可能會覺得我把你帶進非常陌生的領域，但這完全屬於物理學再次經歷知識線路重接的歷程。來吧，這就是特胡夫特和我得出的結論：日常經驗中的三維世界，這個充滿了星系、恆星、行星、房舍、巨石和人類的宇宙，其實是個全像圖，是在遠方二維面上編碼的現實生成的影像。這個新的物理定律稱為全像原理（Holographic Principle），它主張：空間區域內的一切事物都可以用只儲存在邊界上的資訊來描述。

若要舉個具體的例子，那就拿我工作的地方來說吧。我坐在椅子上，面前是我的電腦，凌亂的桌子上堆滿我不敢丟的文件，上面的一切資訊，都用普朗克尺度的位元精確編碼，實在小到看不見，但都密密麻麻布滿辦公室的牆上。或是想像一下距離太陽一百萬光年方圓內的一切事物。那個區域也有邊界，不是有形的高牆，而是假想的數學薄殼，把一切包含了進來：星際氣體、恆星、行星、人類及其餘所有東西。一如既往，巨殼裡面的一切只是散落在殼上的微小資訊生成的影像，而且所需要的位元數最多就是每單位普朗克面積一個位元。就好比邊界（辦公室牆壁或者數學薄殼）是由微小的像素構成的，每個像素都占了一個普朗克長度見方的面積，而在區域內部發生的一切，都是像素化邊界的全像影像。但就像在一幅普通全像圖中，遠方邊界上的編碼資訊是把三維原始資訊打亂後的描述。

全像原理根本背離了我們以往熟悉的一切。資訊分布在空間體積中，這聽起來非常符合直覺，所以很難相信它可能是錯的。不過，宇宙並不是由三維像素構成的，而是由像素構成的，所有的資訊都儲存在空間的邊界上。然而，究竟是什麼邊界和什麼空間呢？

我在第 7 章提過這個問題：格蘭特將軍葬在格蘭特陵墓的資訊在哪裡？我在排除掉幾個錯的答案之後斷定，資訊就在格蘭特陵墓裡。但這個結論真的正確嗎？先從格蘭特的棺木圍住的封閉區域開始吧。根據全像原理，格蘭特的遺體是全像幻覺——由儲存在棺木四壁上的資訊重建出來的影像。此外，遺體和棺木本身都容納在稱為格蘭特陵墓的大型紀念館內。

因此，格蘭特的遺體、將軍夫人茱莉亞的遺體、棺木和前來參觀的訪客，都是儲存在陵墓四壁上的資訊影像。

但為什麼到此停住呢？想像有個超大的球包圍住整個太陽系，

格蘭特將軍、茱莉亞、棺木、訪客、陵墓、地球、太陽和九大行星（冥王星絕對算是行星！），全都用儲存在這個巨球上的資訊編碼了。就這樣繼續下去，直到我們來到宇宙的邊界，或無窮遠處。

很顯然，關於某個特定資訊在哪裡，這個問題沒有唯一的答案。普通的量子力學把一定程度的不確定性放進這類問題中。在觀察一個粒子甚至其他任何物體之前，它的位置都有量子不確定性，但這個物體一被觀測，每個人都會一致同意它在哪裡。假如這個物體剛好是格蘭特將軍遺體上的一個原子，普通的量子力學會讓它的位置稍微不確定，但不會把它擺在空間的邊緣甚至棺木邊上。因此，如果問資訊在哪裡並不恰當，那該問什麼樣的問題？

當我們嘗試愈來愈精確，特別是要解釋重力和量子力學的時候，就會被帶向一種數學表述，它牽涉到在遠方二維螢幕上舞動的像素模式，以及一個用來把打亂的模式轉成清晰三維影像的密碼。不過，每個空間區域的周圍當然沒有布滿了像素的螢幕。格蘭特將軍的棺木是格蘭特陵墓的一部分，格蘭特陵墓是太陽系的一部分，而太陽系又包含在圍繞著銀河系的極大球面上　　直到整個宇宙被圍住為止。在每一層，所有被圍住的東西也許都可以描述成一個全像影像，但在我們要去尋找全像圖時，它總是在下一層。[2]

2　全像原理引出了一些奇特的問題——可能會在科幻雜誌《Amazing Stories》或

全像原理雖然非常怪異，它還是成了理論物理學的主流之一。它不再只是針對量子重力的推斷，而且已經成為日常的初步工具，不但用來回答量子重力方面的問題，還包括像原子核這樣的簡單事物（見第 23 章）。

儘管全像原理把物理定律做了猛烈的重建，但不用什麼繁複的數學就能證明。我們從一個由假想數學邊界標出的球形空間區域開始吧。這個區域容納了一些「東西」，任何東西，氫氣、光子、乳酪、葡萄酒，只要不跑出邊界，隨便什麼都行。我就用「東西」來稱呼。

1950 年代的其他低俗科幻雜誌上讀到的那種問題。「我們的宇宙是不是某個二維像素世界的三維幻覺，寫進譬如某個宇宙量子電腦裡？」甚至更令人毛骨悚然的：「未來的業餘愛好者會不會在量子像素螢幕上模擬真實世界，變成他們自己的宇宙的主宰？」這兩個問題的答案都是肯定的——但是……

當然啦，宇宙有可能全部放進某個未來的量子電腦中，但我不認為全像原理替這個想法加了多少東西，只除了電路元件數量可能比預期少一些。要填滿宇宙，會需要 10^{180} 個電路元件。未來的世界打造者或許會放心不少，幸虧有全像原理，他們只需要 10^{120} 個像素。（做個對照：數位相機有幾百萬個像素。）

可以擠進這個區域的最重物體是黑洞，它的視界會與區域的邊界重合。這個東西的質量一定不會比黑洞更大，否則就會跑出邊界，但儲存在這個東西上的資訊量有沒有極限呢？我們感興趣的問題是：測定能塞進這個球的最大位元數。

接下來，想像有個由物質構成的球殼圍住整個結構——不是假想的殼，而是真實物質做成的。這個殼有自己的質量。無論由什麼物質製成，這個球殼都可以擠壓，要麼靠外部的壓力，不然就是內部物質的重力，擠壓到完全裝進這個區域為止。

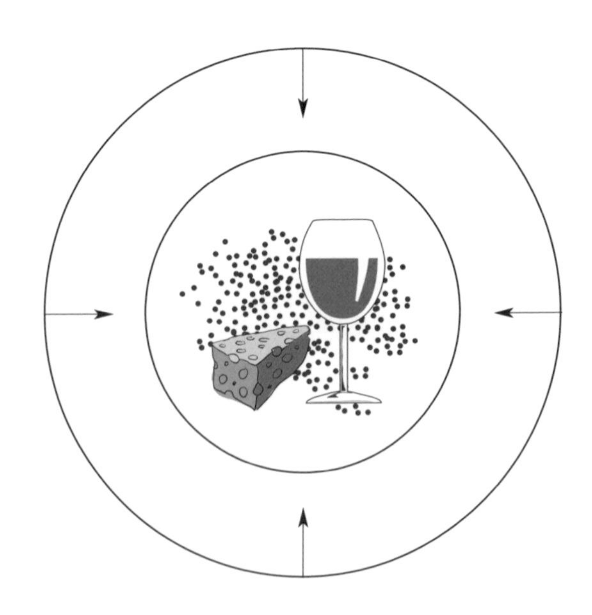

調整一下球殼的質量，我們就可以做出一個和區域邊界重合的視界。

我們一開始用到的原始東西，帶有一定的熵（隱藏資訊），我們就不特別指定它的值了。但最後的熵值是毫無疑問的：它就等於黑洞的熵——用普朗克單位表示的黑洞面積。

為了完成論證，我們只需要記住，熱力學第二定律說熵只會增加，不會減少。因此，黑洞的熵必定大於原始東西的熵。把這幾點加在一起，我們就證明了一件不尋常的事：可裝進一個空間區域的最大資訊位元量，等於可填滿邊界面積的普朗克像素量。這就暗示，在空間區域內部發生的一切，都有一個「邊界描述」；邊界面是三維內部的二維全像圖。對我而言，這是最好的論證方式：幾個基本原理、一個想像實驗，還有一個影響深遠的結論。

全像原理還可以用另一種方法去想像。如果邊界球面非常大，上面的任一小塊看起來大概都會像平面。古時候的人就因為地球體積龐大，誤以為地球是平的。舉個更極端的例子，假設邊界剛好是直徑達 10 億光年的球面，那麼從位於球面內部，但距離邊界只有幾光年的位置來看，這個球面就會像是平的。換句話說，在距離邊界幾光年範圍內發生的一切事情，都能看成投影在一個像素平面上的全像圖。

當然，不要以為我是在講普通的全像圖。不用說，普通照相軟片的顆粒比普朗克尺度的像素片粗得多。此外，這種新的全像圖會隨時間變化；它是像電影般的全像圖。

但最大的區別在於，全像圖是量子力學的，為了讓三維的圖像有量子起伏，它帶著量子系統的不確定性閃爍發光。我們都是由做複雜量子運動的資訊位元組成的，但在仔細觀察那些位元時，會發現它們位於距離最遠的空間邊界上。我不知道還有什麼比這更不符合直覺的宇宙描述了，集眾人的智慧去理解全像原理，可能是發現量子力學以來，我們物理學家面對的最大挑戰。

不知為何，特胡夫特比我早幾個月發表的那篇論文並沒有受到太多關注。部分原因是它的標題「量子重力中的維度減化」。「維度減化」（dimensional reduction）這個專門物理術語的意義，恰好和特胡夫特想表達的意思天差地遠。我設法確保我的論文不會遭受同樣的命運，我下的標題是「宇宙是個全像圖」。

從荷蘭飛回家的路上，我開始把寫下所有的內容。我對全像原理非常興奮，但我也知道要說服其他人會很困難。宇宙是全像圖？我幾乎可以聽到質疑的聲音：「他以前是很不錯的物理學家，但他現在根本瘋了。」

黑洞互補性和全像原理，大概就屬於物理學家和哲學家會吵上幾百年的那種想法——是否有原子存在，是另外一個例子。不管怎麼說，要在實驗室裡製造和研究黑洞，就和要讓古希臘人看見原子一樣困難。但事實上，我們不用五年就達成共識了。典範轉移是怎麼發生的？停止這場戰爭的武器，主要是弦論當中的嚴謹數學。

第四部

縮小戰線

19

大規模推論性武器

事實上，我甚至不願意把弦論稱為「理論」，而寧願稱為「模型」，甚至連稱模型也不願意：它只是個直覺。畢竟理論就該附帶一些指示，說明如何確定該理論希望描述的事物，在我們的例子中是基本粒子，而且至少在理論上，我們應該能夠定出規則，去計算這些粒子的性質，以及如何做出新的預測。不妨想像我給你一把椅子，同時又向你解釋還缺椅腳，椅座、靠背和扶手也許很快就會送到；不管我給你的東西到底是什麼，我仍然能稱它椅子嗎？

——傑拉德・特胡夫特

單獨來看，全像原理不足以打贏黑洞戰爭，它太不精確，而且欠缺穩固的數學基礎。它引來的反應是懷疑：宇宙是全像圖？聽起來像科幻小說。杜撰的未來物理學家史蒂夫穿越到「另一邊」，同時皇帝和伯爵卻看著他身亡?聽起來像通靈術。

是什麼因素,讓一個或許已經潛藏多年的偏激想法,突然扭轉局面,變得不再那麼非主流?在物理學上,這往往會突然發生,毫無前兆。十分關鍵、充滿戲劇性的事件,突然吸引物理學家注意,不用多久,奇異、古怪、不可思議的事物就成了平凡尋常的東西。

有時候是某個實驗結果。愛因斯坦的光粒子理論過了很久才流行起來,大部分的物理學家都認為,終究會有某個新的轉折拯救波動說。但在 1923 年,亞瑟·康普頓(Arthur Compton)讓 X 光從碳原子散射出來,證明了散射角度與能量的變化模式明顯來自碰撞粒子。愛因斯坦的原始主張和康普頓的實驗,相隔了十八年,但隨後不到幾個月,反對光粒子理論的想法消失了。

一個數學結果有可能是催化劑,尤其是當它很出乎意料的時候。(基本粒子物理的)標準模型的基本要素,可以追溯到 1960 年代中期,但當時有些人認為此理論的數學基礎不一致,其中一些論點還是理論開創者提出來的。隨後在 1971 年,有個沒沒無聞的年輕學生做出了十分複雜巧妙的計算結果,聲稱專家弄錯了。在非常短的時間內,標準模型真正成了標準,而那個籍籍無名的學生傑拉德·特胡夫特,一躍成為物理學界最亮眼的明星。

數學如何扭轉局面,讓一個「瘋狂的」想法脫離了非主流?霍金計算黑洞溫度的結果就是一例。對於貝根斯坦聲稱黑洞有熵,初期的反應是懷疑甚至嘲弄,霍金卻沒有。現在回頭看,貝根斯坦的論點十分高明,但對當時來說太過模糊粗略,不具說服力,而且還導致荒謬的結論:黑洞蒸發。要靠霍金的困難專門計算結果,才把黑洞典範從冰冷的死星,轉移成自身放出光熱的星體。

我描述的這些關鍵事件有一些共同特徵。首先，它們都很出人意料。一個完全意料之外的結果，不論是實驗結果還是數學結果，都是影響力很大的吸引注意之物。其次，數學結果愈是專門、精確、違反直覺又難懂，愈能令人震驚，認定新思維方式的價值。部分原因在於，複雜的計算可能會在很多地方出錯，熬過潛在危險的計算結果就變得難以忽視。特別是，特胡夫特和霍金的計算結果都帶有這個特質。

第三點，當新的想法提供其他人很多更容易理解的工作時，典範就改變了。物理學家永遠在尋找新的研究想法，凡是能創造研究機會的事情，他們都會搶先做。

黑洞互補性和全像原理當然很出乎意料，甚至令人吃驚，但它們本身並沒有另外兩個特質，至少當時還沒有。在 1994 年，要用實驗證實全像原理是完全不可能的，要提出令人信服的數學證明也是不可能的。事實上，兩者可能快要成功了，不到兩年，有一個精確的數學理論開始成形，而在十年後，我們可能就快有很吸引人的實驗證實了[1]。讓實驗和數學證明有可能實現的正是弦論。

在談弦論的細節之前，我想先給各位一個整體的概念。沒有人確定弦論是不是描述這個世界的正確理論，而且我們可能還需要很多年才能確定，但就我們的目的而言，那不是最重要的。我們確實有令人讚嘆的證據，證明弦論是在數學上有一致性、且可

1　參見第 23 章。

描述某個世界的理論。弦論根據的是量子力學的原理；它描述了某個基本粒子系統，那些基本粒子和我們自己的宇宙中的基本粒子相似；不像其他的理論（量子場論就是佐證），弦論中所有的實物都透過重力來交互作用。最重要的是，弦論包含了黑洞。

倘若不知道弦論是正確的理論，那要怎麼用弦論證明自然界中的現象呢？對某些目的來說，這無關緊要。我們把弦論當成某個世界的模型，然後去計算或用數學證明，資訊會不會在那個世界裡的黑洞中遺失。

就假設我們發現資訊在我們的數學模型中不會遺失。我們一得知這件事，就可以更仔細研究，找出霍金錯在哪裡。我們可以設法弄清楚，黑洞互補性和全像原理在弦論中是否正確，如果正確，這雖然不能證明弦論是對的，但可以證明霍金錯了，因為他聲稱證明了在任何一個有一致性的世界中，黑洞必會破壞資訊。

我打算用最精簡的篇幅解釋弦論。如果你想知道更多細節，很多書籍裡都有，包括我的前作《宇宙的地景》（The Cosmic Landscape）、布萊恩．葛林的《優雅的宇宙》，和麗莎．藍道爾（Lisa Randall's）的《彎扭的旅程》（Warped Passages）。弦論幾乎是意外發現的，最初和黑洞或量子重力的邊遠普朗克尺度世界無關。它在談強子（hadron）這個比較平常的主題。強子一詞並不是人盡皆知的術語，但強子屬於自然界中最常見、研究得最多的粒子。強子包括了組成原子核的質子和中子，還有一些叫做介子（meson）和草率命名為膠球（glueball）的近親。在全盛時期，強子站在基本粒子物理學的最重要位置，但今天往往歸類在稍微過時的核物理領域。然而我們在第 23 章會看到，有個想法的圜圈正在讓強子重回物理學界。

我親愛的華生，這是最基本的推理啊

有個老故事說到在布魯克林街角相遇的兩位猶太女士。其中一人對另一位說：「妳一定聽說過我兒子是醫生吧。對了，妳那個學算術一直有困難的兒子，後來怎麼樣啊？」另一個女士回答：「哦，我兒子當上哈佛大學基本粒子物理學的教授。」第一個女士深表同情地說：「噢，天哪，聽到他沒有晉升到進階粒子物理學，真是替他惋惜。」

基本粒子究竟代表什麼意思，和它相反的東西又是什麼？最簡單的解釋是，如果一個粒子太小又太簡單，無法再拆成更小的組成部分，那麼它就是基本粒子。和它相反的東西並不是進階粒子，而是複合粒子——由更小、更簡單的部分組成的粒子。

化約論（reductionism）這種科學哲學，認為理解就等於把事物拆解成構成要素。到目前為止，它運作得非常好。分子解釋成原子的複合物；原子又由帶正電的原子核和圍繞它的帶負電電子組合而成；原子核是一團核子；最後發現，每個核子都由三個夸克組成。如今所有的物理學家一致同意，分子、原子、原子核與核子是複合粒子。

但在過去的某個時候，這些粒子全都曾視為基本粒子。事實上，原子的英文字 atom 源自希臘文中意指不可分割的那個字，而且已經用了大約 2,500 年。後來拉塞福發現了原子核，它看起來非常小，小到看成一個簡單的點也無妨。顯然，某一代稱為基本粒子的東西，他們的後代可能會改稱複合粒子。

這一切都引出了一個問題：我們要如何決定（至少在目前）

某個粒子是基本粒子還是複合粒子。可能的答案是：讓其中兩個猛力相撞，看看會不會有什麼東西跑出來。如果有，這個東西一定在原來的其中一個粒子內部。事實上，當兩個速度非常快的電子以很大的能量碰撞時，會有各種亂七八糟的東西噴出來，光子、電子和正子[2]特別多。如果碰撞的能量很大，就會出現質子和中子以及它們的反粒子[3]。最糟的是，偶爾還有可能出現完整的原子。這代表電子是由原子構成的嗎？顯然不是。用很大的能量去撞擊，可能有助於理解粒子的性質，但撞出來的東西未必能好好告訴我們這些粒子的組成要素。

以下是判斷某個東西是能不能再拆解的更好方法。先找個明顯的複合物——石頭、籃球或披薩麵團。你可以對這樣的物品做很多事情——把它的體積壓縮得更小，把它變形，或是讓它繞軸旋轉。壓縮、弄彎或旋轉物體，都需要能量。舉例來說，旋轉的籃球帶有動能；旋轉得愈快，能量愈大。由於能量就是質量，因此快速旋轉的球會有更大的質量。有個計量旋轉速率的好方法，稱為角動量——結合了這顆球旋轉得多快、它的體積和質量。當這顆球的角動量愈來愈大，它的能量也會不斷增加。下圖說明了旋轉中的籃球能量增加的情形。

2 正子（positron）是電子的反物質雙胞胎兄弟，它們和電子有完全相同的質量，但電荷相反。電子帶負電荷，正子帶正電荷。

3 所有的粒子都有反物質雙胞胎兄弟，所帶的電荷相反，而其他性質相似。因此，有反質子、反中子，以及電子的反粒子，稱為正子。夸克也不例外，夸克的反粒子叫做反夸克。

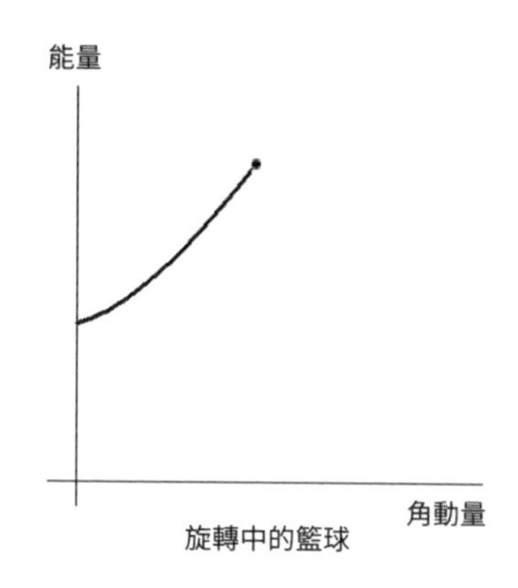

旋轉中的籃球

但圖中的曲線為什麼突然終止了？答案很容易理解。製造籃球的材料（皮革或橡膠）只能承受這麼多的應力。到某個程度，離心力會把這顆球扯破。

現在想像一個只有空間中的點這麼大的粒子。要如何讓數學上的點繞軸旋轉？一個點繞軸旋轉的意思是什麼？改變它的形狀又代表什麼意思？有辦法讓物體旋轉或使它的形狀搖擺不定，正是表明該物體有更小組成部分的明確徵兆——這些組成部分可以做相對運動。

分子、原子和原子核也可以旋轉起來，但在這些微小物質球的例子中，量子力學扮演了重要的角色。就像其他的振盪系統一樣，能量和角動量只能以離散的方式增加。讓原子核旋轉並不是逐漸提高能量的過程，而比較像是在推它上階梯，能量和角動量的關係圖是一系列的單點。[4]

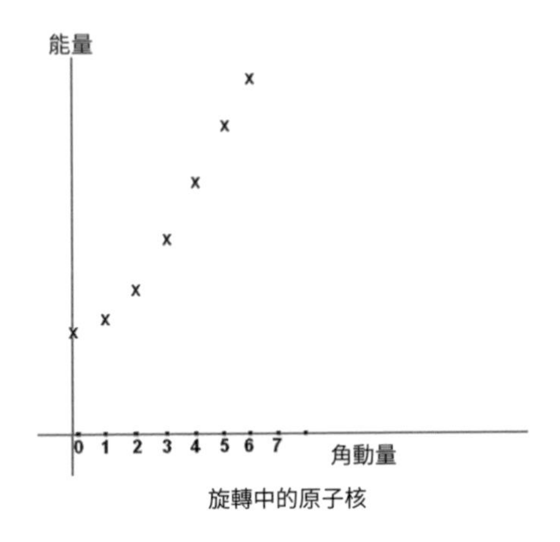

旋轉中的原子核

除了每一階是離散的，這張圖看起來也非常像籃球的那個關係圖，包括軌跡突然終止。和籃球一樣，原子核只能承受這麼多離心力，超出極限就會四分五裂了。

那麼電子呢？我們可以讓它們旋轉嗎？儘管多年來付出了相當大的努力，一直沒有人成功給電子額外的角動量。我們在後面會回頭談電子，現在要先看看強子：質子、中子、介子和膠球。

質子和中子非常相似，質量幾乎一模一樣，讓它們結合成原子核的作用力也差不多相同，唯一的重要差異在於，質子帶一個小的正電荷，而中子正如其名，是電中性的。這就好比中子是設

4　義大利數學物理學家圖里歐・雷傑（Tullio Regge）率先研究了這類圖形的性質，這一系列的點就稱為雷傑軌跡（Regge trajectory）。

法甩掉電荷的質子。由於有這種相似性，物理學家（在語言上）把它們結合成單一的東西：核子。質子是帶正電的核子，而中子是電中性的核子。

在核物理學剛起步的階段，大家也把核子當成基本粒子，儘管它的質量差不多是電子的2,000倍。然而，核子比電子複雜多了。隨著核物理學日漸發展，體積只有原子10萬分之一的東西不再顯得很小了。雖然電子（至少照目前看來）仍是空間中的一個點，已證明核子有繁複的內部結構。結果發現，核子更像原子核、原子及分子，而不大像電子。質子和中子是許多更小的東西的集合體，我們會知道這一點，是因為我們可以讓質子和中子旋轉及振動，而且還可以改變它們的形狀。

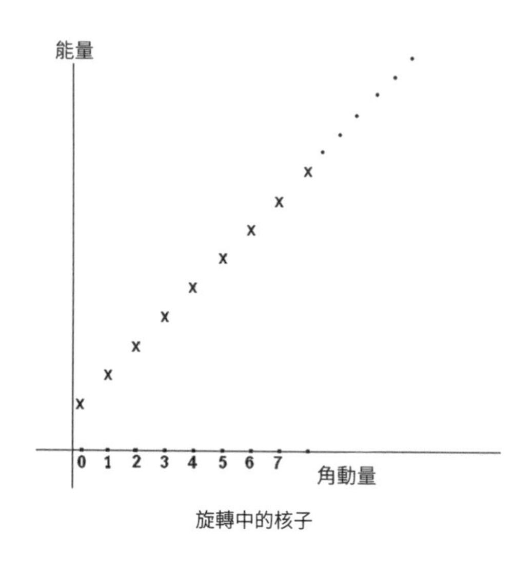

旋轉中的核子

就像籃球或原子核的例子，我們也可以畫出呈現核子旋轉的關係圖，橫軸表示角動量，縱軸表示能量。四十多年前第一次畫出這個關係圖的時候，呈現出來的模式簡單到令人驚訝：圖中的點幾乎成一條直線。更出乎意料的是，它顯然會繼續下去，永無止境。

這種關係圖中，藏有核子內部結構的線索。對於懂得解讀隱密訊息的人來說，兩個值得注意的特徵就有重大的意義。單單可以繞軸旋轉這件事，就顯示核子並不是一個點粒子；它是由能做相對運動的部分組成的。但還有很多。這個序列看上去會無限期繼續下去，而不是突然終止，這暗示核子在旋轉得太快的時候不會四處分散。不論是什麼作用讓這些組成部分束縛在一起，都比讓原子核在一起的作用力強勁多了。

想也知道，核子在旋轉時會向外拉長，但不會像旋轉的披薩麵團那樣，形成二維的圓盤。

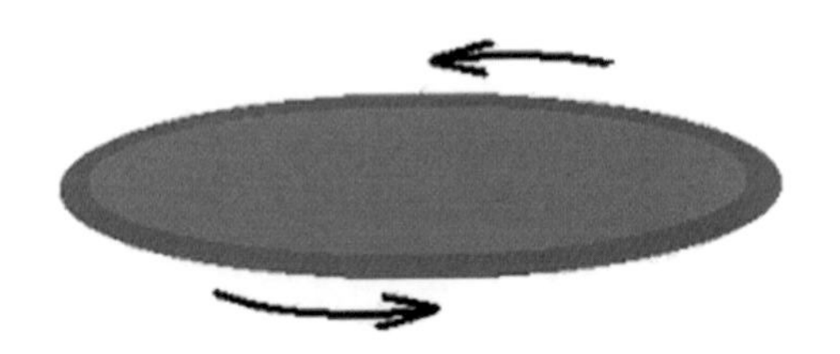

核子的點模式會是一條直線，表示核子向外拉長成有彈性、像弦一樣又長又細的東西。

半個世紀以來的實驗已經確定，核子在受到能量激發後，是可拉長、旋轉和振動的彈性弦。事實上，所有的強子在旋轉後都

可以變成像弦一般長長的東西。顯然，強子都是由同樣的東西組成的，有黏性，像細線般，又能拉長，就類似怎麼甩都甩不掉的口香糖。費曼用成子一詞來指核子的組成部分，但沿用下來的是葛爾曼的命名——夸克和膠子。膠子是指構成細長的弦，讓夸克不會分崩離析的黏性物質。

介子是最簡單的強子。物理學家已經發現很多種類的介子，但這些介子都有同樣的結構：由一個夸克和一個反夸克組成，兩者間由一條有黏性的弦相接。

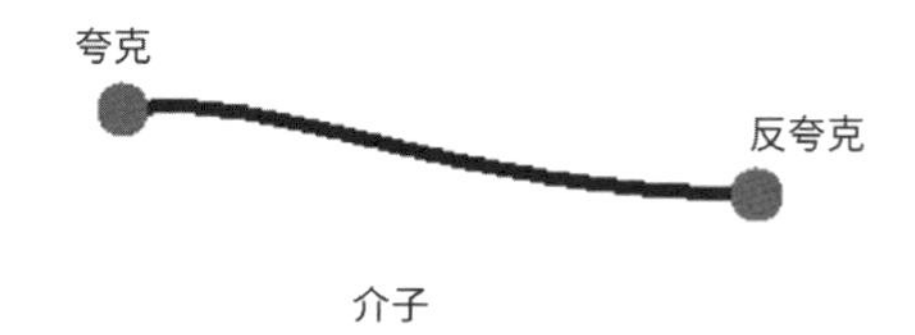

介子

介子會像彈簧般振動，像啦啦隊員手中的棒子般繞著軸心快速旋轉，或是以各種方式彎曲和翻動。介子是典型的開弦（open string），意思是有端點。在這方面，它們不像橡皮筋，我們會稱橡皮筋是閉弦（closed string）。

核子包含了三個夸克，各連著一條弦，而這三條弦在中心接在一起，很像南美洲高卓人（gaucho）的套索。它們也能旋轉和振動。

強子的快速旋轉或振動會給弦額外的能量，讓它拉長，也讓它的質量增加。[5]

5 起初粒子物理學家並沒意識到，許多強子只是旋轉或振動的核子和介子；他們以為

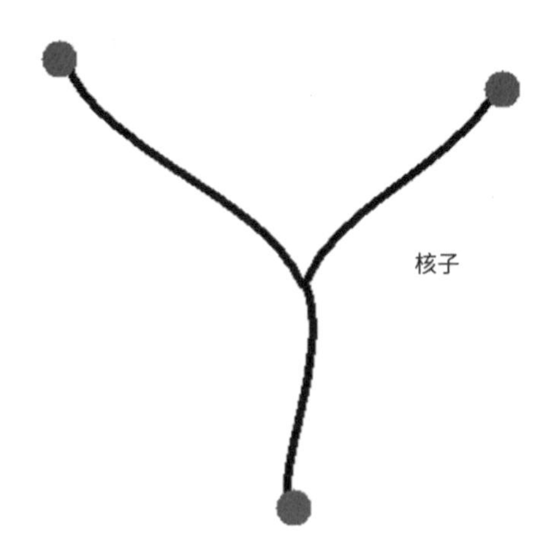

還有一種強子：一支「不含夸克」的粒子家族，只由弦構成，自己閉合成一個環圈。強子物理學家把這些粒子稱為膠球，但對弦論學者來說，它們就是閉弦。

它們是不一樣的新粒子。1960 年代出版的基本粒子表收錄了很長的清單，把整個希臘字母表和拉丁字母表都用遍了好幾次。然而強子的「激發態」及時變得眾所周知，大家也認識到了它們的本質：旋轉和振動的介子和核子。

夸克似乎不是由更小的粒子組成的，它們像電子一樣，小到檢測不到它們的大小。不過，把夸克束縛在一起的弦，顯然是夸克以外的其他東西組成的。形成弦的黏性粒子，叫做膠子。

在某種意義上，膠子是非常小段的弦。儘管十分小，但它們看起來還是有兩個「端點」，一正一負，幾乎像微小的磁棒。[6]

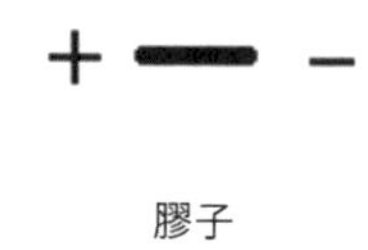

膠子

夸克和膠子的數學理論稱為量子色動力學（Quantum Chromodynamics，簡稱 QCD），這個稱呼聽起來和基本粒子沒多大關係，卻和彩色攝影學比較有關。這個術語到後面很快就會變得清楚易懂了。

根據量子色動力學的數學規則，膠子無法單獨存在。根據數學法則，正負兩端必須接到其他的膠子或夸克上：每個正端必須接到另一個膠子或夸克的負端，每個負端必須接到另一個膠子或反夸克的正端。最後，三個正端或三個負端可以接在一起。有了這些規則，核子、介子和膠球就很容易組合起來。

6　磁鐵的兩端通常稱為北極和南極。我並不想暗示膠子像羅盤上的磁針一樣列隊，所以我會把膠子的兩極稱為正和負。

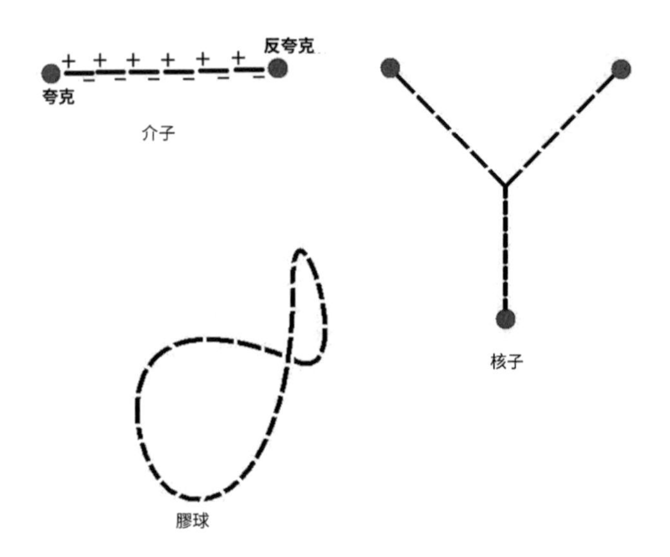

現在想一下，如果介子中的夸克受到非常大的撞擊力，會發生什麼情況。夸克會開始迅速遠離反夸克。如果它和原子內的電子類似，就會飛出去然後逃脫，但現在的情況完全不是這樣。當夸克和它的伙伴分離時，膠子之間會形成縫隙，就像橡皮筋過度拉長時，分子之間會產生裂隙一樣。不過，膠子會自我複製，製造出更多膠子來填補空隙，而不會斷裂，透過這種方式，夸克和反夸克之間就形成了弦，阻撓夸克逃脫。下圖顯示了介子中的高速夸克嘗試逃離它的反夸克伙伴的時間序列。

到最後，夸克會耗盡能量，停下來，然後回頭朝反夸克移動。核子內的高速夸克也會發生同樣的情況。

描述核子、介子和膠球的弦論，並非隨隨便便的猜測，它多年來已經獲得十分有力的證實，而且現在被視為強子標準理論的一部分。令人困惑不解的是，我們究竟該把弦論當成量子色動力

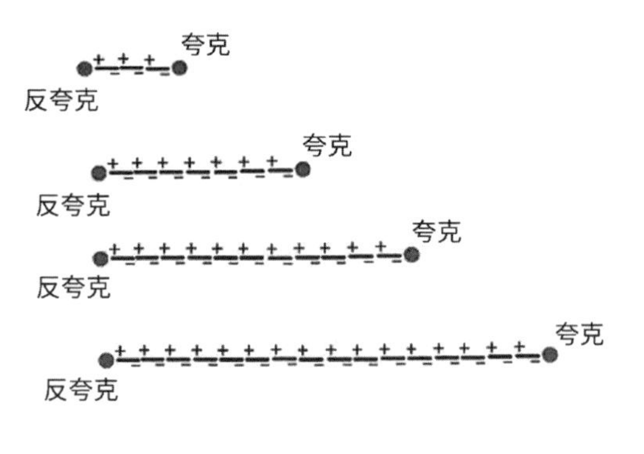

學的結果，也就是把弦視為更基本的膠子的長鏈，還是應該反過來看，把膠子當成很短的弦段。兩種觀點可能都對。

夸克似乎和電子一樣小又基本，都不能讓它們旋轉、壓縮或變形。儘管看起來不能再分解，夸克和電子仍帶有看似矛盾的複雜程度。夸克有很多類型，各有不同的電荷與質量，產生這些差異的原因是個謎，導致這些差異的內部機制實在小到無法探測。因此，我們暫且稱它們基本粒子，像植物學家一樣給它們不同的名稱。

在第二次世界大戰之前，物理學仍以歐洲為中心，當時的物理學家都用希臘文替粒子命名。光子、電子、介子、重子、輕子甚至強子的英文名字，都源自希臘文。但後來，傲慢不恭、有時有點愚蠢的美國人接棒了，名稱就輕鬆起來了。夸克的英文字 quark 是詹姆斯．喬伊斯（James Joyce）的小說《芬尼根的守靈夜》當中的無意義字眼，但從那個文學精采部分開始，情況就走下坡了。

不同類型的夸克之間的區別，用格外不恰當的術語味（flavor）來指稱。我們可能會說巧克力夸克、草莓夸克、香草夸克、開心果夸克、櫻桃夸克和薄荷巧克力脆片夸克，但我們沒這麼說。夸克的六個味分別是上夸克、下夸克、奇夸克、魅夸克、底夸克和頂夸克。在某段時期，有人認為底夸克和頂夸克太傷風敗俗，所以短暫改成了真夸克和美夸克。

我提到味的主要目的，只是要說明我們對物質的基本組成要素所知甚少，我們賦予的基本粒子一詞又是多麼臨時。但有另一個差異，對量子色動力學的運作方式非常重要。包括上夸克、下夸克、奇夸克、魅夸克、頂夸克和底夸克在內的每個夸克，有三種顏色：紅、藍、綠。這正是量子色動力學中「色」字的由來。

現在先稍等一下。毫無疑問，夸克實在小到無法反射光線，說夸克有顏色，只比說巧克力夸克、草莓夸克和香草夸克稍微不可笑。但我們人需要用名字稱呼事物；把夸克稱為紅、綠和藍，就和把自由派稱為藍，把保守派稱為紅一樣荒謬。雖然我們對夸克顏色的由來和夸克味的由來可能都不甚了解，但顏色在量子色動力學中扮演的角色重要得多。

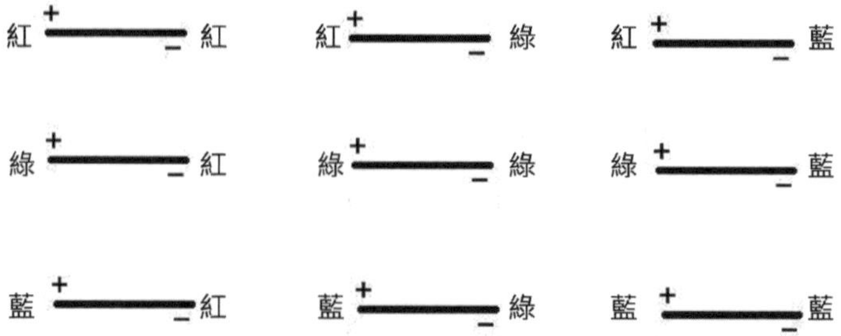

紅 + —— − 紅　　紅 + —— − 綠　　紅 + —— − 藍

綠 + —— − 紅　　綠 + —— − 綠　　綠 + —— − 藍

藍 + —— − 紅　　藍 + —— − 綠　　藍 + —— − 藍

九種膠子

根據量子色動力學，膠子沒有味，但各自的顏色比夸克還要豐富多樣。每個膠子都有一個正極和一個負極，而每個極各有顏色：紅、綠或藍色。說膠子有九種類型，雖然稍微過分簡化，但基本上是對的。[7]

為什麼有三種顏色，而不是二、四或其他的數字？這跟色覺依賴三原色沒有關係。正如我在前面提過的，顏色標籤是任選的，跟你我看到的顏色無關。事實上，沒有人確知為什麼有三種顏色；這是讓我們知道自己對基本粒子還完全不了解的謎團之一。但從它們結合成核子和介子的方式來看，我們知道夸克的顏色就只有三種。

我有一件事要招認。儘管我已經當了四十多年的粒子物理學家，但我實在不很喜歡基本粒子物理。這一切太混亂了：六種味，三種顏色，一大堆任意的數值常數——這幾乎不是簡潔優雅的東西。為什麼還要繼續做呢？理由（我相信這不只是我一個人的理由）是，這種混亂一定在告訴我們自然界的某種本質。似乎很難相信極微小的點粒子竟能有這麼多的性質和結構。在某個還未發現的層次上，這些所謂的基本粒子一定藏有許多機制。督促我走過這片令人難受的粒子物理沼澤地的，正是對那個隱藏機制的好奇心，以及它對自然界基本原理的可能影響。

7　讀到這裡的專家會注意到，膠子只有八種不同的類型，有一種量子力學下的組合是多餘的——也就是帶有紅－紅、藍－藍、綠－綠的機率相等的膠子。

就粒子而言，夸克是大眾熟知的，但如果要我猜一猜，哪種粒子會提供隱藏機制的最佳線索，我會押注在膠子上。這對有黏性的正負端到底想告訴我們什麼？

我在第 4 章解釋過，量子場論談的不光是一長串的粒子。另外兩個要素是傳播子和頂點——傳播子就是顯示粒子從一個時空點移動到另一個時空點的世界線。我們先來看一下傳播子。由於膠子有兩個極，每個極都用一個顏色標示，因此物理學家常把世界線畫成雙線。為了標出某一類型的膠子，我們可以把顏色寫在每條線的旁邊。[8]

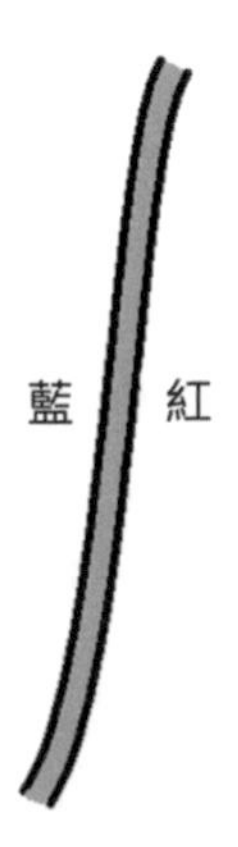

量子場論中的最後一個要素是頂點。對我們來說，最重要的

8　對我的一些同事來說，所謂的雙線傳播子只是一種記錄數學可能性的手段。對於另外一些同事來說，包括我自己在內，它是在強烈暗示有某種細微的結構，目前實在小到看不出來。

是描述單一膠子分裂成兩個的頂點。[9] 模式相當簡單：帶有兩端點的膠子分裂時，必會冒出兩個新的端點。根據量子色動力學的數學規則，新的端點必定有同樣的顏色。以下是兩個例子。由下往上看，第一個例子是顯示藍－紅膠子分裂成藍－藍膠子和藍－紅膠子；第二個例子則顯示藍－紅膠子分裂成藍－綠膠子和綠－紅膠子。

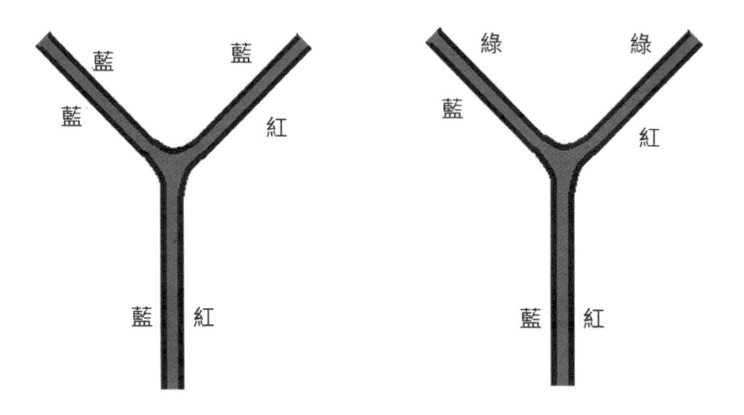

頂點可以上下顛倒，顯示兩個膠子合併成單一膠子的過程。

儘管不很明顯，而且花了些時間才徹底弄懂，膠子生性黏在一起，形成長鏈：正端黏負端，紅色黏紅色，藍色黏藍色，綠色黏綠色。那些長鏈就是把夸克束縛在一起的弦，並且賦予強子如細線般的性質。

9 你可能會納悶，我們怎麼知道膠子能夠分裂成一對膠子。答案就藏在量子色動力學的數學深處。根據量子場論的數學規則，膠子只能做兩件事的其中一件——分裂成兩個膠子，或者發射出一對夸克。事實上，兩件事它們都做得到。

地下室的弦

彈性弦的想法又再次出現在量子重力研究中，不同的是，一切都比上次小了並快了大約二十個數量級。這些微小、快速、能量極強大的線狀物，稱為基本弦（fundamental string）。[10]

我要再說一遍，免得到後面有誤解：弦論在近代物理學上有兩個非常不一樣的應用。在強子方面的應用，發生在以常人標準來看極小，但從近代物理的角度來看非常大的尺度上。核子、介子和膠球這三種強子，是由弦論數學描述的弦狀物，這是不爭的事實，支持強子弦論的實驗室實驗，可追溯到近半個世紀之前。讓強子結合起來，而且本身也由膠子組成的弦，稱為 QCD 弦。基本弦是和接近普朗克尺度的重力及物理學有關的弦，也是近來令人興奮、引發爭議、引來部落格酸文和論戰書籍的源頭。

基本弦比質子小的程度，可能就像質子比紐澤西州小的程度那麼多。在基本弦之間，重力子的重要性名列第一。

重力在很多方面和電力非常類似。帶電粒子之間的力學定律稱為庫侖定律；重力的定律稱為牛頓定律。電力和重力都遵守平方反比律（inverse square law），意思就是力的強度會按照距離

10　基本弦究竟是解釋基本粒子的終極答案，還是邁向更小組成物的化約論中的又一階段，還有待討論。不管這個術語的由來是什麼，現在用基本弦是為了方便。

的平方遞減。粒子間的距離變兩倍，作用力會減為四分之一；距離變三倍，作用力會減為九分之一；距離變四倍，作用力會減為十六分之一，以此類推。兩個粒子之間的庫侖力，和它們的電荷乘積成正比；牛頓力則和它們的質量乘積成正比。這些是相似處，但也有相異處：電力可能是斥力（在同性電荷之間），也可能是引力（在異性電荷之間），但重力始終是引力。

有個重要的相似處是，這兩種力都能產生波。想像一下，如果兩個隔得很遠的帶電粒子有一個突然移動了，比方說遠離另一個電荷，這兩個帶電粒子之間的作用力會發生什麼變化。或許有人會認為，第一個粒子移開的時候，作用在第二個粒子上的力會馬上改變，但這個描述有點問題。如果作用在遠方電荷的力真的突然改變，而且沒有延遲，我們就可以利用這種效應，把即時訊息傳送到遙遠的空間區域。但即時訊息違反自然界最深層的原理之一，根據狹義相對論，沒有任何訊號傳遞得比光速更快。你不可能用比光的行進時間更短的時間傳送訊息。

事實上，附近的粒子突然移動時，作用在遠方粒子上的力不會立刻改變，相反的，會有一個擾動從移動的粒子（以光速）向外擴散。擾動到達的時候，作用在遠方粒子上的力才會改變。向外擴散的擾動很像振盪的波，當波終於到達的時候，它會搖晃第二個粒子，讓它表現得像隨著池塘漣漪浮沉的軟木塞。

講到重力，情況也類似。想像一隻巨大的手在搖晃太陽，但在地球上，需要經過八分鐘才能感覺到太陽的移動，因為光從太陽行進到地球要花八分鐘。這個「訊息」以時空曲率的漣漪（ripple of curvature，即重力波）的形式向外傳播——同樣是以光速。重力波（gravitational wave）對質量的作用，就像電磁波對電荷的作用一樣。

現在再加一點量子理論。我們已經知道，振盪中的電磁波的能量，以不可分割的量子為單位，這種量子稱為光子。普朗克和愛因斯坦非常有理由認定振盪能量是離散的，而且同樣的論證也適用於重力波，除非我們弄錯了。重力場的量子稱為重力子。

在這裡我應該說，重力子和光子不一樣，大家只是臆測有重力子存在，而沒有經過實驗的檢驗——大部分的物理學家認為這個猜想是根據穩固的原理，但仍是猜想。即使如此，對思考過的大多數物理學家來說，推測重力子存在的邏輯還是令人信服的。

光子和重力子的相似性引發了一些有趣的問題。（在量子場論中）電磁輻射是透過頂點圖來解釋的，在這種圖中，帶電粒子（如電子）會發射光子。

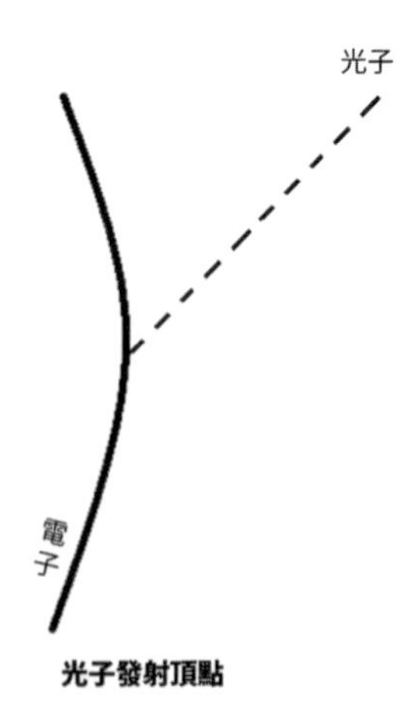

光子發射頂點

預期粒子在發射重力子時會產生重力波，這是很自然的。由於萬物都受到重力的作用，因此所有的粒子一定可以發射重力子。

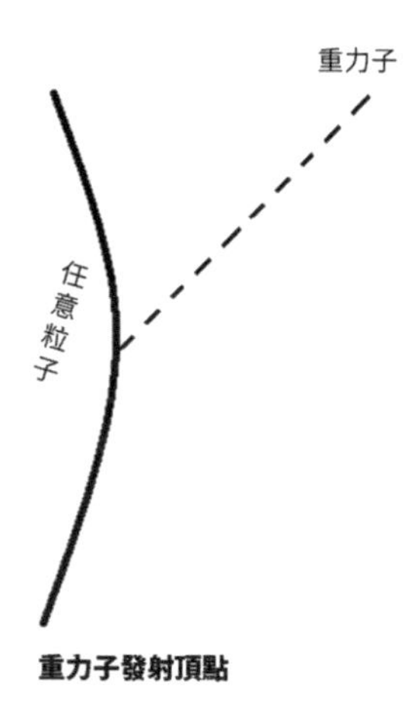

重力子發射頂點

就連重力子也可以發射重力子。

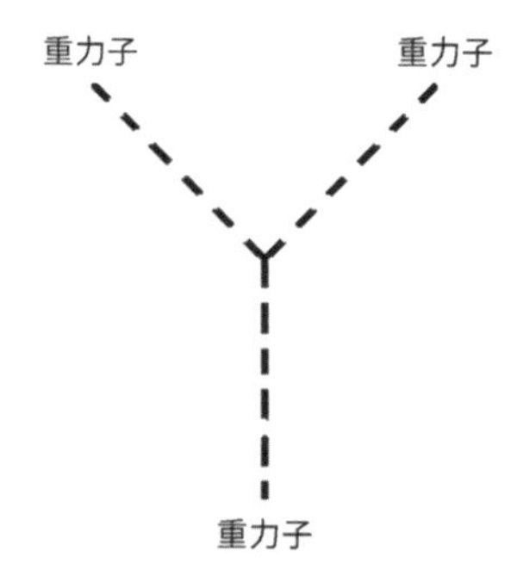

可惜的是，把重力子納入費曼圖中，會導致數學出亂子。近半個世紀以來，理論物理學家設法理解重力子的量子場論，但一再失敗，因此許多人相信這是白費心力。

量子場論的困境

在我的 1994 年劍橋之旅當中，比較快樂的插曲之一就是和老朋友潘若斯爵士共進午餐。潘若斯剛冊封為爵士，我和安妮去牛津拜訪，向他道賀。

潘若斯、我和我們的太太一行四人，坐在查威爾河（Cherwell River）岸上宜人的露天餐廳，看著河面上撐篙而過的遊人。可能有人不熟悉撐船這項運動，它是利用一根長篙悠閒地讓船隻前進的高貴划船形式，這個田園般的活動，總會讓我想到雷諾瓦的畫作《船上的午宴》（*Luncheon of the Boating Party*），但它本身還是有危險。有一艘載著一群正在唱歌的大學生的平底船經過時，撐船的那個漂亮女孩讓長篙卡在泥淖裡了，她不願意放手，船繼續往前滑行，她還忙亂地抓住篙，也為我們的午餐助興。

同時間，我們四人正專注地分食餐後甜點，一塊巧克力慕斯。兩位女士已經吃完她們的那份，我和潘若斯一邊取笑那個束手無策的撐船女孩（她自己也在笑），一邊享用剩下的那塊美味黑巧克力。我開始注意到，我和潘若斯一人一叉輪流吃巧克力的時候，都會把剩下的那塊切成兩半。潘若斯也注意到了，於是我們展開競賽，看誰會是最後切兩半的人。

潘若斯說，古希臘人已經想過究竟物質能不能無限分割下去，或是每個物質有沒有不可分割的最小塊——他們所稱的原子。我問：「你覺得有巧克力原子嗎？」潘若斯聲稱不記得巧克力是不是週期表上的元素了。無論如何，最後我們把那塊慕斯切成看似最小的巧克力原子，如果我沒記錯的話，是潘若斯切的。下一艘平底船滑過來的時候，撐船插曲也快樂落幕了。

量子場論的問題在於，它根據的想法是空間（和時空）就像可無限分割的巧克力慕斯。不管把它切得多細，你永遠可以繼續細分。所有的重要數學難題都和無窮有關：數目怎麼可能無窮盡繼續下去，但怎麼可能不這樣繼續下去？空間怎麼可能無限分割下去，但怎麼可能不可無限分割下去？我想無窮已經是在數學家當中造成精神錯亂的主因。

不論精神是否錯亂，數學家把可無限分割的空間稱為連續統（continuum）。連續統的問題在於，在最小的距離上仍會有很多事在進行。事實上，連續統沒有最小的距離——你可以消失在愈來愈小的單元格子裡，而每個層次都會有事情發生。換句話說，一個連續統可以在每個微小的空間體積裡，容納無限多個資訊位元，無論體積有多微小。

在量子力學中，無窮小的問題特別棘手，因為只要能抖動的，都會抖動，而且「未被禁止的，就必會發生」。就連處於絕對零度的真空中，像電場、磁場這樣的場都會起伏。這些起伏發生在每個尺度上，從數十億光年的最大波長，一路到和數學上的點差不多的大小。量子場的這種抖動，可以把無窮多的資訊儲存在每個極微小的體積裡。這是讓數學出大亂子的禍端。

每個小體積裡可能儲存無窮多的位元，在費曼圖上是以愈來愈小的子圖形來呈現。先從一個簡單的概念開始：傳播子顯示電子從一個時空點移動到另一個時空點。它始於單個電子，又以單個電子為終點。

電子還有其他方法可從 a 走到 b——舉例來說，可以在這個過程中拋接光子。

可能的情況顯然無限多，而根據費曼的規則，必須把所有的可能情況相加起來，才能得知實際的機率值。每個圖形都可以加上更多的結構來裝飾，每個傳播子和頂點都可以替換成更複雜的歷程，圖形中有小圖形，小圖形中有更小的圖形，直到小到看不見為止。但有了高倍率的放大鏡，再細微的結構都能加進去——沒有盡頭。

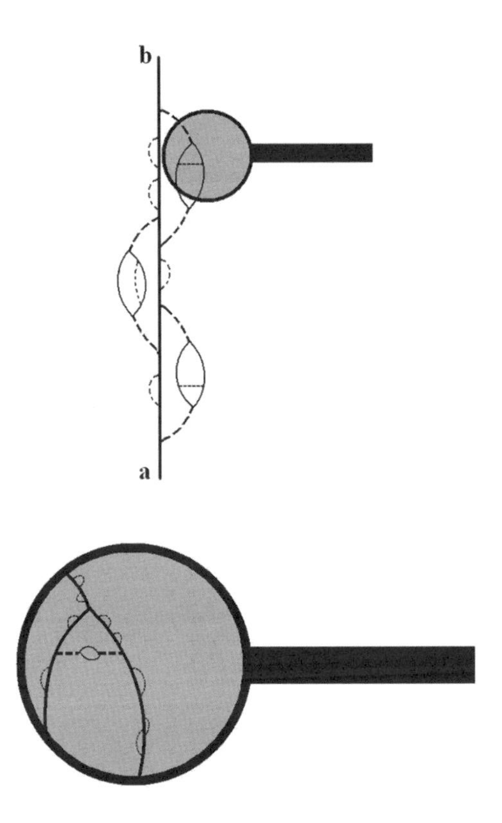

能夠無限制地把愈來愈小的結構加到費曼圖中，是量子場論中時空連續體引發的令人不安的結果之一：就像一直切兩半的巧克力慕斯。

在這種情況下，量子場論會導致數學出錯就幾乎不是意料之外的事了。把無限多的極小空間單元格子裡的所有起伏，組合成一個有一致性的宇宙，這並不容易。事實上，大部分的量子場論版本都會出毛病，產生無價值的東西，歸根究柢，甚至連基本粒子的標準模型在數學上都可能沒有一致性。

不過，最困難的莫過於嘗試建立重力的量子場論。要記住，重力是幾何學。不管怎麼說，根據量子場論的規則，在嘗試把廣義相對論和量子力學結合起來的過程中，大家會發現時空本身的形狀不斷改變。如果能夠放大空間中的一小塊區域，你會看到空間劇烈震動，扭曲成帶有曲率的小隆起和結節。此外，愈拉近看，起伏會愈劇烈。

牽涉到重力子的假想費曼圖可反映出這種反常。愈來愈小的圖形會變得失去控制。想弄清楚重力量子場論的所有嘗試，都會導向同樣的結論：在最小的距離尺度上有太多事情發生。把傳統的量子場論方法應用在重力上，會導致數學上的大失敗。

物理學家有一套延後空間可無限分割帶來的災難的辦法：他們假想空間不是真正的連續統，就像巧克力慕斯一樣。他們假定，如果細分空間到某個階段，你會發現一個不可再分割的不可分小塊，換句話說，當子結構變得太小的時候，就不要再畫費曼圖了。事物很小的限度，稱為截斷（cutoff）。基本上，截斷其實就是把空間分割成不可分的三維像素，而且每個三維像素永遠不許超過一個位元。

截斷聽起來像是逃避，但確實有理由。物理學家早就推測普朗克長度是空間的終極最小單位。只要停止加上小於普朗克長度的結構，費曼圖就完全合理，連那些包含重力子的費曼圖也說得通——反正論證是這樣說的。這是大家對時空的近乎普遍的期待——在普朗克尺度上，它應該具有不可分割、顆粒狀、由三維像素構成的結構。

但這是在發現全像原理之前的情形。我們在第 18 章看到，把連續空間代換成有限普朗克尺度的三維像素陣列，是錯誤的想法。把空間三維像素化，大幅高估了區域內可能發生的變化量。這會讓托勒密誤判他的圖書館能容納的位元數，也會讓理論物理學家誤判空間區域可儲存的資訊量。

大家幾乎從一開始就意識到，弦論可解決無窮小費曼圖的難題，有一部分的解決辦法是排除無窮小粒子的概念。然而要等到全像原理出現，大家才領悟到弦論和量子場論的截斷或像素化版本多麼不同。值得注意的是，弦論本質上是一個描述像素化宇宙的全像理論。

近代弦論就像它的前身，都有開弦和閉弦。在大部分但不是全部的弦論版本中，光子是類似介子的開弦，差別是小了很多。在所有的版本中，重力子是和微縮膠球最相似的閉弦。基本弦和 QCD 弦這兩種類型的弦，有沒有可能在某種預料不到的深層意義上是同樣的東西呢？從它們的大小差異來看，似乎不大可能，但弦論學者已經開始懷疑尺度上的龐大差異是誤導。我們在第 23 章將看到，弦論有某種一致性，而現在暫且把兩個弦論版本視為確定無誤的現象。

弦是長度比粗細度大很多的柔韌物體：鞋帶和釣魚線都是弦。弦這個字在物理學中也暗示著彈性：弦既能拉長，也可以彎曲，就像彈力繩和橡皮筋一樣。QCD 弦很強韌（你可以在介子的一端舉起一輛大噸位的卡車），但基本弦更強韌。事實上，儘管基本弦非常細，卻極為強韌，比普通材料製成的任何東西都強韌許多。一條基本弦大約可吊起 10^{40} 輛卡車。像這樣的極高抗張強度，讓我們非常難把基本弦拉長到可察覺的長度。於是，基本弦的典型大小可能就和普朗克長度差不多小。

量子力學在我們平時會碰到的弦（彈力繩、橡皮筋和拉長的口香糖）上，並沒有扮演重要的角色，但 QCD 弦和基本弦都有很重要的量子力學特性。舉例來說，這代表能量只能以離散、不可分割的單位增加，能量從一個值增加到另一個值，只能以「量子跳躍」上能階樓梯的方式進行。

能量階梯的底端稱為基態（ground state），加單一個能量單位會上升到第一激發態（excited state），再上一個能階會升到第二激發態，以此類推到更高的能階。像電子、光子等普通的基本粒子，都位於階梯的底端，如果它們真的有什麼振動，就只有量子零點運動。但如果弦論是對的，就能以增加的能量讓這些粒子旋轉和振動（質量也因此增加了）。

一條吉他弦可以用彈片撥動來激發，但正如你想像得到的，吉他彈片太大了，無法撥動電子。最簡單的方法是用另一個粒子撞擊電子。實際上，我們是用一個粒子當作「彈片」，去撥動另一個粒子，如果碰撞得夠劇烈，就會讓兩條弦在激發態振動。下一個問題顯然是：「為什麼實驗物理學家不在加速器實驗室裡激發電子或光子，然後徹底解答粒子是不是振動中的基本弦？」問題出在階梯實在太高了。旋轉或振動一個強子所需要的能量，按照近代粒子物理學的標準來看不大，但激發一條基本弦所需要的能量極大。把一單位的能量加到一個電子上，會讓電子的質量增加到普朗克質量這麼多。更糟的是，這個能量必定會集中在極小的空間中。大致來說，我們必須把 100 萬兆個質子的質量，塞進直徑只有質子的 100 萬兆分之一的空間裡。目前建造過的加速器都做不到這件事，這種事從來沒有做過，而且大概永遠做不到。[11]

平均來說，受到很大激發的弦會比處於基態的弦來得大；額外的能量讓它們快速到處移動，把它們拉得更長。如果你能用夠大的能量撞擊一條弦，它會展開成像一團纏在一起、劇烈抖動的毛線球一樣大，而且沒有上限；用的能量更多，弦就可以激發到任何大小。

如果不在實驗室裡，在自然界中有一種方式會產生出受很大激發的弦。我們會在第 21 章看到，黑洞是極龐大、纏在一起的「怪物弦」——連那些位於星系中心的巨型黑洞也是。

最簡單的弦是基本粒子。

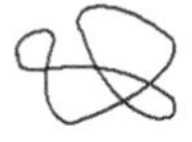

抖動它們，增加能量。

增加更多的能量。

11　這就是為什麼有些物理學家主張弦論仍是未獲得實驗證實的理論。這個主張有一定的道理，但責任不在理論物理學家，而是在實驗物理學家。那些懶人必須走出去，建造一個極大的加速器，噢對，還要收集每秒需要供應加速器的幾兆桶石油。

量子力學還有一個重要又迷人的結果，這個結果很不可思議，又太過專門，沒辦法在這裡好好解釋。我們平常察覺到的空間是三維的，這三個維度有很多術語可描述：例如經度、緯度和海拔；或是長、寬、高。數學家和物理學家常用標著 x、y 和 z 的三個軸來描述維度。

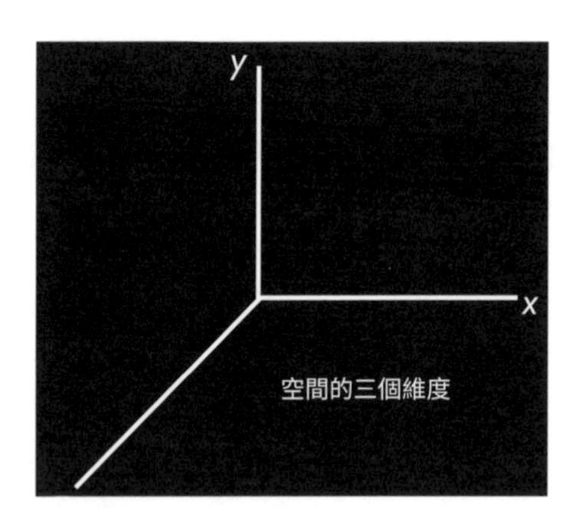

空間的三個維度

但基本弦對於只有三個維度可活動並不滿意，我的意思是，除非增加更多空間維度，不然精妙的弦論數學就會出毛病。弦論學者許多年前就發現，如果不多加六個空間維度，他們的方程式在數學上就無法保有一致性。我始終認為，假如一件事了解得很充分，應該就有可能用非專業的措詞來解釋。然而弦論需要額外六個維度，就不可能有簡單的解釋，即使在超過三十五年後的今天。我擔心我不得不採取無賴的招數，說：「我們可以證明……」

如果遇到有人能夠想像四個或五個維度，我會非常驚訝，更別說九個維度了。[12]我做得不會比你更好，但我可以在平常的x、y、z之外再加六個字母r、s、t、u、v、w，然後利用代數和微積分來擺布這些符號。有了九個可移動的方向，「我們可以證明」弦論在數學上是有一致性的。

現在你可能會好奇：如果弦論需要九個維度，觀測到的空間又只有三個維度，這不就是證明弦論錯了的初步證據嗎？但事情沒那麼簡單。許多非常知名的物理學家，包括愛因斯坦、沃夫岡·包立（Wolfgang Pauli）、菲利克斯·克萊因（Felix Klein）、溫伯格、葛爾曼和霍金（他們當中沒有一個是弦論學者），都認真思考過空間可能有超過三個維度的想法。他們顯然不是出現幻覺，所以必定有某種方法遮掩了額外維度存在的事實。把額外維度隱藏起來的流行術語是緊緻（compact）和緊緻化（compactify, compactification）：弦論學者透過緊緻化的過程，讓額外的六個空間維度變緊緻。概念是，額外的空間維度可以包裹成非常小的結節，這樣一來，我們這些大型生物就沒辦法在其中到處移動，甚至察覺不到這些維度。

在許多近代高能物理的討論中有個常見的話題，就是認為空間的一個或多個維度或許可以捲起，變成微小的幾何形狀，因而小到無法察覺。有些人認為額外維度的想法純屬臆測，就如某位

12　大家常聽說弦論是十維的，附加的那個維度其實就是時間。換言之，弦論是 (9 + 1) 維的。

幽默大師所說的：「帶著方程式的科幻小說」。但那是建立在無知的基礎上的誤解。所有的近代基本粒子理論都在利用某種形式的額外維度，來提供讓粒子複雜化的必要機制。

弦論學者並未發明額外維度的概念，但他們用特別有創意的方式運用這個概念。儘管弦論需要六個額外的維度，但我們只要新增一個空間維度，就會有大概的了解。我們探討一下條件最簡單的額外維度。先來看只有一個空間維度的世界，我們就稱它「直線國」吧，最後我們會多加一個緊緻維度。在直線國定出一個點的位置，只需要一個坐標；那裡的居民稱它為 X。

為了讓直線國變有趣些，我們必須添加一些物體，那麼就創造一些沿著直線運動的粒子。

X

把它們想成可黏在一起，形成一維的原子、分子甚至生物的小珠子。（我相當懷疑生命是否有可能生存在只有一個維度的世界，但我們就姑且相信吧。）把這條線和那些珠子都想成是無窮細的，這樣它們就不會向其他維度突出去。或是乾脆設法想像出沒有其他維度的線和珠子。[13]

聰明人可以設計出很多替代的直線國版本，珠子可以都很相

13 我在第 15 章解釋過的 CGHS 模型就是直線國，只不過在直線國的空間端點有個巨大（且肯定很危險）的黑洞。

似，或是設計一個比較有趣的世界，可能有幾種不同的珠子。為了記下不同的類型，我們可以用顏色來標記：紅色、藍色、綠色等等。我可以想像出無限的可能：紅珠子吸引藍珠子，但和綠珠子相排。黑色珠子非常重，但白色珠子不帶質量，並以光速在直線國行進。我們甚至可以讓珠子帶有量子力學的特性，每個珠子的顏色都不確定。

只有一個維度的生活受到很大的限制，由於只能沿著一條直線自由移動，直線國的居民總是會彼此相撞。他們可以溝通嗎？很容易：他們可以互相發射珠子來傳遞訊息。但他們的社交生活非常乏味；每個人只有兩個熟人——右邊一個，左邊一個。至少需要兩個維度，才會有一個社交圈。

但外表會騙人。當直線國居民用倍率非常高的顯微鏡觀察的時候，他們發現自己的世界原來是二維的，大感震驚。他們看到的不是厚度為零的理想數學線，而是一個圓柱面。在一般情況下，圓柱周邊對直線國居民來說太小了，察覺不到，但在顯微鏡下，小得多的物體被發現了，甚至是比直線國原子還要小的物體——小到可以在兩個方向上移動。

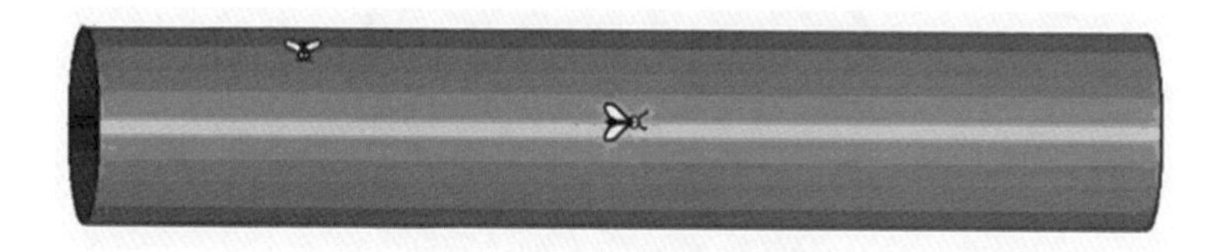

跟他們的大人國朋友一樣，這些直線小人國居民可以沿著圓柱的柱身移動，但他們夠小，所以可在繞著圓柱的周邊移動。他們甚至可以同時在兩個方向上移動，也就是在圓柱面盤旋移動。

哇，他們甚至還能彼此交叉而過，不會相撞。無可非議的，他們自稱生活在二維空間中，但有個古怪之處：如果他們沿著多出來的維度直線前行，很快就會回到原地。

直線國居民需要替新的方向命名，所以稱它為 Y。但不像 X，他們沿著 Y 的方向走沒多遠，就會回到起點。直線國的數學家說，Y 方向是緊緻的。

上頁圖所示的圓柱，是在原本的一維世界額外加一個緊緻方向的結果。把六個額外的維度加到已經有三個維度的世界，遠超出人腦的想像力。物理學家和數學家與其他人的區別，並非他們是可以想像任意個維度的異類，而是他們經過了艱巨的數學再訓練（又是要重接線好腦神經迴路），才「看得見」額外添加的維度。

外加一個維度提供不了太多的變化機會。沿著緊緻的方向移動，就好比沿著圓圈打轉卻不自覺。然而只要多加兩個維度，就能帶來無數的新機會。這兩個額外的維度，可以形成球面，

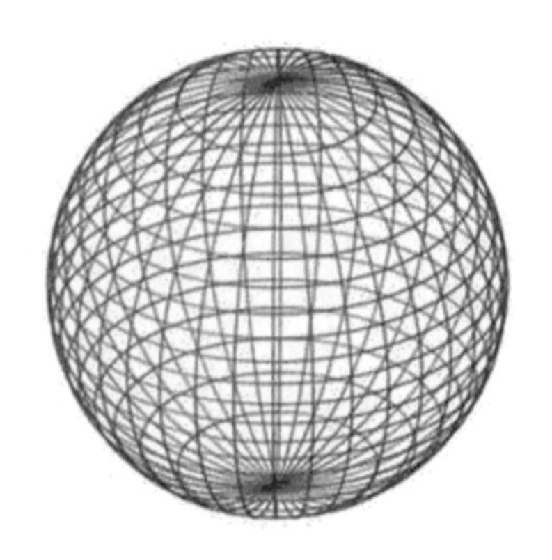

環面（甜甜圈的表面），

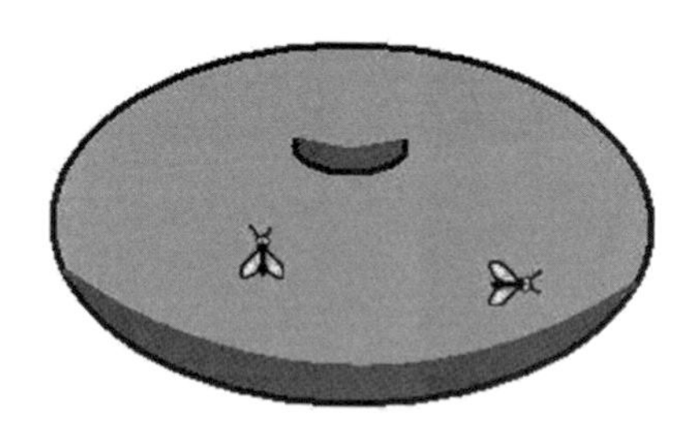

有兩個或三個洞的甜甜圈，

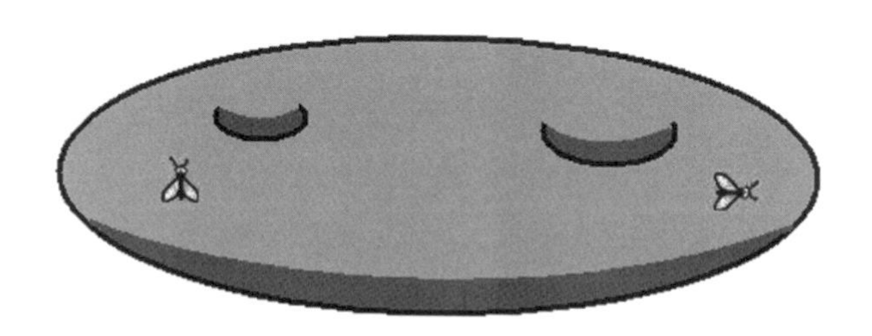

甚至一種叫做克萊因瓶（Klein bottle）的怪誕空間。

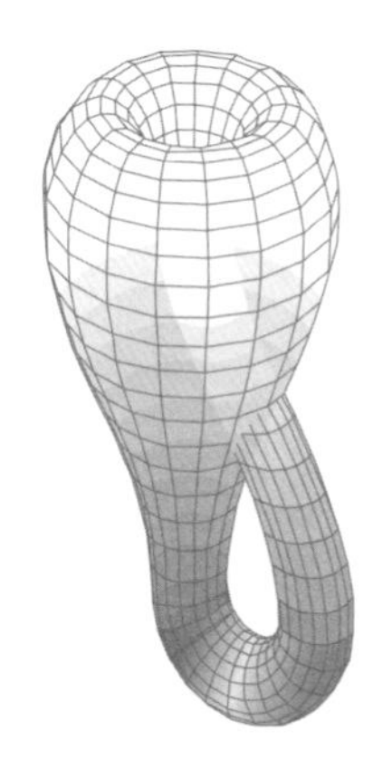

想像兩個額外的維度沒那麼難（我們剛才就做到了），但增

加的數量愈多，就會變得愈來愈難想像。等到你加到弦論需要的六個額外維度，根本沒有辦法不靠數學就想像出來。弦論學者用來把這六個額外維度緊緻化的特殊幾何空間，稱為卡拉比－丘流形（Calabi-Yau manifold），這種流形有無數個，沒有一模一樣的。卡拉比－丘流形十分複雜，帶有許許多多六維的甜甜圈洞，和難以想像的蝴蝶餅扭結。儘管如此，數學家把它們切成較低維度的圖形，類似嵌入圖，用這種方式畫出了這種流形。下面是典型的卡拉比－丘空間的二維切片。

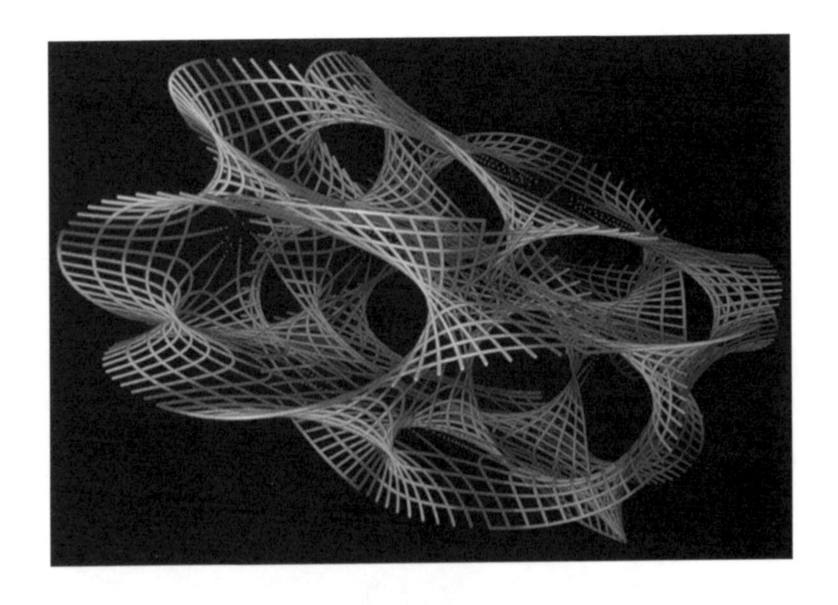

我要嘗試告訴你，在每個點加上一個六維卡拉比－丘流形之後，普通的空間會是什麼樣子。我們先來看看平常的維度，也就是像人類這樣的大型物體可在其間移動的維度。（我把它畫成二維的，但現在你應該已經能在想像中加入第三維了。）

在三維空間的每一點，還有其他六個緊緻維度，非常小的物件可以在其間移動。我迫不得已，把卡拉比－丘空間分開來畫，但你應該要想像它們是在普通空間的每一點上。

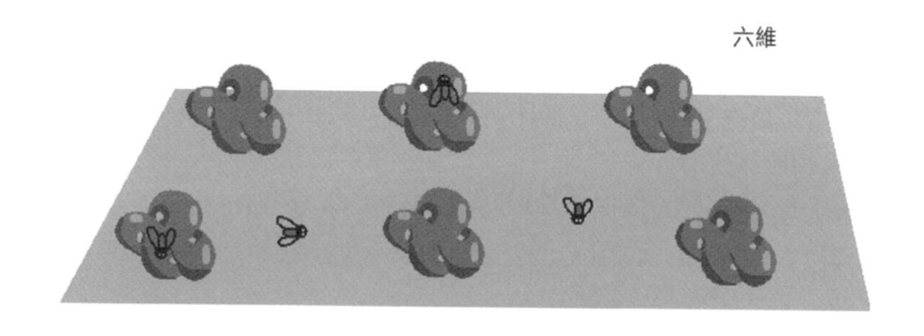

現在我們回到弦。普通的彈力繩可往很多方向伸長，譬如沿著東西軸、南北軸或上下軸，它也可以往各種角度拉長，例如北北西方向 10 度仰角。但如果有額外的維度，可能的情況就會大幅增多。特別是，弦可以沿著緊緻的方向拉長。閉弦可以纏繞卡拉比－丘空間一圈或多圈，而在普通的空間方向上又不會拉長。

我再讓情況更複雜些。這條弦可以一邊擺動，一邊纏繞緊緻空間，而且這些擺動會沿著弦傳播，就像蛇似的。

把一條弦繞著一個緊緻方向拉長並讓它擺動，是需要能量的，因此由這些弦描述的粒子會比普通的粒子更重。

作用力

我們的宇宙不但有空間、時間和粒子，還有作用力。作用在帶電粒子之間的電力，可讓紙片和灰塵移動（回想一下靜電），但更重要的是，這些作用力也會讓原子裡的電子在原子核周圍的軌道上運行。作用在地球與太陽之間的重力，讓地球在軌道上運行。

所有的作用力終究來自個別粒子間極微小的作用力。但這些作用在粒子之間的力又是從哪裡來的？對牛頓來說，物體之間的萬有引力就是自然界裡的客觀事實——他能夠描述，卻無法解釋的事實。然而在 19 和 20 世紀，像法拉第（Michael Faraday）、馬克士威、愛因斯坦和費曼等物理學家，都能洞察機先，把力解釋成更基本的概念。

根據法拉第和馬克士威的理論，電荷不是直接相斥和相吸；電荷之間的空間中，有個中介物在傳遞作用力。想像一下兩頭各有一個球的翻轉彈簧（Slinky，一種慢吞吞的玩具彈簧）被拉開的情形。

每個球只會施力在和自己相鄰的那截翻轉彈簧上面，翻轉彈簧的每一截又施力在它的鄰近彈簧上。這個力沿著翻轉彈簧一路傳遞到另一端拉住的那個球上。看起來可能像兩個物體彼此互拉，但實際上，這是由中間的翻轉彈簧產生出來的假象。

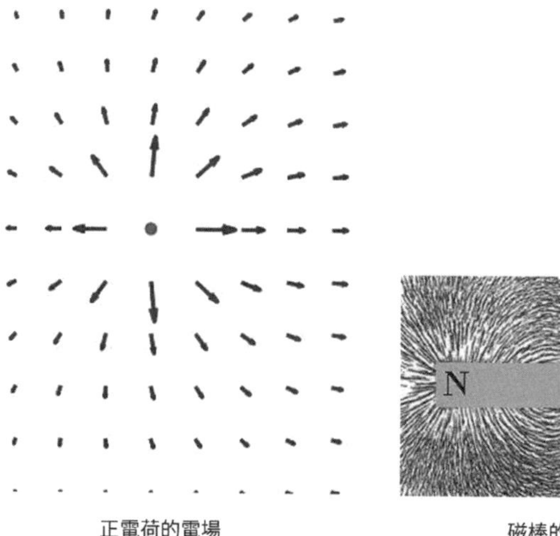

正電荷的電場

磁棒的磁場

說到帶電粒子，中間的媒介就是填滿粒子間的空間的電場和磁場。雖然看不到，這些場卻相當真實：它們是平穩、無形的空間擾動，能夠傳遞電荷之間的作用力。

愛因斯坦的重力論推得更加深入。質量彎扭了周圍時空的幾何結構，如此一來也扭曲了其他質量的軌跡。幾何的扭曲也可以視為一種場。

有人或許會認為情況就是這樣。的確是，直到費曼帶著作用力的量子理論出場，這個理論乍看之下好像和法拉第－馬克士威－愛因斯坦的場論截然不同。費曼的理論以這個概念為起點：帶電粒子可以發射（拋出）然後吸收（接住）光子。這個概念沒有什麼爭議；大家很早就明白，電子在 X 射線管內遇到障礙物而突然停住的時候，會發射出 X 射線。至於吸收的逆過程，在愛因斯坦首次引進光量子概念的那篇論文中已經提到了。

費曼把一個帶電粒子描繪成拋接光子的雜耍表演者，不斷在電荷四周的空間中發射、吸收和生成大量的光子。靜止的電子彷彿是技藝出神入化的雜耍大師，從來不會漏接。但就像火車車廂裡的平凡雜耍表演者，突然的加速可能會壞事，這個電荷可能會扯離本來的位置，致使它沒有吸收到光子，於是漏接的光子飛了出去，變成輻射光。

回到火車車廂，雜耍員的搭檔上火車了，兩人決定練習一點雙人雜耍。大部分的時候，每個雜耍員都接住自己拋起的球，但當他們靠得夠近的時候，偶爾也會互接對方拋起的球。兩個電荷靠近時，也會發生同樣的事情。圍繞在電荷四周的光子雲混在一起，一個電荷可能會吸收另一個電荷發出的光子，這個過程叫做光子交換（photon exchange）。

由於光子交換的過程，電荷之間會互相施力。這個力究竟是吸引力（拉力）還是排斥力（推力），這個難題只能由量子力學的精妙才能回答。不用多說，費曼在進行計算時，發現了法拉第和馬克士威之前預測的結果：同性相斥，異性相吸。

比較一下電子的雜耍技能和人類的雜耍技能是很有趣的。人類每秒大概可以完成幾次拋接動作，但電子每秒大約發射並吸收 10^{19} 個光子。

根據費曼的理論，不光是電荷，所有的物質都會雜耍。每種物質形式都會發射並吸收重力子，也就是重力場的量子。地球和太陽有重力子雲包圍，重力子會混在一起並且交換，結果就產生讓地球在軌道上運行的重力。

那麼，單獨一個電子多久發射一次重力子呢？答案很出乎意料：不很常。平均來說，讓電子發射一個重力子，需要的時間比整個宇宙年齡還要久。這就是費曼的理論對於基本粒子之間的重力比電力弱的解釋。

好了，哪個說法是對的：是法拉第－馬克士威－愛因斯坦的場論，還是費曼的粒子拋接理論？兩者聽起來相去甚遠，不可能都是對的。

但兩者都對。關鍵是我在第 4 章解釋過的，波與粒子之間的量子互補性。波是一種場的概念：光波不過是電磁場的快速波盪。但光也是粒子——光子。因此，費曼的作用力粒子圖像和馬克士威的場圖像，又是量子互補性的例子。由拋接粒子雲生成的量子場，叫做凝聚態（condensate）。

關於弦的笑話

我來講一個最近在弦論學者之中流傳的笑話。

有兩條弦走進酒吧，點了兩杯啤酒。調酒師對其中一條弦說：「喂，真是好久不見，最近怎麼樣？」然後他看著另一條弦，說：「我沒見過你對吧？你像你的朋友一樣是閉弦嗎？」第二條弦答曰：「不是，我是磨損的結（I'm a frayed knot）[14]。」

呃，對弦論學者還能指望什麼呢？

笑話到此結束，但故事還沒講完。調酒師覺得有點頭昏眼花，或許是在吧檯後面偷喝太多的結果，也有可能是這兩個酒客湧動的量子起伏讓他頭暈。不對，這不是一般的抖動；兩條弦看上去晃動得非常奇怪，好像有某股隱藏的作用力在猛拉他們，把他們束縛在一起。只要其中一條弦突然動一下，另一條弦就緊接著被拉離吧檯椅，反之亦然，不過看起來好像沒有什麼東西把他們連在一起。

調酒師對眼前的奇特行為著迷不已，盯著他們之間的空間尋找線索。起先他只能看到微弱的閃光，令人頭暈的幾何扭曲，但凝視了差不多一分鐘後，他注意到有小段的弦不斷從兩個客人身上斷開，在他們之間形成凝聚態。猛拉急推他們的正是這個凝結態。

14 這是 I'm afraid not（恐怕不是）的諧音。

弦會發射並吸收其他的弦，我們就拿閉弦為例吧。除了以零點運動的方式抖動，量子弦還可以分裂成兩條弦。我在第 21 章會描述這個過程，現在就先用一個簡單的圖像大概說明一下。下面是閉弦的圖形。

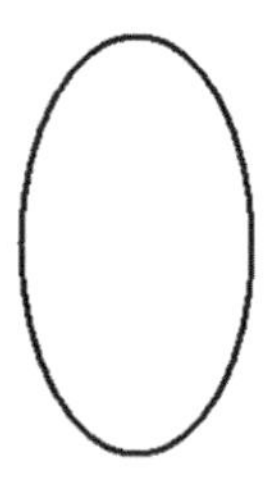

這條弦在做某種微幅的擺動，直到出現一個像耳朵的附加物。

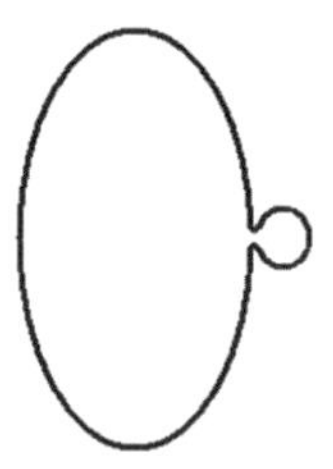

這條弦現在準備分裂，發射出自己身上的一小部分。

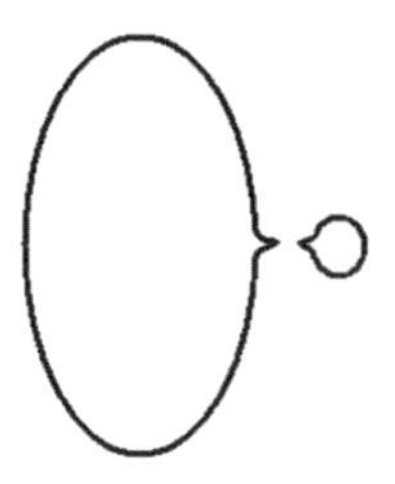

反過來的情況也有可能發生：當一小段弦遇到較大的第二條弦，可以透過逆過程被吸收。

調酒師看到的正是一小段弦的凝聚態，這些弦像一大群量子蒼蠅似的圍繞著他的客人。但當他沒仔細看的時候，模糊的凝聚態看上去只是扭曲了他的視線——和彎曲時空區域會做的事一模一樣。

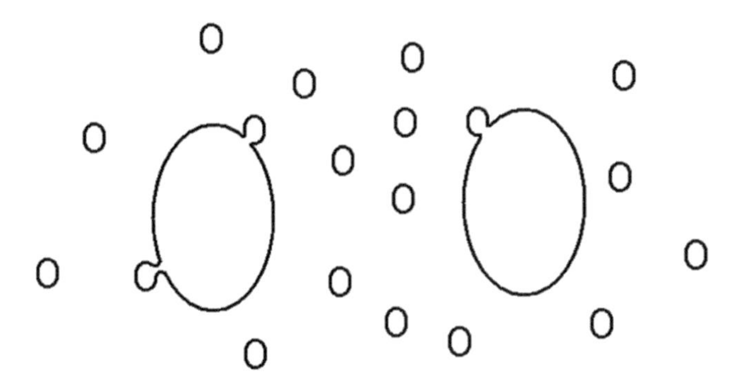

這些小小的閉弦圈就是重力子，群集在較大的弦四周，構成一個酷似重力場效應的凝聚態。重力子（重力場的量子）和核物理中的膠球，在結構上類似，但大小只有膠球的 10^{19} 分之一。大家不禁納悶，這一切對核物理如果有意義的話，代表的意義會是什麼。

有些其他領域的物理學家覺得弦論學者的熱情很煩人。弦論學者認為：「弦論漂亮、優雅、相容又嚴謹的數學，會帶往重力驚人、不可思議又了不起的事實，所以它必然是對的。」但對心存懷疑的圈外人來說，再多的形容詞，即使理由充分，也不會讓論點更有說服力。如果弦論是描述自然界的正確理論，就必須透過令人信服的實驗預測和依據實驗的檢驗來驗證，而不是用一堆形容詞。他們是對的，但弦論學者也是對的。真正的問題在於，要對大小只有質子的 100 萬兆分之一的東西做實驗，是極度困難的。不管弦論最後有沒有實驗數據來證實，在這段時間裡，它仍是有一致性的數學實驗室，讓我們可以檢驗重力要如何和量子力學結合的各種想法。

假定重力出現在弦論中，我們就能假設，有夠多的大質量弦聚集在一起的時候，會形成黑洞，所以弦論是可以檢驗霍金悖論的架構。如果霍金說對了，黑洞必然會讓資訊遺失，那麼弦論的數學應該會證實這件事。如果霍金錯了，弦論會告訴我們資訊逃離黑洞的可能方法。

1990 年代初，特胡夫特和我互訪了三次，兩次在史丹佛，一次在烏得勒支（如果我沒記錯的話），特胡夫特基本上不信任弦論，儘管他寫過論文解釋弦論和量子場論的關係，而且這篇論文影響深遠。我一直不確定他不喜歡的理由是什麼，但我能猜到部分原因和 1985 年以來，美國理論物理學界變成像是同溫層，由弦論學者把持有關。永遠唱反調的特胡夫特相信（我也相信），差異性是有優點的。看待問題的方式愈是不同，能拿來運用的思維風格愈是不同，就愈有可能解決非常困難的科學問題。

不過，讓特胡夫特存疑的，不光是對物理界由一小撮人接管感到煩躁。就我所知，他同意弦論是有價值的，但對於主張弦論是「終級理論」很反感。弦論是偶然的發現，它的發展是斷斷續續的。我們一直沒有一套詳盡的原理或一組明確的方程式。即使到了今天，它依然只包含一套彼此關聯的數學事實，這些事實雖然是由驚人的一致性支撐在一起，但沒有形成一套特有的簡潔原理，就像牛頓的重力論、廣義相對論或量子力學那樣。相反的，它只有一個網路，像一幅非常複雜的拼圖般湊在一起，我們只能依稀看出整體樣貌。回想一下本章開頭引述特胡夫特所說的：「不妨想像我給你一把椅子，同時又向你解釋還缺椅腳，椅座、靠背和扶手也許很快就會送到；不管我給你的東西到底是什麼，我仍然能稱它椅子嗎？」

弦論確實還不是充分發展的理論，但目前無疑是引導我們走向量子重力終極原理的最佳數學理論。而且我也許要補充一點，弦論已經是黑洞戰爭中最有力的武器，特別是在證實特胡夫特自己的理念上。

在接下來的三章，我們會看到弦論如何幫忙解釋和證實黑洞互補性、黑洞熵的起源和全像原理。

20

愛麗絲的飛機（或：可看見的最後那個螺旋槳）

對大部分的物理學家來說，尤其是專門研究廣義相對論的物理學家，黑洞互補性似乎太古怪了，不像是對的。他們不是對量子的含糊不清感到不安；普朗克尺度上的含糊不清是完全可以接受的。但黑洞互補性提出了更激進的東西。根據觀測者的運動狀態，原子可能仍是極微小的物件，或是散在巨型黑洞的整個視界上。這種含糊的程度太難全盤接受，連我都覺得奇怪。

我在 1993 年聖巴巴拉會議之後的幾個星期思考這個問題時，這種奇特的行為開始讓我想起以前看過的事情。24 年前，弦論還在起步的時候，這些像弦一般、代表基本粒子的微小物體的性質，讓我困擾不已——當時我把它們稱為「橡皮筋」。

根據弦論，宇宙裡的一切都是由一維的彈性弦構成的，這些具有能量的弦可以拉長、彈撥和迴旋。首先，把粒子想成大小和普朗克長度差不多的迷你橡皮筋。如果撥動一條橡皮筋，它會開始抖動和振動，如果橡皮的各段之間沒有摩擦力，這種抖動和振動會永無休止地繼續下去。

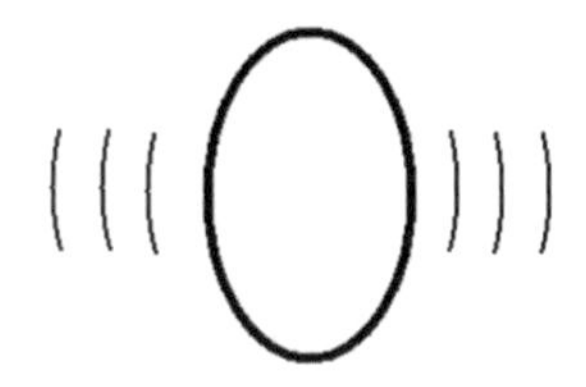

在一條弦上增加能量，會讓它振盪得更加劇烈，有時甚至會變得像是一團劇烈波動的龐大毛線球。這些振盪是熱起伏，會把真實的能量增加到弦上。

但我們可不要忘了量子抖動。即使把系統中的所有能量移走，讓它處於基態，抖動也絕對不會完全消失。基本粒子的這種複雜運動很難理解，但透過類比的方式，我可以讓你對這個現象有一點了解。然而首先我想講一講狗哨和飛機螺旋槳。

不管什麼原因，狗對於人耳聽不到的高頻聲音非常敏感，或許狗的鼓膜比較輕，能夠感受頻率較高的振動。因此，如果你必須呼叫你的狗，但又不想吵到鄰居，就可以使用狗哨。狗哨發出的聲音頻率非常高，人的聽覺系統不會有反應。

現在想像愛麗絲衝向黑洞，一邊吹狗哨呼喚雷克斯，出發前她託鮑伯照顧雷克斯。[1] 起初鮑伯什麼聲音都聽不到；這個頻率對他的耳朵來說太高了。但要記住，從視界周邊發出的訊號會發生什麼結果。在鮑伯看來，愛麗絲和她的所有功能好像都變慢了，包括她吹狗哨發出的高頻聲音。雖然狗哨聲一開始不在鮑伯的聽覺範圍內，但當愛麗絲愈來愈接近視界，鮑伯逐漸聽得到狗哨聲了。假設愛麗絲的狗哨涵蓋了整個高頻率波段，有些甚至超出了雷克斯的聽覺範圍。鮑伯會聽見什麼？起初什麼也聽不見，但很快他就會開始聽到狗哨聲發出的最低頻率。經過一段時間，頻率再高一些的聲調也聽得到了。鮑伯遲早會聽到愛麗絲的狗哨聲所吹出的完整樂章。在我繼續講飛機螺旋槳的時候，請記住這個故事。

你很可能有機會觀看飛機螺旋槳慢慢停下來的情景。起初你看不見葉片，只能看到中間的螺槳轂。

但當螺旋槳慢下來，頻率低於大約每秒 30 轉時，葉片就看得

1　嚴格說來，聲音沒辦法在真空中傳播。你可以回到排水洞的類比，不然就是用一支紫外線手電筒代替愛麗絲的狗哨。

見了，整個裝配也變大了。

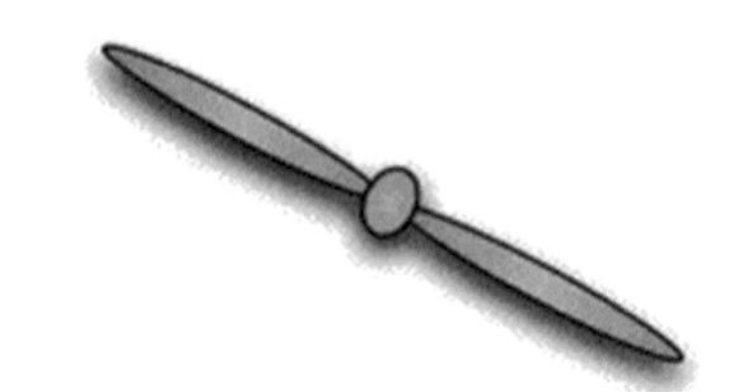

現在想像一架飛機裝了新型的「複合式」螺旋槳，我們就稱它「愛麗絲的飛機」吧。在每個螺旋槳葉片的尖端，都有另一個螺槳轂，上面接著額外的「第二級」葉片。第二級葉片的轉速比原本的葉片快很多——比方說有十倍快。

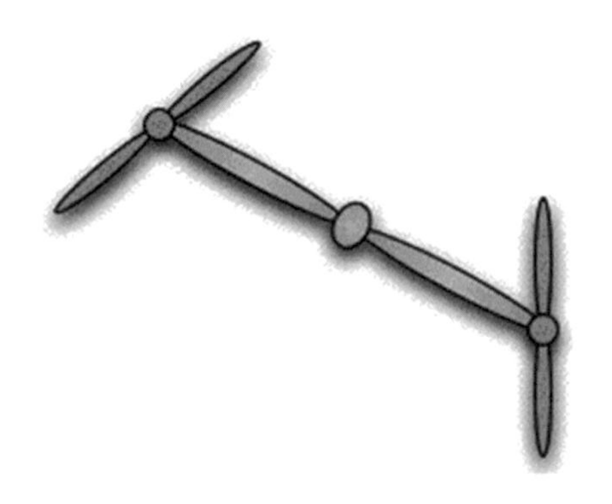

第一級葉片可看見的時候，第二級葉片仍然看不見。當螺旋槳變得更慢，第二級葉片也開始看得見了，同樣的，結構看上去又變大了。第三級葉片接在第二級葉片的末端，轉速是第二級葉片的十倍。還會需要繼續減速，但複合螺旋槳似乎遲早會在愈來愈大的範圍延展開來。

愛麗絲的飛機不只有三個層級，它的螺旋槳永無止境地發展下去，隨著速度放慢，可看見的部分愈來愈多。它愈來愈大，最後變得奇大無比，但除非螺旋槳完全靜止，否則你只能看到數量有限的層級。

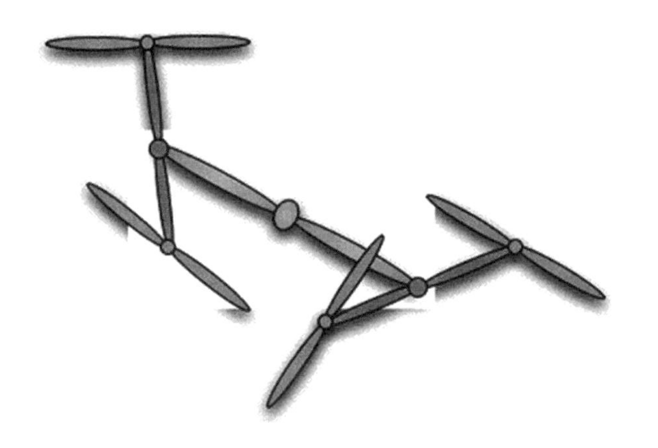

你可能已經猜到，下一步就是讓愛麗絲駕著飛機直衝黑洞。鮑伯會看見什麼景象？根據我所講過的，尤其是關於黑洞和時光機的一切，你可能已經可以自己推想出來了。螺旋槳看起來會隨著時間愈轉愈慢，到最後，第一級葉片會顯現出來，接著會逐漸看見愈來愈多的裝配，湧現出更多層級，最後填滿整個視界。

這就是鮑伯會看到的。但人在螺旋槳旁邊的愛麗斯會看見什麼？沒有什麼不尋常的。如果她吹一邊駕飛機一邊吹狗哨，她仍然聽不見哨聲。如果她朝螺旋槳看，它還是會轉得非常快，她的眼睛或相機都看不見葉片。她所看見的，會像你我看著高速螺旋槳時見到的景象——除了螺槳轂，就沒別的了。

或許你會認為這種描述有點問題。愛麗絲或許沒辦法看到高速旋轉的螺旋槳葉片，但要說那些葉片看不見，似乎太誇張了，畢竟它們可以輕易把她切碎。事實上，真實的螺旋槳就是這樣，但我描述的運動更不易察覺。回想一下我在第 4 章和第 9 章解釋過，自然界中有兩種類型的抖動：量子抖動和熱抖動。熱抖動很危險；它們可以傳遞能量到你的神經末梢，或烹調一塊牛排，如果溫度夠高，它們會撕裂分子或原子。但不論你把牛排放在冰凍、真空的空間中多久，電磁場的量子起伏都會讓它保持全生的狀態。

在 1970 年代，像貝根斯坦、霍金，特別是翁汝這樣的黑洞理論學者，證明在黑洞視界附近，熱抖動和量子抖動會以奇特的方式混在一起。在穿越視界的人看來單純的量子起伏，會變成對飄浮在黑洞外的任何東西極度危險的熱起伏。就好比愛麗絲看不見的螺旋槳運動是量子抖動，但這些運動在鮑伯的參考坐標系中變慢時，就變成了熱抖動。要是鮑伯盤旋在視界正上方，愛麗絲沒辦法察覺到的和善量子運動對他來說會是十分危險的。

現在你大概已經聯想到黑洞互補性了。這的確很類似我在第 15 章解釋過的原子掉進黑洞的情形。由於是五章前的事了，我在這裡快速復習一下。

想像愛麗絲朝視界墜落的時候，注意到旁邊和她一起墜落的原子。那顆原子在穿越視界的時候，看起來非常尋常。它的電子仍然以平常的速率繞著原子核轉，而且看上去和其他原子差不多大——大約是這一頁的 10 億分之一。

至於鮑伯，他看到原子在接近視界的時候放慢下來，此時熱運動把它扯碎，讓它散落在不斷變寬闊的區域上。這個原子看起來像愛麗絲的飛機的縮小版。

我的意思是原子有螺旋槳，螺旋槳上又有螺旋槳，螺旋槳上的螺旋槳還有螺旋槳，永無止境？出乎意料的是，那差不多是我所指的意思。一般會把基本粒子想像成非常小的物體，愛麗絲的複合螺旋槳中央的螺槳轂看起來也很小，但整個裝配（包括所有層級的結構）卻很龐大，甚至無限大。當我們說粒子很小，有沒有可能弄錯了？實驗怎麼說的？

在考慮做實驗觀測粒子的時候，把每個實驗想像成類似拍攝移動物體的過程，是有幫助的。能不能拍攝到高速運動，取決於相機可用多快的速度記錄影像。快門速度是時間解像力的重要測量方法，在拍攝愛麗絲的複合螺旋槳的過程中，顯然有十分重要的作用。慢速的相機只能拍攝螺槳轂，速度較快的相機就會拍攝到額外的高頻率結構。不過，就算是最快的相機，也只能拍攝到複合螺旋槳結構的大部分——除非剛好拍下飛機掉進黑洞的瞬間。

在粒子物理實驗中，快門速度和碰撞粒子的能量有關：能量愈大，快門愈快。對我們來說很可惜的是，能不能把粒子加速到非常高的能量，嚴重限制了快門速度。理想情況下，我們希望鑑別發生在比普朗克時間更短的時段內的運動，這就需要把粒子加速到超過普朗克質量的能量——原則上很簡單，但實際上做不到。

現在很適合停下來仔細想想近代物理面臨的奇特難題。為了觀測最微小的物體和最快速的運動，20 世紀的物理學家一直仰賴愈來愈大的加速器。最早期的加速器是簡單的桌上型裝置，可探測原子結構。原子核就需要較大的機器，有些甚至像建築物一樣高大。等到加速器長達幾公里的時候，才發現了夸克。位於瑞士日內瓦的大型強子對撞機（Large Hadron Collider）是現今最大的加速器，周長約 32 公里，但還是太小，沒辦法把粒子加速到普朗克質量。加速器還要增加到多大，才能鑑別普朗克頻率的運動呢？

答案令人沮喪：如果要把粒子加速到普朗克質量，加速器至少必須和銀河系一樣大。

簡單說，運用現代技術觀察普朗克運動，就像用曝光時間長達約一千萬年的相機拍攝運轉中的飛機螺旋槳。想也知道，基本粒子看起來非常小，因為我們只能看見螺槳轂。

如果實驗無法告訴我們粒子是否有遠離中心且高頻率振動的結構，我們就必須訴諸目前最好的理論。20 世紀後半，在基本粒子研究方面效力最強大的數學架構是量子場論。量子場論是迷人的領域，一開始它假設粒子很微小，可以看成空間中的點。但這種描述沒多久就行不通了。粒子很快就被疾速來去的粒子包圍，而這些來來去去的新粒子，又會被更快速忽隱忽現的粒子包圍。用愈來愈快的快門速度拍攝，會顯現出愈來愈多的粒子內部結構——也有愈來愈多疾速振動的粒子出現又消失。慢速的相機會把分子當成未鑑別的模糊影像，只有在快門速度夠快，能夠拍下原子運動的情況下，才會顯現它是原子的集合體。故事也會在原子的層次上重演。原子核周圍的那團電荷，需要速度更快的實驗，才能鑑別成電子，而原子核鑑別成質子和中子，再變成夸克，以此類推。

但這些快門速度愈來愈快的照片不會顯現我們所尋找的主要特徵：不斷擴展並且填滿愈來愈多空間的結構。我們反而會看到愈來愈小的粒子，這些粒子形成了某種像俄羅斯娃娃般一層又一層的階層。我們不需要用這個去解釋粒子在視界附近的行為。

弦論比這更有希望，它說的東西實在違反直覺，多年來物理學家都不知道該如何理解它。弦論描述的基本粒子（據稱很微小的弦圈），就像複合螺旋槳一樣。就從慢速的快門開始吧。基本粒子看起來幾乎像一個點；不妨把它想像成螺槳轂。現在把快門速度加快，讓曝光時間只比普朗克時間長一點點。下圖開始顯示這個粒子是一條弦。

把快門再加快些。你會看到每一段弦都在起伏和振動，於是新的圖形看起來更加糾結並且散開。

但事情還沒完；這個過程會再重複。每一個小迴圈，每一次弦的彎曲，都會鑑別成起伏得更快的迴圈和彎扭線條。

鮑伯看著一個弦狀粒子墜向視界時，他看到了什麼？起先，振盪運動速度太快，難以鑑別，他只能看到像螺槳轂一樣的微小中心。但很快的，視界附近的特殊時間本質開始彰顯，弦的運動看起來也放慢了，他漸漸看到愈來愈多的振盪結構，就像看到愛麗絲的複合螺旋槳一樣。時間久了，甚至更快速的振盪也會映入眼簾，這條弦看上去像是在擴大，散布在黑洞的整個視界上。

但如果我們和粒子一起掉進去呢？那麼時間就表現得很正常。高頻率的起伏仍然維持高頻率，遠遠超出我們的慢速相機的頻率範圍。在視界附近，沒讓我們占任何便宜，正如愛麗絲的飛機的例子中，我們只會看到微小的螺槳轂。

弦論和量子場論有個共同的性質：事物似乎會隨著快門速度增加而變化。但在量子場論中，物體不會變大，反而會像是分解成愈來愈小的物體——愈來愈小的俄羅斯娃娃。但當構成部分小到接近普朗克長度時，就浮現了全新的模式：愛麗絲的飛機模式。

在羅素．霍本（Russell Hoban）的寓言故事《老鼠與他的孩子》（The Mouse and His Child）當中，有個逗趣的（無意的）隱喻，剛好用來說明量子場論是如何運作的。玩具機械鼠（父子倆）

在惡夢般的冒險途中，發現一罐令它們無比著迷的 Bonzo 狗糧。罐頭的標籤上有一隻狗拿一罐 Bonzo 狗糧的照片，照片裡的罐頭標籤上也有一隻狗拿著一罐 Bonzo 狗糧的照片，照片裡的……父子倆盯著狗罐頭一直看下去，很想看到「可看見的最後那隻狗」，但永遠不確定自己有沒有看到。

東西裡面的東西裡面的東西——這就是量子場論要講的故事。然而和 Bonzo 狗罐頭標籤不同的是，這些東西會運動，而且愈小的東西移動得愈快，所以若要看到這些東西，就需要更高倍率的顯微鏡和速度更快的相機。但要注意一件事：當暴露出的結構愈來愈多，不論是經過鑑別的分子還是 Bonzo 狗罐頭，似乎都沒有變得更大。

弦論就不同了，它的運作更像是愛麗絲的飛機，隨著速度減慢，會有愈來愈多弦狀的「螺旋槳」映入眼簾，它們占據愈來愈多空間，整個複雜的結構於是不斷擴大。愛麗絲的飛機當然只是類比，但它確實描繪出弦論的許多數學性質。弦就像其他的東西一樣，有量子抖動，但起伏的方式很特殊。就像愛麗絲的飛機，或她的狗哨的交響版本，弦也會以許多不同的頻率振動，大部分的振動非常快速，甚至在高能粒子加速器提供的高速快門下也偵測不到。

我在 1993 年開始明白這些事的時候，也開始理解霍金的盲點。對大部分受到量子場論教育的物理學家而言，具有不停抖動的無限結構又不斷變大的粒子是極為陌生的概念。諷刺的是，除我之外唯一暗示過這種可能情況的人，就是世上最出色的量子場論學者，我的戰友特胡夫特。雖然他是用自己的方式描述這個想法，而沒有用弦論的語言，但他的研究工作也表達出一個觀念：事物會隨著時間解像力提升而擴大。相較之下，霍金的錦囊妙計包含了 Bonzo 狗罐頭標籤，而沒有愛麗絲的飛機。對霍金來說，量子場論和它的點粒子，是微觀物理學最重要的事。

21

數黑洞

某天早上，我下樓去吃早餐，我的太太安妮說我的 T 恤穿反了；織進布料裡的 V 形穿到背面去了。後來我從外面慢跑回到家時，她笑著說：「現在是裡外穿反了。」這讓我開始思考：一件 T 恤有多少種穿法？安妮嘲笑說：「你們物理學家老愛想這種愚蠢的事。」就為了證明我的優秀聰明才智，我很快表示一件 T 恤有 48 種穿法。首先，你的頭可以穿過 4 個開口的任何一個，這就讓你的軀幹有 3 個開口可選。選了脖子和軀幹穿過的開口之後，你的左手臂就剩下 2 種可能。一決定好左手臂從哪個開口穿出去，你的右手臂就只剩下唯一的選擇了。這表示可選擇的穿法總共有

4×3×2 =24 種。不過，T 恤也可以裡外反過來穿，這又多出 24 種穿法，所以我得意地宣布這個問題解開了：一件 T 恤的穿法有 48 種。安妮無動於衷，她回答我說：「不對，有 49 種，你忘了一種。」我迷惑不解：「我漏掉了什麼？」她帶著能讓地獄結冰的眼神說：「你可以把它揉成一團，然後隨便亂丟……」這樣你懂了吧。[1]

物理學家非常擅長數東西（數學家更是如此），尤其是計數可能的情形。計數可能的情形是理解熵的重點所在，但在黑洞的例子中，我們究竟要數什麼？當然不是黑洞穿 T 恤的可能方法數。

是什麼原因讓黑洞可能性的計數這麼重要？畢竟霍金在計算出熵等於以普朗克單位計的視界面積時，已經提出答案了。然而，黑洞熵仍像一團迷霧般。我就來提示一下為什麼。

霍金認為，在牽涉到黑洞的時候，把熵視為隱藏資訊的整個概念（如果知道細節，資訊就是可計數的），必定是錯的。這麼說的人不止他一位，幾乎所有的黑洞專家，都已經做出一致的結論：黑洞熵是不同的東西，和計數量子態無關。

為什麼霍金和相對論學者會有這麼偏激的觀點？問題出在霍金用了有說服力的論點，論證我們可以不斷把愈來愈多的資訊丟進黑洞，就像無數的小丑擠進小丑車一樣，而沒有任何資訊外洩。如果熵有它的慣常含意（隱藏在黑洞中的可能位元總數），可能隱藏起來的資訊量就一定會是有限的。但如果數量不明的位元可

1　從寫完這段之後，安妮又發現了至少 10 種 T 恤穿法。

能消失在黑洞中，那就表示黑洞熵的計算無法統計所有的隱藏可能情形——而這也意味著，物理學中最古老、最可靠的主題之一，即熱力學，會需要一個完全創新的基礎。因此，了解黑洞熵是不是真的計數了黑洞的各種結構，就變得很急迫。

我在這一章會告訴各位，弦論學者如何做這種計數，以及他們在過程中怎麼給貝根斯坦－霍金熵一個穩固的量子力學基礎，也就是不能容許資訊遺失的基礎。這是重大的成就，而且對於動搖霍金斷言黑洞可能會吞掉資訊的說法很有幫助。

但我首先要解釋最初由特胡夫特提出的一個觀點。

特胡夫特的猜想

有很多不同的基本粒子，而我認為，說物理學家還未充分了解讓這些粒子各有不同的原因，是合理的。但我們仍然可以從實驗觀察的角度，思考由實驗得知或理論上預期存在的所有粒子，而不去問深入的問題。要呈現這些粒子，我們可以把它們標在一條軸上，畫出一種（不照比例的）基本粒子譜。橫軸代表質量，左端是最輕的物體，愈往右邊質量愈大。縱線表示特定的粒子。

在能量較小的那端，都是我們熟悉且確定存在的粒子，其中有兩個沒有質量，而且以光速移動：光子和重力子。然後是不同類型的微

中子、電子、一些夸克、μ 輕子（緲子）、另外一些夸克、W 玻色子、Z 玻色子、希格斯玻色子和 τ 輕子。這些名稱和細節並不重要。

在質量稍微大些的地方有一整群粒子，它們的存在純屬臆測，但許多物理學家（包括我在內）認為它們可能存在。[2] 出於在此處並不重要的理由，這些假想粒子就叫做超伴子（superpartner）。在超伴子的右邊有一段空白，我標上了問號。並不是我們知道有一段空白，只是我們沒有什麼特別的理由去假定這塊區域有粒子存在。再說，目前沒有正在建造、甚至考慮建造的加速器會有足夠大的能量，去生成質量這麼大的粒子，因此這段空白是未知的領域。

接著，在質量遠大於超伴子的範圍，有大一統粒子（Grand Unification particle）。這些也純屬臆測，但我們有相當充分的理由認為它們存在（在我看來，比超伴子存在的理由還要充分），但最多只能透過間接的方法去發現。

我的圖中最有爭議的粒子是弦激發（string excitation）。根據弦論，這些是普通粒子非常重、不斷旋轉並振動的激發態。最右端是普朗克質量。在 1990 年代初期，大多數的物理學家都預期普朗克質量是基本粒子譜的終點，但特胡夫特有不同的觀點，他認為一定有質量更大的東西。普朗克質量在電子或夸克質量的尺度上雖然非常大，但它其實和一粒灰塵的質量差不多。顯然有更重的東西存在——保齡球、蒸汽火車頭和聖誕水果蛋糕都屬於其中。但特別是

2　等到歐洲的加速器大型強子對撞機（LHC）開始運轉，未來幾年我們就會知道了。

在那些更重的東西中，對特定質量來說有最小體積的東西。

就拿普通的磚塊來說吧，它的質量大約是 1 公斤。我們常說：「像磚塊般堅硬。」但磚塊看起來堅硬，實際上裡面幾乎是空的，只要施加夠大的壓力，磚塊就能壓縮成更小的體積。如果壓力足夠大，磚塊甚至可以壓縮到大頭針甚至病毒那麼小，而且裡面大部分的空間仍然是空的。

但有個極限。我不是指現今技術限制的實際極限，我在說自然律和基本的物理學原理。1 公斤的物體能占用的最小直徑是多少？普朗克尺度是明顯不過的猜測，但不是正確答案。物體可以一直壓縮，壓縮到變成質量只有 1 公斤的黑洞[3]，就無法再壓縮了：那是在特定質量下體積最小、質量最集中的可能了。

那麼 1 公斤的黑洞有多小呢？答案可能比你想像的還要小。像這樣的黑洞，施瓦氏半徑（視界的半徑）大約是 1 億個普朗克長度，這個半徑可能聽起來很大，但事實上只有一個質子的 1 兆分之一。看來它就像一個基本粒子那麼小，何不把它算作一個基本粒子呢？

特胡夫特就這麼做了，起碼他說過，在很多重要的方面它和基本粒子本質上沒什麼不同。隨後他提出以下的大膽想法：

3 這裡有個專業上的精妙之處。壓縮磚塊或其他物體，會使它的能量增加，又因為 $E = mc^2$，所以它的質量也會增加。但我們可以用各種方法彌補這一點，我們希望最後變成體積盡可能最小的一公斤物體。

粒子譜不會在普朗克質量終止，而會以黑洞的形式繼續走向無限大的質量。

大一統　普朗克質量　黑洞
???
弦激發

特胡夫特也認為，黑洞不可能有任意的質量，但會像普通的粒子般，只有可能是某些不連續值。不過，這些可能值在超出普朗克質量的範圍變得非常稠密，間隔得很近，於是幾乎一片模糊。[4]

從普通粒子（或弦激發）過渡到黑洞，不像我在圖中描繪的那麼分明。弦激發譜非常有可能在普朗克質量的附近，漸漸淡入黑洞譜，中間沒有明顯的界線。這是特胡夫特的猜想，而且我們在後面會看到，有非常好的理由相信這個猜想。

計數弦與黑洞

愛麗絲的飛機可用來比喻旁觀者眼中的表象會是如何。愛麗

4　為什麼這麼稠密呢？和熵有關。當質量增加，視界的面積也隨之增加，因此黑洞熵也會增加。但要記住：熵是隱藏的資訊。當我們說黑洞的質量是 1 公斤，我們其實是指大概 1 公斤。更準確的說法會是：質量是 1 公斤，還要加上一定的誤差範圍。如果在誤差範圍內黑洞的質量有很多可能值，那就留了許多資訊未作描述。那些遺漏掉的資訊就是黑洞熵。特胡夫特知道黑洞熵會隨著質量增加而增加，所以推想黑洞質量譜必定會變得非常稠密，一片模糊。

絲從駕駛艙看向視界，看不到任何異樣，但從黑洞外看，飛機的螺旋槳好像愈來愈多，並逐漸散布在視界上。愛麗絲的飛機也可以比喻弦論的運作方式。當一條弦朝視界掉落的時候，外部的觀測者將會看到弦顯現出愈來愈多的局部，並填滿視界。

黑洞熵意味著黑洞有隱藏的微觀結構，和放滿溫水的浴缸裡的水分子類似。但就本身而言，有熵存在雖然確實可用來粗估「視界原子」的數量，但不能當作這種原子本質的線索。

在愛麗絲的世界裡，視界原子就是螺旋槳。也許真的有以螺旋槳的基礎建立起來的量子重力論，但我認為弦論是更好的主張，至少暫時是。

認為弦有熵的想法，可以追溯到弦論的發展之初。細節都是數學，但梗概很容易理解。先考慮最簡單的弦，也就是代表有特定能量的基本粒子的弦。說得明確些，就假定它是光子吧。光子的存在（或不存在）是一位元的資訊。

但現在我們先假設這顆光子確實是一條微小的弦，然後對它做某個動作，比方說搖動它，或用其他的弦撞擊它，或者只是把它放進一個燒熱的煎鍋上。[5]就像小橡皮筋一樣，它會開始振動、旋轉並拉長。如果加的能量夠多，它會開始變得很像一大團糾在一起的東西：貓會去抓的毛線球。這不是量子抖動，而是熱抖動。

糾成一團的毛線球很快就變得非常複雜，很難仔細描述，但

5　並且讓溫度升高到 10^{33}K。

我們應該還是可以有一點概略的資訊。毛線的總長度大概是 90 公尺，糾成一團之後可能會形成直徑 2 公尺左右的毛線球。即使省略了細節，這種描述仍然會很有用。沒有具體說明的細節，就是讓弦球有熵的隱藏資訊。

能量和熵，聽起來像是熱學，而事實上，組成處於高階激發態的基本粒子的糾結弦球，確實是有溫度的，這也是從弦論發展之初就已經知道的。在許多方面，這些糾成一團、處於激發態的弦聽起來非常像黑洞。到 1993 年，我認真懷疑黑洞會不會只是很大團隨機糾結的弦球。這個想法好像很吸引人，但細節完全錯了。

糾成一團的弦

黑洞

比方說，一條弦的質量（或能量）和它的長度成正比。如果 100 公尺長的毛線質量是 1 克，那麼 1 萬公尺長的毛線質量就會是 100 克，而 10 萬公尺長的毛線質量會是 1,000 克。

但一條弦的熵也和它的長度成正比。想像一下沿著彎來彎去的弦運動。每次轉彎都是幾個位元的資訊。弦的簡化版圖形，是假想它是在格子圖上的一系列剛性鏈結，每個鏈結要麼是橫向的，不然就是縱向的。

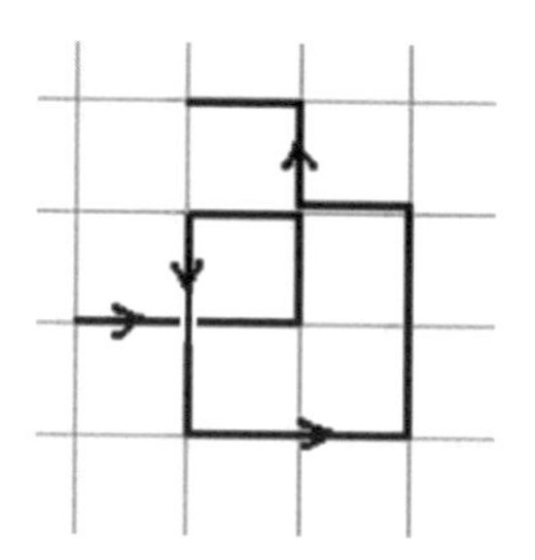

從單一個鏈結開始；它可以指向上、下、左或右，有四種可能的情形，這相當於兩個位元的資訊。現在加一個鏈結，它可以繼續朝同樣的方向，（向左或右）轉 90 度，或是迴轉。這就多了兩個位元。每個新的鏈結都會多加兩個位元，這就代表隱藏的資訊和弦的總長度成正比。

如果一條糾結的弦的質量和熵都跟弦的長度成正比，那麼不需要什麼高明的數學，就能看出熵一定和質量成正比：

熵～質量

（～是代表成比例的數學符號）。

我們知道普通黑洞的熵也會隨著本身質量增加而增加，但後來發現，「熵～質量」的特殊關係對黑洞不適用。要理解為什麼不適用，跟著一連串的正比關係就行了：熵與視界面積成正比；面積與施瓦氏半徑的平方成正比；施瓦氏半徑和質量成正比。把它們放在一起，你就會看到熵是和質量的平方成正比，而不是和質量成正比。

熵～質量[2]

如果弦論是對的，那麼天地萬物都是由弦組成的。萬物就是指一切，黑洞應該也包括在內。在 1993 年夏天，這件事讓我沮喪，也是我感到灰心的原因。

事實上是我一時糊塗。我漏掉了某個很明顯的東西，但等到我在九月去紐澤西州訪問一個月的時候才想到。兩個最重要的理論物理中心，羅格斯大學和普林斯頓大學，都在紐澤西州，大約相距 20 英里。我預定在這兩所學校各做一場演講，講題都是「弦論如何解釋黑洞熵」。當初做這些安排的時候，我是孤立無援的，希望在做演講之前會找出問題所在。

我不知道我是不是唯一會重複做同一個惡夢的物理學家。從超過 45 年前開始物理生涯以來，那個夢魘就以各種形式出現在我腦袋裡。在夢中，我預計要做一場重要的演講，談某項新的研究，但隨著演講的時間逼近，我卻發現沒什麼可說的，我沒做筆記，有時甚至連主題都記不住。壓力和恐慌來襲，有時我甚至夢見自己只穿著內衣站在聽眾面前，或者更糟，身上連內衣也沒有。

這次不是做夢。兩場演講的第一場是在羅格斯大學。隨著時間逼近，我為了把內容弄對，感受到愈來愈大的壓力，但結果一直錯的。然後，在只剩差不多三天的時候，我意識到自己的蠢事。我漏掉了重力。

重力的作用是把物體拉近，聚集在一起。就以地球這塊巨石為例吧。如果沒有重力的話，它可能會像任何一塊岩石那樣只是黏在一起而已。但重力有一個強大的效應，會把地球的各部分拉在一起，並壓縮核心，讓它的體積變小。重力的引力還有一個效應：會改變地球的質量。由重力產生的負位能，讓地球減少了一點質量，實際質量會略微小於地球各部分的質量總和。

我應該在這裡停下來，解釋一下這個有點違反直覺的事實。我們回想一下可憐的薛西弗斯，他不斷把巨石推上山頂，再看著巨石滾下山。薛西弗斯的能量轉換循環如下所示：

化學 → 位能 → 動能 → 熱能

暫時忽略化學能（薛西弗斯所吃的蜂蜜），從這塊巨石在山頂的位能展開這個循環。尼加拉瀑布上方的水也帶有位能，而在這兩種情況下，當質量落到較低的高度時，位能會減少。它最後會轉換成熱能，但想像一下這些熱能輻射到空間中。最終結果就是，巨石和水在損失高度時，也會損失位能。

如果構成地球的物質（讓重力）往地心壓縮，就會發生同樣的事：損失位能。損失的位能會以熱能的形式出現，最後輻射到太空中。結果，地球最後損失了能量，也因而損失了質量。

因此我開始懷疑，一旦把重力效應適度考慮進去，一條糾成一團的長弦的質量也可能會因為重力作用而減少，而不會和它的長度成正比。以下是我設想的想像實驗。假定有個可調節的刻度轉盤，用來逐步增減重力強度。把刻度盤往一個方向轉動，讓重力變小，地球就會稍微膨脹，而且也變重了一點。把刻度盤往另一個方向轉動，讓重力變大，地球就會縮小，並且變輕了一些。再多轉動一些，重力會變得更大，最後會變大到使地球塌縮，成為黑洞。最重要的是，這個黑洞的質量會比地球原本的質量小很多。

我所想像的巨大弦球也會做同樣的事情。在我思考弦球和黑洞之間的關係時，我忘了把重力刻度盤調大，所以某天晚上，我無所事事（請記住，這裡是紐澤西州中部），就開始想像自己在調大重力刻度盤。在想像中，我看到一團弦球自己收拉成一個緊縮的球。但更重要的是，我領悟到這個新的、更小的弦球也會比一開始的質量小得多。

還有一點。如果弦球的體積和質量有了變化，它的熵也會跟著變嗎？幸運的是，如果你慢慢轉動刻度盤，熵正好是不會改變的。這是關於熵的最基本事實：如果你慢慢改變一個系統，能量可能會改變（通常會），但熵保持不變。這是古典力學和量子力學的共同基本原則，稱為緩漸定理（Adiabatic Theorem）。

我們重做一次這個想像實驗，這次把地球換成一大團糾結在一起的弦。先把重力刻度盤設定成零。

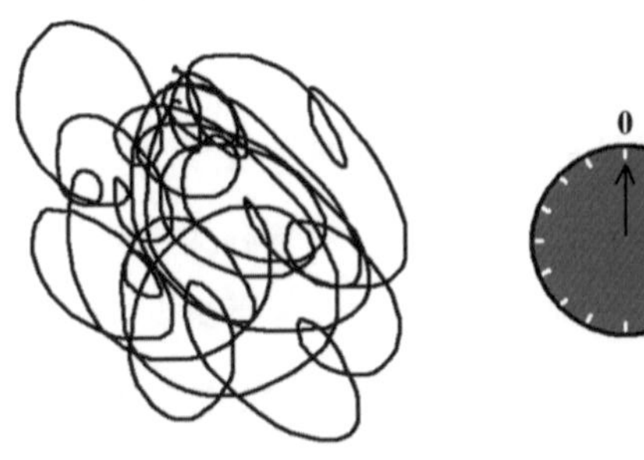

在沒有重力的情況下，這條弦不會像黑洞，但它確實有熵和質量。接下來，慢慢轉動重力刻度盤。弦的各部分開始互相牽引，弦球就開始壓縮了。

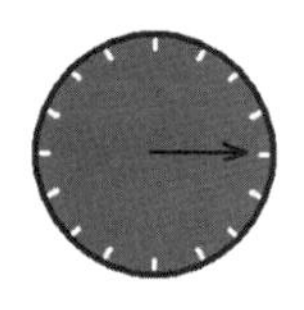

繼續轉動刻度盤，直到弦變得非常緊密，形成黑洞。

質量和體積已經縮小，但熵維持不變——這是很重要的一點。如果我們把刻度盤調回零，會發生什麼情況？黑洞開始膨脹，最後變回一大團弦球。如果我們慢慢來回轉動刻度盤，這團東西會一下子是鬆散糾成一大團的弦球，一下子是緊密壓縮的黑洞，但只要我們緩慢調整刻度盤，熵就仍然維持不變。

在恍然大悟的一刻，我明白了黑洞弦球描述的問題不在於熵弄錯了，而是必須修正質量，才能交代重力的效應。我在一張紙上做計算的時候，一切突然豁然開朗。當弦球縮小變形成黑洞，質量以不偏不倚的方式改變了。到最後，熵和質量之間有了適當的關係：熵～質量^2。

但計算未完成，這令我沮喪。要記住，那個波浪狀的～符號表示「成正比」，而不是「等於」。熵恰好等於質量的平方嗎？或是等於質量平方的兩倍？

浮現的黑洞視界圖像，是被重力壓平貼在視界上的一團亂弦。然而 1972 年費曼和我在西區咖啡館想像出來的同樣量子起伏，會讓弦的某些片段突出去一些，而這些突出去的弦段會是神祕的視界原子。大致說來，在黑洞外的人會察覺到弦段，各段的兩端都牢牢連接著視界。用弦論的語言來說，視界原子是連接到某種膜的開弦（帶有端點的弦）。事實上，這些弦段可以從視界脫開，這就解釋了黑洞如何輻射和蒸發。

看來惠勒錯了：黑洞是有毛髮的。夢魘總算結束，我現在有一場演講要講。

當弦交叉時

基本弦可以彼此穿越，下圖就呈現了一個例子。想像離你較近的那條弦在遠離你，而較遠的弦在朝你靠近。它們會在某個時刻交叉，如果它們是普通的彈力繩，就會卡住。

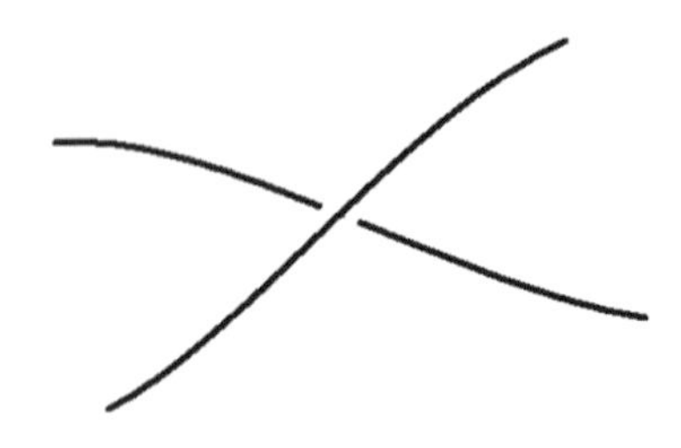

但弦論的數學規則允許兩條弦彼此穿越，最後的結果會如下圖所示。

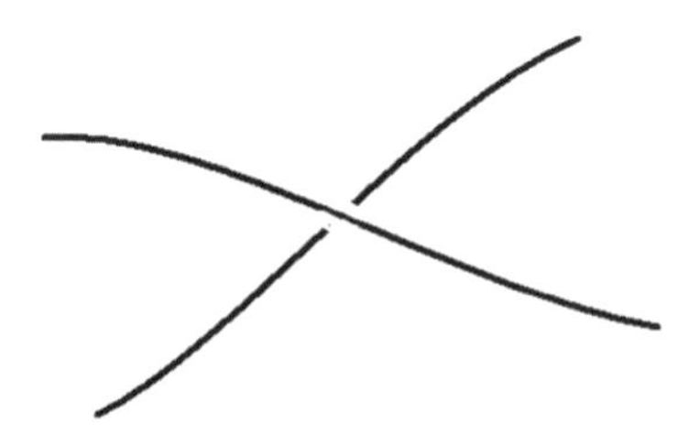

如果要用真實的彈力繩來做，就必須先剪斷其中一條，在穿越之後再重新接起來。

然而在兩條弦相碰時，還會有別的情況發生。它們非但沒有互相穿越，反而讓自己重新排列，變成像下圖這樣：

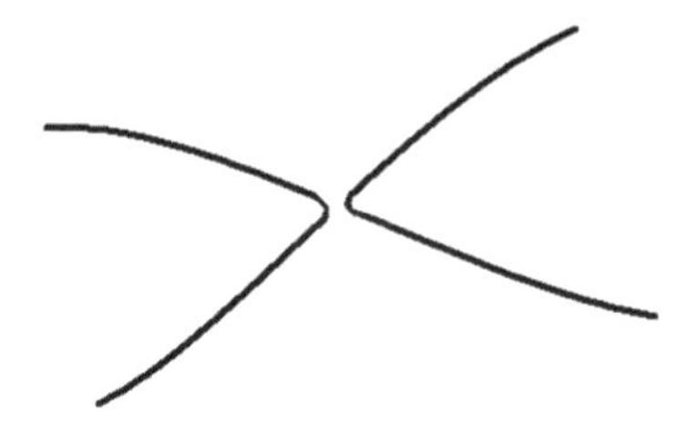

如果要用彈力繩來做到，你必須把兩條繩都剪斷，然後用新的方式重新接起來。

當弦交叉的時候，會發生哪一種情況？答案是，有時候是這種，有時候是另一種。基本弦是量子物件，而在量子力學中，沒有什麼東西是確定的——所有的情況都有可能發生，但有明確的發生機率。舉例來說，弦也許有 90% 的時間會互相穿越，而在其餘的 10% 時間會重新排列。它們重新排列的機率，叫做弦耦合常數（string coupling constant）。

知道了這一點，我們就專心看伸出黑洞視界的一小段弦。這段短弦經過扭轉，即將和自己交叉。

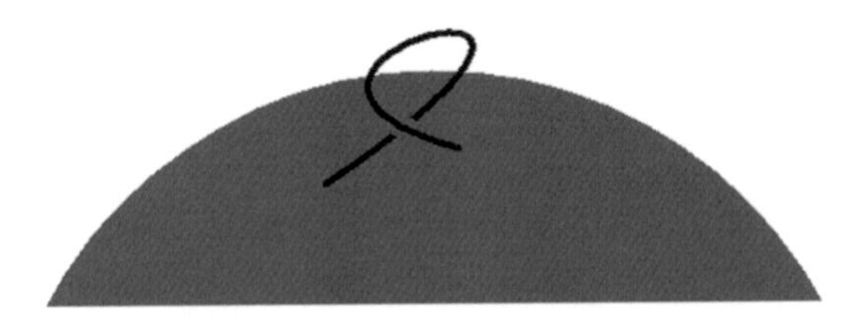

在九成的時間裡，它會直接穿越自己，沒什麼特別的情況發生。

但在 10% 的時間裡它會重組，而在這種情況下，會有新的事情發生。一個小弦圈脫落了。

那一小段閉弦就是一個粒子，它有可能是光子、重力子或其他粒子。由於它在黑洞的外部，所以有機會逃脫，只要它逃脫了，黑洞就會損失一點能量。這是弦論解釋霍金輻射的方式。

回到紐澤西

紐澤西的物理學家是一群非常有主見的人。愛德華．威頓（Edward Witten）是普林斯頓高等研究院的學術領袖，不僅是傑出的物理學家，也是世界頂尖的數學家。有些人可能會說，閒聊和隨意猜測不是他最大的長處（雖然我覺得他不形於色的風趣和廣泛的好奇心很令人愉悅），不過大家都會同意，學術嚴謹度是他的強項。我並不是指不必要的數學嚴謹度，而是指清晰、謹慎、深思熟慮的論點。和威頓討論物理，有時可能會很令人難堪，但永遠受益無窮。

在羅格斯大學，學術討論的品質也無比優異。羅格斯大學有六位一流的理論物理學家，全都廣受讚賞，尤其是在弦論界，以及在更廣大的物理學界。他們都是我的朋友，但其中三位特別有交情。這三位物理學家是湯姆．班克斯（Tom Banks）、史蒂夫．申克（Steve Shenker）和奈森．塞伯格（Nathan Seiberg），我在他們還年輕時就認識他們了，我非常喜歡有他們作伴。羅格斯的六位物理學家都是令人敬畏的學術高手。這兩個機構都以嚴謹聞名，沒辦法用思慮還不成熟的主張勉強應付過去。

好了，我知道自己的論點尚未成熟。黑洞互補性，愛麗絲的飛機，還有弦來來回回變形成黑洞，連同一些粗略的估算：我的描述看似可以完好維繫。但在 1993 年，還沒有把這些想法化為嚴謹數學的工具，然而我主張的觀點，在頗有主見的紐澤西物理學家心中引起共鳴。特別是威頓的反應，他幾乎直截了當地接受這個論點：黑洞視界由弦的片段組成。他甚至想出弦如何用類似黑洞蒸發的方式蒸發。申克、塞伯格、班克斯和他們的同事麥克·道格拉斯（Michael Douglas），對於如何讓這些想法更精確，提出了非常有用的建議。

在紐澤西的那群人當中，有一位我還不太熟的弦論訪問學者。卡姆朗．瓦法（Cumrun Vafa）是年輕的哈佛大學教授，從伊朗負笈美國，在普林斯頓大學攻讀物理。1993 年的時候，他已是世上公認最具創造力和數學頭腦的理論物理學家之一。雖然主要研究弦論，但他對黑洞也有不少了解，我在羅格斯解釋黑洞熵如何產生自視界的弦狀本質時，他剛好在座。我們隨後的交談會帶來重大的影響。

極值黑洞

在我演講的時候，大家會了解到如果一個電子掉進黑洞，黑洞就會帶電。在視界迅速散開的電荷會產生斥力，把視界往外推一些。

但沒有理由只設想一個電子。你想讓視界帶多少電荷，它就能帶多少電荷。讓它帶愈多電荷，它就愈遠離奇異點。

瓦法指出，有一種非常特殊的帶電黑洞，重力的引力和電斥力完全平衡。這樣的黑洞稱為極值（extremal）黑洞。根據瓦法的想法，極值黑洞會是檢驗我的想法的理想實驗室。他認為，這種黑洞可能是讓計算結果更精確的關鍵，會把軟弱無力的正比符號（～）換成斬釘截鐵的等號（＝）。

我們再更深入探究一下帶電黑洞的概念。帶電荷的球通常是不穩定的。由於電子互斥（請記住這個法則：同性相斥，異性相吸），因此如果有帶電荷的雲剛好形成，通常就會立刻被電斥力扯開。但如果帶電荷的球質量夠大，重力就可以彌補電斥力。由於宇宙萬物之間有重力作用，重力和電斥力之間就會較勁——重力把電荷拉在一起，電力則把電荷推開。帶電荷的黑洞就像一場拔河。

如果帶電荷的球質量非常大，但只帶有少量的電荷，那麼重力會贏得拔河，球就會縮小。如果它的質量很小，但有非常大的帶電量，電的斥力就會占上風，而球會膨脹。當電荷和質量處於適當的比例時，就會達到平衡點，此時電斥力和重力的吸引力彼此平衡，雙方勢均力敵，這正是極值黑洞的情形。

現在想像我們有兩個刻度盤，一個是重力的，一個是電力的。一開始，兩個刻度盤都打開了。重力和電力完全平衡時，我們會得到一個極值黑洞。如果減少重力，但電力沒有減少，電力就會開始贏得拔河。但如果用恰當的方式減少這兩種力，就會維持平衡，雙方都會變弱，但都不會獲得優勢。

到最後，如果我們把兩個刻度盤繼續轉到零，那麼重力和電力都會消失，這樣還剩下什麼？局部之間沒有作用力的一條弦。在整個過程中，熵並沒有改變，但最妙的是，質量也沒有改變。電力和重力互相抵消，「沒有發揮作用」，這也是表示維持初始能量的專業說法。

瓦法認為，假如我們知道如何在弦論中製造出這樣的極值黑洞，就能夠調整重力和電力的強度，做精確的研究。他表示，接下來應該就可以利用弦論，算出我至今無法計算的精確數值因子。把隱喻混合起來說，計算出精確的數值因子，變成弦論學者夢寐以求的「聖杯」，也是讓我的想法達到成熟的途徑。但沒有人知道怎麼利用弦論提供的元件，裝配出那種適當的帶電黑洞。

弦論有點像是非常複雜的積木玩具，有許許多多不同的零件，讓你拼組出具一致性的模式。在後面我會說一下其中幾個數學「輪子和齒輪」，但在 1993 年，要造出極值黑洞所需的幾個重要元件還沒有發現。

印度物理學家阿謝克．森恩（Ashoke Sen）率先嘗試拼組出極值黑洞，並檢驗黑洞熵的弦論。他在 1994 年差不多快做到了，但離成功還差幾步。在理論物理學家當中，森恩頗受敬重，他既有深遠的思考，也是技術方面的奇才。森恩個性靦腆，身形苗條，有抑揚頓挫的濃濃孟加拉口音，他的演講以清晰出名。他採用完美的教學技巧，把每個新的概念寫在黑板上，想法依序呈現，讓一切清楚易懂。他的科學論文也同樣清晰明瞭。

我不知道森恩正在研究黑洞。但在我結束劍橋之行，返回美國後不久，有人（我記得是亞曼達．彼特）把他的論文拿給我看。那份論文篇幅很長，也很專門，但在最後幾段，森恩運用了我在羅格斯演講時描述過的弦論想法，計算出一種新類型的極值黑洞的熵。

森恩的黑洞是由我們在 1993 年已知道的要素組成的——基本弦和六個額外的緊緻空間維度。森恩接下來所做的，是把我先前的想法做了簡單卻非常巧妙的延伸。他的基本新方法，是先考慮一條處於激發態的弦，而這條弦還沿著一個緊緻的方向繞了許多次。在這個簡化的柱面世界（也就是直線國的肥胖版本），纏繞的弦看起來像是環繞在一截塑膠管上的橡皮筋。

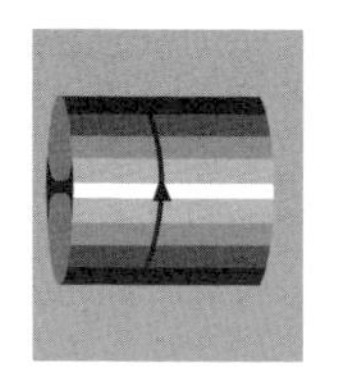
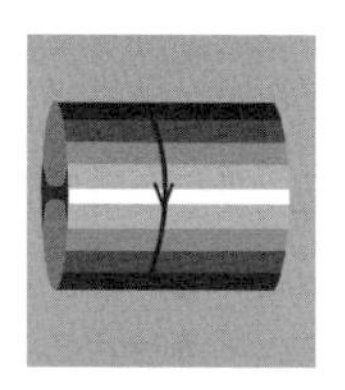

像這樣的一條弦線，比普通的粒子重，因為讓它在柱面上拉開，需要消耗能量。在典型的弦論中，纏繞弦的質量也許只有普朗克質量的百分之幾。

接著，森恩拿一條弦環繞圓柱兩次。

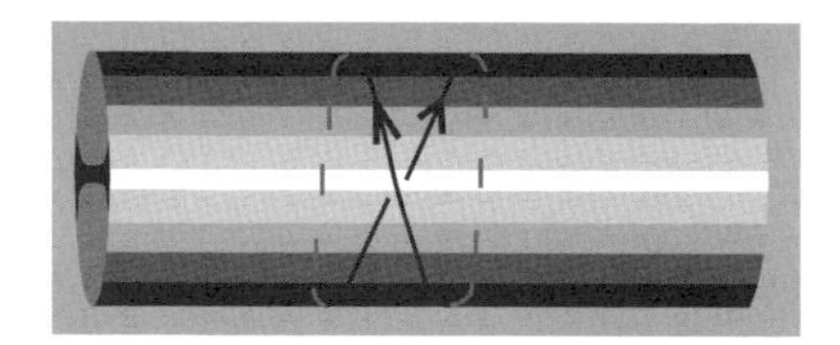

弦論學者會說，這條弦的繞數（winding number）是 2，而且質量比繞一次的弦更大。但如果這條弦在空間的緊緻方向上不是繞一、兩次，而是繞了數十億次呢？

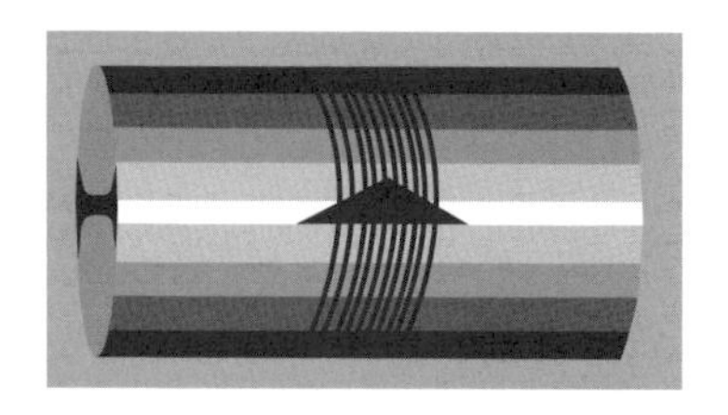

弦在空間的緊緻方向上可以環繞的次數沒有限制，最後它可

能會變得像恆星甚至星系一樣重。但它在普通空間中占的位置（也就是普通三維空間中的非緊緻空間）很小，集中在這麼小的空間裡的所有質量保證是黑洞。

森恩還用了一招，也就是 1993 年左右弦論當中的那個其餘要素：沿著弦的擺動。就像我在前一年主張過的，資訊會隱藏在那些擺動的細節中。

彈性弦上的擺動不會停滯不前，而是像波一樣沿著弦行進，有些是順時針的，有些是逆時針的。往同方向移動的兩個擺動，會在弦上互相追逐，永遠不會相撞。然而，如果兩個波朝相反的方向移動，它們就會相撞，造成很複雜的混亂狀態。因此森恩決定把所有的隱藏資訊，儲存在以一致步調順時針移動又永遠不會相撞的波中。

所有的要素都集合起來，各種刻度盤都調大之後，森恩的弦就別無選擇，只能變成黑洞。但沿著環形緊緻方向上的拉長，會產生一個非常特殊的極值黑洞，而不是普通的黑洞。

極值黑洞是帶電的。電荷在哪裡呢？這個答案很多年前就知道了：把一條弦往緊緻的方向纏繞，會給它一個電荷。每繞轉一次，就會給一個單位電荷。如果弦往一個方向纏繞，會帶正電；如果朝另一個方向纏繞，就會帶負電。森恩多次纏繞的巨型弦，也可以看成由重力拉在一起的帶電球——也就是一個帶電荷的黑洞。

面積是幾何概念，而空間和時間的幾何受愛因斯坦的廣義相對論影響。要知道黑洞視界的面積，唯一的方法就是從愛因斯坦的重力方程式計算出來。森恩是解方程式的能手，輕而易舉地解出了他所寫的特殊類型黑洞方程式，並且計算出視界的面積。

但徹底失敗！在解出方程式，計算出視界面積之後，結果居然是零！換句話說，視界非但不是令人滿意的大球殼，反而縮小到只有一個空間點這麼大。所有儲存在那些不斷擺動、彎彎曲曲的弦上的熵，似乎都集中在空間中的一個小點上。這不僅是給黑洞找麻煩，還和全像原理直接牴觸：空間區域上的最大熵，就是以普朗克單位來計的面積。應該是有什麼地方弄錯了。

森恩完全知道問題出在哪裡。愛因斯坦的方程式是古典的，這表示那些方程式忽略不計量子起伏效應。沒有了量子起伏，氫原子裡的電子就會掉向原子核，而整個原子的不會比質子大多少。然而，測不準原理造成的量子零點運動，會讓原子比原子核大上10 萬倍。森恩領悟到，視界也會發生同樣的情況。雖然古典物理預測視界會縮成一個點，量子起伏卻會讓它膨脹到我所稱的延伸視界。

森恩做了必要的修正：粗略的估算顯示，熵和延伸視界的面積確實互成正比。這對視界熵的弦論描述而言又是一項成就，但和以往一樣，還不是完全勝利。精確性仍然不可企及；量子起伏究竟會讓視界延伸多少，仍不確定。森恩的工作雖然出色，最後還是得到薄弱的～符號。他能說出的最佳結論就是，黑洞熵和視界面積成正比。差一點就成功了，「成敗關鍵」的計算結果尚未完成。

這個差一點的計算結果，根本不可能說服霍金——就像我的論點一樣不具說服力。儘管如此，論證正逐漸走向定局。為了執行瓦法的提議，做出具有大型古典視界的極值黑洞，還會需要一些新的積木玩具零件。幸好，必需的零件即將在聖巴巴拉發現。

普欽斯基的 D 膜

D 膜（D-brane）應該稱為 P 膜（P-brane）——P 代表普欽斯基（Polchinski）。但在普欽斯基發現他的膜時，P 膜一詞已經用來稱呼別的東西了，所以他採用 19 世紀德國數學家約翰．狄利克雷（Johann Dirichlet）的姓氏，稱之為 D 膜。狄利克雷和 D 膜並沒有直接的關係，但他對波的數學研究有不少關聯性。

膜的英文字 brane 除了用在弦論之外，字典裡沒有。這個字源自常見的術語 membrane（膜面），膜面是可以彎曲伸展的二維曲面。普欽斯基在 1995 年發現 D 膜的性質，是近來物理史上最重要的事件之一，此後不久就會對從黑洞到核物理的一切產生很深的影響。

最簡單的膜是零維的物件，叫做 0 膜。粒子或空間中的點是零維的——在一個點上無處可去，所以粒子和 0 膜是同義字。往上一級，就來到一維的 1 膜，基本弦是 1 膜的特例。膜面是 2 膜，是二維的物質薄片。那麼 3 膜呢？有這種東西嗎？想一想填滿空間的實心橡膠方塊，你可以把它稱為填滿空間的 3 膜（space-filling 3-brane）。

看樣子現在我們把方向都用光了，顯然沒辦法把 4 膜放進三維空間。不過，如果空間有緊緻的維度，比方說六個維度呢？這樣一來，4 膜的其中一個方向就可以往緊緻的方向延伸。事實上，如果總共有九個維度，空間就可以容納各種更高維的膜，包括 9 膜。

D 膜可不是隨便一種膜，而是有一個非常特殊的性質，那就是：基本弦的端點可以落在這種膜上。就拿 D0 膜來說吧，D 代表它是 D 膜，而 0 代表它是零維的，所以 D0 膜是基本弦端點可停駐的粒子。

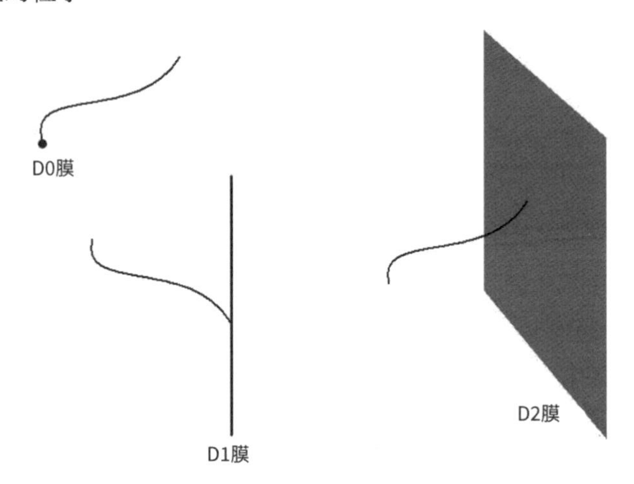

D1 膜通常稱為 D 弦，這是因為一維的 D1 膜本身就是一種弦，但不應該和基本弦搞混。[6] 一般來說，D 弦的質量比基本弦重得多。D2 膜就是膜面，很像橡皮紙，但同樣具有基本弦端點可停駐的性質。

D 膜只是普欽斯基一時的怪念頭，他想要加進弦論就加，沒

6 在弦論中有兩種弦，這看起來可能有些奇怪，也有點武斷。事實上，一點也不武斷。有強大的數學對稱性，稱為對偶性（duality），把基本弦和 D 弦聯繫起來。這些對偶性，和狄拉克在 1931 年初次假設把電荷和磁單極聯繫在一起的對偶性非常類似，兩者對純數學當中的多個主題都有很深的影響。

什麼不可以？我認為，在他最初的試探工作中可能是如此。理論物理學家常常會發明新的概念，目的只是要探究一番，看看會冒出什麼結果。事實上，早在 1994 年普欽斯基第一次告訴我 D 膜的想法時，討論的實質精神正是如此：「你看，我們可以在弦論加一些新的物件。這不是很好玩嗎？我們來研究研究它們的性質吧。」

但在 1995 年，普欽斯基領悟到 D 膜填補了弦論中的某個數學大漏洞。事實上，若要使不斷擴大的邏輯和數學網變得完整，D 膜就必須存在。D 膜還是造出更好的極值黑洞的必要祕密要素。

弦論數學成功了

1996 年，瓦法和史壯明格聯手出擊。他們把弦和 D 膜結合起來，就能造出一個有大面積且清楚明確的古典視界的極值黑洞。由於極值黑洞被視為大型的古典物體，量子抖動對視界只會有微不足道的影響。現在沒有轉圜的餘地了。弦論最好還是提供霍金的公式所暗示的理想隱藏資訊量，不要有 2 或 π 這種模稜兩可的係數，也不要有正比符號。

這可不是初等的舊式黑洞。史壯明格和瓦法利用弦和 D 膜造出來的東西，聽起來像工程設計上的惡夢，但這是他們尋找要有大型古典視界的最簡單結構。弦論的所有數學手法都需要派上用場，包括整套的額外維度、弦、D 膜等等。首先，他們放入一些填滿了空間六個緊緻方向當中五個的 D5 膜。除此嵌入 D5 膜之外，他們讓大量的 D1 膜環繞其中一個緊緻方向，接著又加了兩端連接在 D 膜上的弦。同樣的，小段的開弦會是包含了熵的視界原子。（如果你有點迷惘，別擔心，我們正進入腦袋本來就不易理解的領域。）

史壯明格和瓦法沿用了先前用過的步驟。首先，他們把刻度盤調整到零，讓重力和其他的作用力消失。少了這些作用力攪局，我們就有可能確切計算出開弦的起伏中儲存了多少熵。這些技術性的計算要比之前的任何事情還複雜精妙，但他們在數學的絕技上成功了。

下一步是求解這種極值黑洞的愛因斯坦場方程式。這次不需要含糊的拉長步驟來計算面積。令他們（和我）非常滿意的是，史壯明格和瓦法發現視界面積和熵不僅成正比；接在膜上的弦狀擺動中隱藏的資訊，跟霍金的公式完全一致。他們做到了。

就像經常發生的情形一樣，不止一組人馬幾乎同時偶然發現這個新的想法。在史壯明格和瓦法做他們的研究工作的同時，最出色的新生代物理學家之一胡安．茂德希納（Juan Maldacena），還是普林斯頓的學生，他和論文指導教授卡倫（CGHS 當中的 C）也把 D5 膜跟 D1 膜和開弦放在一起。史壯明格和瓦法先發表了論文，隔沒幾週卡倫和茂德希納也發表了他們自己的論文。他們採用的方法稍有不同，但做出來的結論完全證實了史壯明格和瓦法所提出的結果。

事實上，卡倫和茂德希納可以比前面的工作結果更進幾步，去處理稍微非極值的黑洞。極值黑洞是物理上的怪東西，它帶有熵，但沒有熱能或溫度。在大部分的量子力學系統中，所有的能量一消散，一切就會牢牢固定不動。舉例來說，如果冰塊中的熱能完全移走了，結果就會是一塊完美無瑕的晶體。水分子的任何一種重排都需要能量，因此會增加一點熱能。排出所有熱能之後的冰，沒有多餘的能量，沒有溫度，也沒有熵。

但有例外。某些特殊的系統具有許多能量最小值完全相同的狀態，換句話說，就算所有的能量都流失了，還是有辦法重組系統，隱藏資訊，而且不用增加能量。物理學家說，這樣的系統具有簡併基態（degenerate ground state）。具有簡併基態的系統就連在絕對零度時都有熵——它們可以隱藏資訊。極值黑洞正是這些不尋常系統的理想例子，不像普通的施瓦氏黑洞，它們處於絕對零度，這也代表它們不會蒸發。

我們回到森恩的例子。在那個例子中，弦上的擺動都朝同一個方向移動，因此不會相撞。但假設我們加上一些往反方向移動的擺動。如你所料，它們會撞上原來的擺動，製造一點混亂。事實上，這些擺動讓弦變熱，使溫度上升。不像普通的黑洞，這些接近極值的黑洞不會完全蒸發；它們會散出多餘的能量，回到極值狀態。

卡倫和茂德希納可以用弦論計算出近極值黑洞的蒸發速率。弦論解釋蒸發過程的方式十分有趣。當兩個朝反方向移動的擺動相撞時，

會形成單獨一個更大的擺動，看起來有點像這樣：

這個更大的擺動一形成，就什麼都不能阻止它斷開，斷開的方式跟費曼和我在 1972 年討論過的沒什麼不同。

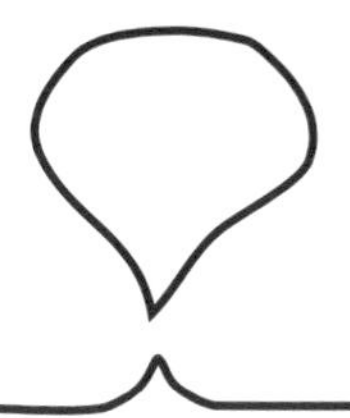

但卡倫和茂德希納做的比說的多，他們把蒸發速率做了非常精細的計算。不可思議的是，他們的結果和霍金二十年前的方法完全相符，只有一個重要的差異：茂德希納和卡倫只用到量子力學的傳統方法。正如我們在前面幾章討論過的，量子力學雖然有統計的成分，但它不許資訊遺失。因此，在蒸發過程中不可能有資訊遺失的可能性。

同樣的，其他人也在研究類似的想法。孟買塔塔研究所（，也是森恩任職的機構）的兩組印度物理學家，蘇米 · 達斯（Sumit Das）和薩米爾 · 馬圖爾（Samir Mathur），以及高坦 · 曼達（Gautam Mandal）和史彭塔 · 瓦迪亞（Spenta Wadia），不約而同做出了類似的計算結果。

放在一起看，這些研究成果是非凡的成就，而且實至名歸。

黑洞熵可由儲存在弦擺動中的資訊來解釋，這件事和許多相對論學者的觀點背道而馳，包括霍金在內。霍金把黑洞視為資訊的吞食者，而不是可擷取的資訊的儲存容器。史壯明格－瓦法計算結果的成功，說明了單獨一個數學結果如何扭轉形勢。這是象徵資訊遺失結束的新開始。

這一刻的戲劇效果沒有人沒注意到。許多人，包括我在聖巴巴拉分校的朋友在內，突然棄船了，叛逃到敵對的一方。如果我對黑洞戰爭很快就要結束依然心存疑慮，那麼在普欽斯基和霍洛維茲（昔日的戰爭中立者）變成我的盟友時，這些疑慮也消除了。[7]在我心中，那是個轉折點。

弦論或許是也或許不是自然界的正確理論，但它已經指出霍金的論點可能是錯的。沒戲可唱了，但令人吃驚的是，霍金和相對論學界的許多人仍不罷休，他們繼續受霍金早年的論點蒙蔽。

7 普欽斯基和霍洛維茲寫了一篇論文，他們採用我在 1993 年用過的方法，算出在弦論中出現的多種黑洞熵（包括極值黑洞和非極值黑洞），結果在每個情況中，答案都和貝根斯坦－霍金面積公式相符。

22

南美戰勝

大多數人想到傑出的物理學家時，不會想到南美洲，就連南美洲人自己對阿根廷、巴西和智利居然有這麼多卓越的理論物理學家，也感到驚訝萬分。阿瑪悌（Daniele Amati）、希林（Alberto Sirlin）、維拉索羅（Miguel Virasoro）、魯賓斯坦（Hector Rubinstein）、弗拉德金（Eduardo Fradkin）、提特波因，這些只是對這個領域有重要影響的其中幾位。

近來改姓邦斯特（Bunster）的提特波因（見第 8 章註腳），是個了不起的人物，和我認識的任何一位物理學家都不一樣。他的家族和智利社會黨總統阿言德，及詩人社運人士、諾貝爾獎得主帕布羅・聶魯達（Pablo Neruda），有很密切的關係。提特波因的弟弟西薩・邦斯特（César Bunster），是 1986 年 9 月 7 日暗殺前法西斯獨裁者皮諾契特（Augusto Pinochet）將軍行動的主要人物。

提特波因身形高大，皮膚黝黑，體格健壯，雙眼炯炯有神。雖然說起話來有點結巴，但他帶有那種能夠成為出色政治領袖的魅力和氣質。事實上，他還真的是一小群科學家的反法西斯領袖，協助科學走過智利的黑暗時期。我毫不懷疑他在那段期間有失去性命的危險。

提特波因才能非凡，又帶著十足的狂熱。他雖然是智利軍事獨裁政權之敵，卻喜愛軍中生活的一切外在象徵物。在回智利之前，還住在德州的時候，他常去刀槍展，即使到今天他仍然常穿軍裝。我第一次去智利拜訪他的時候，他裝扮成士兵，把我嚇了個半死。

那是在 1989 年，皮諾契特的軍事獨裁政府仍大權在握。我和太太以及我們的朋友威利・菲施勒下飛機時，穿著軍服、全副武裝的男子粗魯地把我們趕成一長排，等著查驗護照。護照查驗櫃臺的辦事員都是全副武裝的軍人，有些還拿著大型自動武器。通過護照查驗並不容易：長長的隊伍幾乎沒動，我們都精疲力盡了。

突然間，我看見一個高個子，戴著墨鏡，穿著軍服（或看起來像軍服），穿過封鎖線，直直朝我們走來。是提特波因，他對士兵下令，活像一位將官。

他走到我們身邊的時候，抓住我的手臂，傲慢地護送我們穿過衛兵，用異常權威的姿態示意他們讓開。他抓住我們的行李，迅速帶我們走出機場，走向他違法停放的卡其色吉普車。隨後我們急速駛離機場，開進聖地牙哥市區，有時速度快到兩輪都懸空了。每當路過一群士兵，提特波因都會行禮。我低聲說：「克勞迪歐，你他X的在幹什麼？我們會被你害死。」但沒有人把我們攔下。

我最近一次去智利的時候[1]，皮諾契特早已下台，由民主政府執政，提特波因在軍中有了真正的人脈，特別是空軍。那次是提特波因在他的小型研究機構主辦的黑洞會議，他動用了自己在空軍的門路，把我們幾個人（包括霍金和我）送到智利在南極的基地。我們度過很歡樂的時光，但最特別的是空軍將官（包括參謀長在內）款待我們的方式。其中一位將官幫我們倒茶，另一位送上茶點。提特波因在智利顯然頗有影響力。

但提特波因第一次告訴我某些反德西特黑洞（anti de Sitter black hole）的事，是在 1989 年去智利安地斯山脈旅行的觀光巴士上。這些黑洞今天叫做 BTZ 黑洞，以馬克斯 · 巴納多（Max Bañados）、提特波因和荷黑 · 扎內利（Jorge Zanelli）三人來命名。巴納多和扎內利是提特波因的核心集團成員，他們三人的發現，對黑洞戰爭會有持續的影響。

天使與魔鬼

研究黑洞的物理學家一直都在幻想把黑洞密封在箱子裡，像

1　在這本書的英文版進行編輯作業的最後階段，我又去了智利一趟，這次是為了慶祝克勞迪歐・邦斯特 60 歲生日。書末那張霍金和我的合照，就是在生日派對時拍攝的。

貴重的珠寶般妥善保管。保管的目的是什麼？防止蒸發。把它密封在箱子裡，就像是替一鍋水蓋上蓋子。這些粒子會從箱壁（或鍋蓋）反彈，然後掉回黑洞（或鍋子）裡，而不會蒸發到空間中。

當然，沒有人能夠真的把黑洞放進箱子裡，但這個想像實驗很有趣。穩定不變的黑洞會比蒸發的黑洞簡單許多，但有個問題：沒有真實的箱子可以永遠圍繞住黑洞。就像其他的東西一樣，真正的箱子會隨機抖動，遲早會出事。箱子將會跟黑洞接觸，然後，哎喲，它就被吸進去了。

這正是反德西特空間（anti de Sitter Space）派上用場的地方。首先，儘管它叫做空間，但反德西特空間實際上是包含了時間維度的時空連續體。威廉·德西特（Willem de Sitter）是荷蘭物理學家、數學家和天文學家，他發現了愛因斯坦方程式的四維解，這個解就以他命名。從數學上看，德西特空間是急劇擴張的宇宙，擴張的方式和我們的宇宙非常相似。[2] 德西特空間很早就被視為新奇罕見之物，但近年來對宇宙學家變得十分重要。它是帶有正曲率的彎曲時空連續體（正曲率代表三角形的內角和大於 180 度）。但這些和討論的問題無關。在這裡，我們感興趣的是反德西特空間，不是德西特空間。

反德西特空間可不是德西特的反物質雙胞胎兄弟發現的。

2　天文學家和宇宙學家近來已經發現，我們的宇宙正在加速擴張，大約每 100 億年膨脹一倍。一般認為，造成這種指數型擴張的，是某個宇宙常數，或大眾媒體所稱呼的「暗能量」（dark energy）。

「反」這個字表示空間曲率是負的，負曲率代表三角形的內角和小於 180 度。反德西特空間最有趣的事情是，它有球狀箱子內部的許多性質，但這種箱子無法被黑洞吞掉。這是因為，反德西特空間的球狀壁會對靠近它的物體，包括黑洞視界在內，施加非常大的力（無法抵抗的斥力），這個斥力非常強勁，大到空間壁和黑洞之間不可能接觸。

總而言之，普通時空有四個維度：三個空間維度和一個時間維度。物理學家有時把它稱為四維，但這就讓空間與時間的明顯差異變模糊了。比較準確的描述是把時空稱為 3 + 1 維。

平面國和直線國也是時空連續體。平面國的世界只有二維空間，但居民也會感覺到時間。他們應該會理所當然把自己的世界稱為 2 + 1 維。直線國的居民生活在 1 + 1 維時空中，只能沿著單一條軸移動，但也能記錄時間。2 + 1 維和 1 + 1 維的奇妙處在於，我們可以輕易畫出它們的圖形，來輔助我們的直覺。

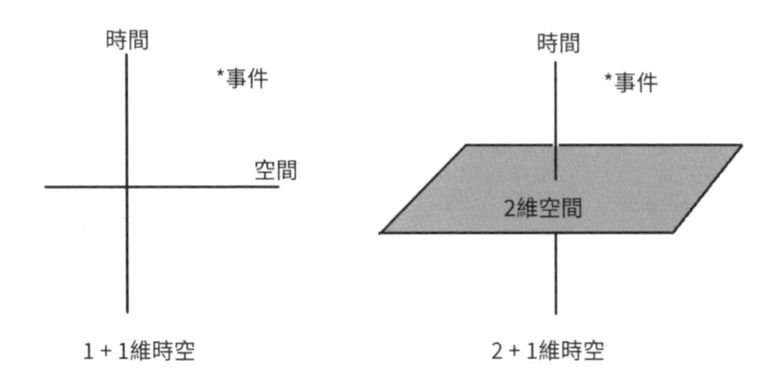

當然，沒有什麼能阻止數學物理學家創造出隨便多少空間維度的世界，雖然我們的腦袋無法看見這些維度。或許有人會疑惑，

時間維度的數量是否也有可能改變。從完全抽象的數學角度來看，答案是有可能，但從物理學家的觀點來看，這麼做似乎沒有太大的意義。一個時間維度看起來剛剛好，不多不少。

也有各種維度的反德西特空間。它可以有任意多個空間方向，但時間方向只有一個。巴納多、提特波因和扎內利處理的反德西特空間是 2 + 1 維的，所以很容易用圖形來解釋。

各種維度中的物理

三維空間（不是時空）似乎是我們的認知系統中生來就有的事物之一。少了抽象數學的輔助，沒有人能夠想像出四維空間的模樣。你大概會認為一維或二維空間比較容易想像，就某種意義來說也確實比較容易，但如果你再仔細想想，就會發覺你在想像出線和平面的時候，總是把它們嵌入在三維空間中。這幾乎可以肯定是我們的大腦演化方式導致的，和任何三維的特殊數學性質無關。[3]

量子場論是關於基本粒子的理論，在較低維度的世界中就和在三維空間中一樣說得通。就我們所知，在二維空間（平面國）

3　物質世界有可能是一維或二維的嗎（我講的是空間，不是時空）？我不確定（我們不知道可能會決定這類問題的所有原理），但從數學觀點來看，量子力學和狹義相對論在一維或二維上，就和在三維上一樣有一致性。我並不是指，在這些非傳統世界中可能有智慧生命，而只是要說，某種類型的物理似乎是可能的。

甚至一維空間（直線國）中，基本粒子完全有可能存在。事實上，量子場論的方程式在較低維度的情形下更簡單些，而我們對這個領域的許多了解，都是在這類模型世界中研究量子場論的過程中初次發現的。因此，巴納多、提特波因和扎內利研究只有兩個空間維度的宇宙，絕對不是什麼不尋常的事。

反德西特空間

解釋反德西特空間最好的方式，就是提特波因在智利的觀光巴士上所用的解釋方式：運用圖形。我們先忽略時間不計，從中空的球形箱子內的普通空間開始。在三維空間中，球形箱子是指一個球的內部；在二維空間中，它是更簡單的東西——圓的內部。

現在我們把時間加進來。若以時間當作縱軸，箱子內的時空連續體就會像圓柱的內部。在下圖中，反德西特空間就是沒畫陰影的圓柱內部。

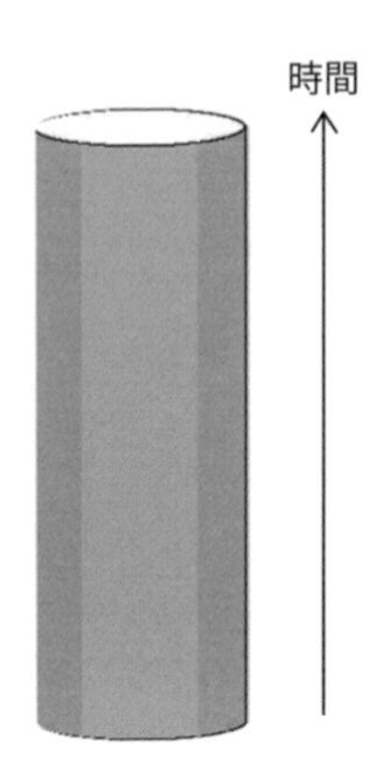

現在想像我們用切黑洞去做出嵌入圖的方式，把反德西特空間切片（要記住，它有一個時間維度）。切片之後，會露出一個能真正稱為空間的空間截面。

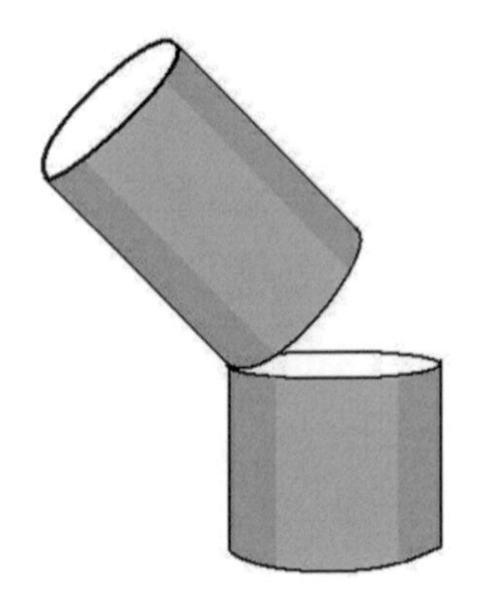

我們來更仔細檢查一下這個二維切片。你或許會預料到它也是彎曲的，就某些方面來說很像地球表面。這表示你必須把這個

曲面拉長並且扭曲變形，才有辦法把它畫在平面（一張紙）上。在很平的紙張上繪出世界地圖，又沒有重大的失真，是不可能的事。在麥卡托地圖（Mercator map）上，靠近南北兩邊緣的區域看起來比赤道附近的區域大很多，格陵蘭看上去跟非洲一樣大，但非洲的面積實際上是格陵蘭的 15 倍左右。

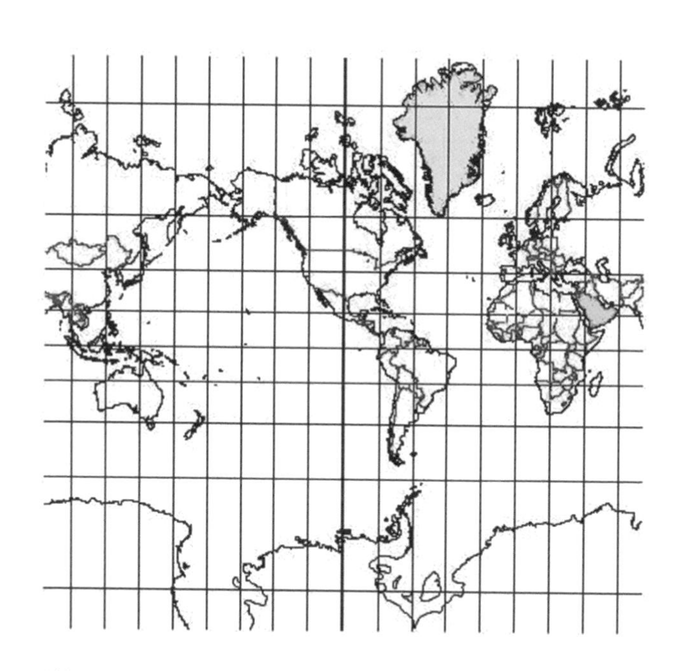

反德西特空間中的空間（以及時空）是彎曲的，但和地球表面不同的是，它的曲率是負的。把它變形映射到平面上，會出現「反麥卡托」效應：讓靠近邊緣的地方顯得非常小。艾雪（Escher）的著名作品《圓極限之四》（*Circle Limit IV*），是一幅描繪出負曲率空間的「地圖」，它精確呈現出反德西特空間二維切片的模樣。

我覺得《圓極限之四》至少可以說有催眠作用。（這幅畫會讓我想起《老鼠與他的孩子》，以及故事裡的主角極想看出可看見的最後那隻狗的嘗試。見第 20 章。）天使與魔鬼永無休止地出現，愈變愈小，漸漸消失在無盡的碎形邊界中。艾雪是不是和魔鬼做了交易，好讓他畫出無數的天使？或是說，如果我用盡眼力去看，就會看到可看得見的最後那個天使？

暫停一下，把自己的腦袋線路重新接線，好讓你能夠把天使和魔鬼看成同樣的大小。這可不是容易的腦力體操，但若能記住格陵蘭和阿拉伯半島的面積差不多一樣大，儘管在麥卡托地圖上看起來差了七倍，會有所幫助。艾雪的腦袋顯然特別能接受這種心智鍛鍊，但透過練習，你也可以學會。

現在我們把時間加進去，把全部組合成一張反德西特空間的圖像。和往常一樣，我們以時間為縱軸。每個水平的切片各代表某一刻的普通空間。把反德西特空間想成無窮多個空間薄片（一塊切成薄片的無限薩拉米香腸），這些切片疊成一堆的時候，會形成一個時空連續體。

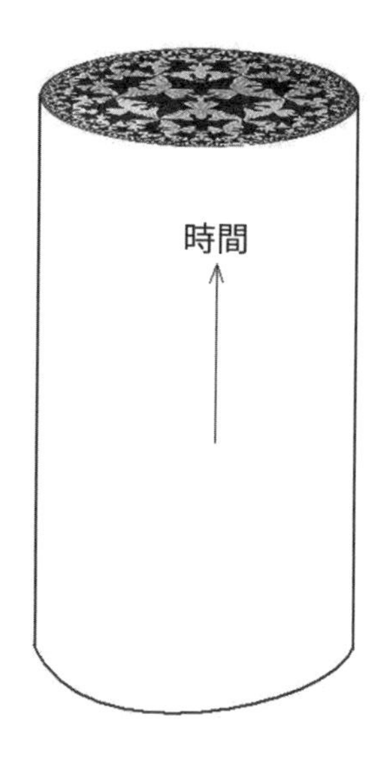

在反德西特空間中，空間會以很不尋常的方式彎扭，但時間彎扭得更厲害。回想一下第 3 章說過，在廣義相對論中，位於不同位置的時鐘走的速度往往不同。舉例來說，在黑洞視界附近的時鐘會變慢，這就讓黑洞可當作時光機來使用。反德西特空間中的時鐘也會有古怪的行為。請想像每一個艾雪魔鬼都戴著自己的手錶。如果最靠近中心的魔鬼環視離得稍遠些的鄰居，他們會注意到某個奇怪的現象：距離比較遠的鐘錶走的速度大約是自己的手錶的兩倍。假設魔鬼有新陳代謝，那麼位於外圍的鄰居的代謝功能也會變快。事實上，所有的時間度量方法似乎都加快了，而當他們看向更遠處，在那裡的時鐘看上去會走得更快。每一層的時鐘走得都比前一層來得快，直到靠近邊界的地方，時鐘走的速度甚至快到讓靠近中心的魔鬼彷彿在看一團旋轉中的模糊東西。

反德西特空間中的時空曲率創造了一個重力場，會把物體拉向中心，即使在中心什麼也沒有。這個鬼魅般的重力場的一種表現是，如果有個質量體被移向邊界，它就會被往回拉，像是接在彈簧上似的。如果隨它自己去，這個質量體會不停地來回快速擺動。第二個效應其實是事情的另一面。拉向中心的引力和推離邊界的斥力並無不同，那股推力是勢不可當的斥力，會使包括黑洞在內的一切東西都無法碰觸邊界。

製作箱子的目的是裝東西，所以我們就把幾個粒子放進箱子裡吧。無論我們把它們放在哪裡，它們都會被拉向中心。單一個粒子會永遠繞著中心振盪，但如果有兩個或更多個粒子，就有可能會發生碰撞。粒子之間的普通重力（而不是反德西特空間中幽靈般的重力），可能會讓它們合併成一團。多加一些粒子會增加中心的壓力和溫度，而這團粒子有可能會燃燒起來，形成恆星。若再多加一些質量，最後會導致災難性的塌縮：會有黑洞形成——困在箱子裡的黑洞。

巴納多、提特波因和扎內利並不是第一批研究反德西特空間中的黑洞的人；這份榮耀是佩舉和霍金的。不過，他們三人確實發現了最簡單的例子，因為空間只有兩個維度，所以很容易想像。下圖是假想的 BTZ 黑洞瞬間成像，黑色區域的邊緣是視界。

除了一個例外，反德西特黑洞具備了普通黑洞的所有特徵。像平常一樣，視界的後面藏著很討厭的奇異點，增加質量也會讓黑洞變大，把視界外推到更靠近邊界。

增加質量，反德西特黑洞也會變大。

但跟普通黑洞不同的是，反德西特空間的黑洞不會蒸發。它的視界是奇熱無比的曲面，會持續發出光子，但這些光子沒有地方可去，它們會再度掉進黑洞裡，而不是蒸發到真空中。

再講一點反德西特空間

想像一下我們把《圓極限之四》邊緣的一個點拉近，然後放大到邊緣看起來非常平直為止。

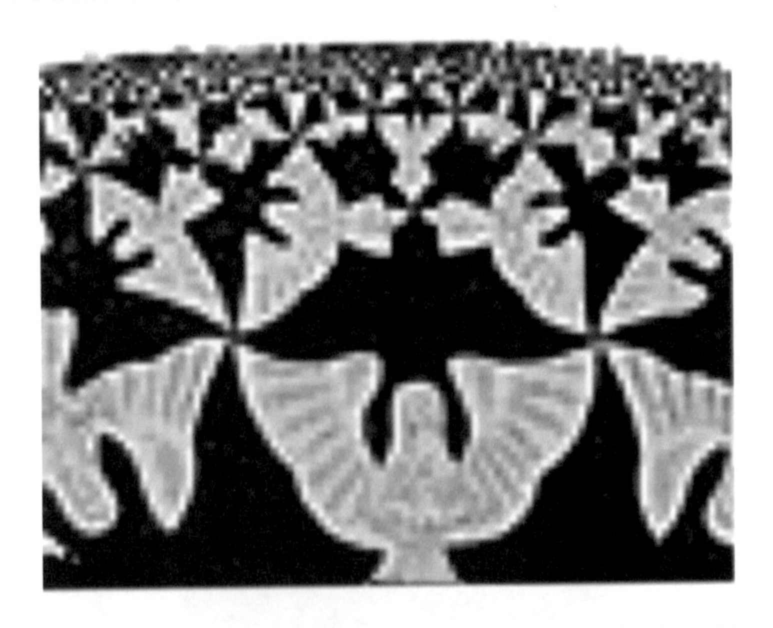

我們可以一次又一次重複做這個步驟，天使與魔鬼源源不絕，直到極限時，邊緣看起來完全平直又無邊無際。我不是艾雪，也不會去嘗試翻印他的優雅產物，但如果我簡化到用方塊取代魔鬼，這幅畫就會變成一種方格圖，愈接近邊界的格子愈小。把反德西特空間想成一面無邊無際的磚牆，沿著牆面往下看，每一層的磚塊都是前一層的兩倍大。

當然，在反德西特空間中沒有真實的線，就像地球表面上沒有經線和緯線。這些線只是在引導你的目光，顯示大小如何因空間曲率而失真。

艾雪的畫作和我的粗糙仿作都代表二維空間，但真實的空間是三維的。很容易想像，如果再加一個維度（不是時間維度），空間會像什麼樣子。我們所要做的，就是把這些方格換成實心的三維方塊。我在下圖中畫出這道三維「磚牆」的有限局部，但請記住，它在水平和鉛直的方向上都會無限延伸下去。

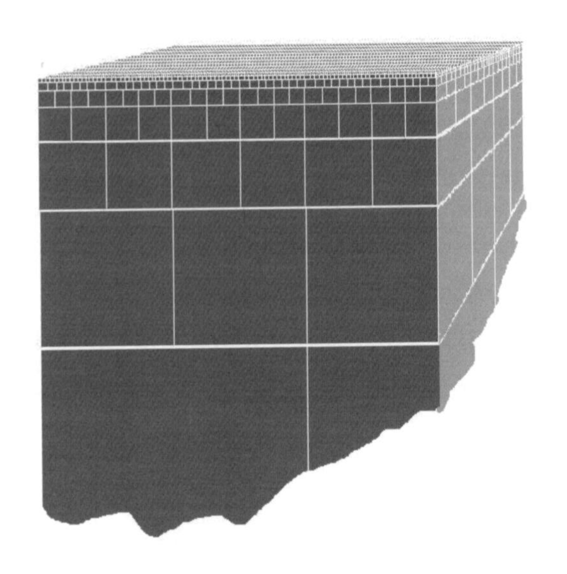

我們照舊把時間維度加進圖中：每個方格或方塊都各有各的時鐘。這些時鐘走的速度，會視它們在哪一層而定，每往邊界走近一層，時鐘的速度快一倍。相反的，我們沿牆壁往下走的時候，時鐘的速度會變慢。

從數學的角度來看，沒有理由不繼續討論比三維更多的空間維度。把大小不同的四維立方體堆疊起來，就有可能建構出 4 + 1 維的反德西特空間，或任意維的空間。但要畫出一個 4 維的立方體，已經很困難了。下圖是一次嘗試。

設法把它們堆疊在一起，畫出一個 4 維版本的反德西特空間，會變成一團令人頭暈眼花的混亂狀態。

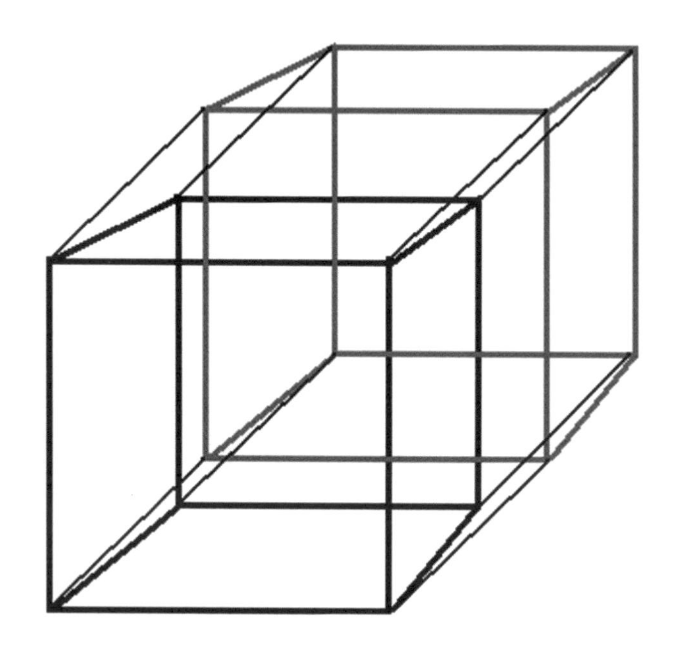

箱子裡的宇宙

不讓黑洞蒸發是研究箱內物理學的好理由，但把宇宙放進箱子裡的想法遠比做研究有趣多了。真正的目標是去了解全像原理，讓它有數學精確性。我在第 18 章解釋全像原理的時候是這麼說的：「日常經驗中的三維世界，這個充滿了星系、恆星、行星、房舍、巨石和人類的宇宙，其實是個全像圖，是在遠方二維面上編碼的現實生成的影像。這個新的物理定律稱為全像原理，它主張，空間區域內的一切事物都能用只儲存在邊界上的資訊來描述。」

在闡述全像原理時的部分不精確性，在於事物可以穿越邊界；

它畢竟只是假想的數學曲面，不具有真正的實體。物體能夠進出此區域的可能性，讓「空間區域內的一切都能用只儲存在邊界上的資訊來描述」這句話的含意變得混淆不清。不過，裝進一個固若金湯的箱子裡的宇宙，不會有這個問題。新的表述會是：

在一個有銅牆鐵壁的箱子中的一切，都能用儲存在箱壁像素上的資訊來描述。

1989 年在智利的觀光巴士上，我不懂為什麼提特波因會對反德西特空間那麼興奮。箱子裡的黑洞——那又如何？我又花了八年才明白這一點——除了八年，還有另一位南美物理學家的協助，這次是阿根廷人。

茂德希納的驚人發現

茂德希納和提特波因在各方面都很不一樣。他個子沒那麼高，而且嚴肅多了。我不太可能想像他穿著假軍裝，奔馳在危險的聖地牙哥的模樣。但他不缺物理學家該有的勇氣。在 1997 年，他冒險提出一個極大膽的主張，這個主張看來幾乎就像我和提特波因的飛車經歷一樣瘋狂。茂德希納的主張是，有兩個看似毫不相似的數學世界，實際上是完全一樣的：其中一個有四個空間維度和一個時間維度（4 + 1），而另一個是 3 + 1 維的，更像我們平時經歷的世界。我準備恣意簡化一下，把每個情況都降一個維度，讓它更容易想像。由此我可以說，某種虛構版的 2 + 1 維平面國，在某種程度上會等價於 3 + 1 維的反德西特世界。

怎麼可能有這種事呢？空間的最明顯特徵就是維度的數目。無法辨識空間的維度，會構成極度危險的知覺錯亂。至少在神智清醒的時候，當然不可能把二維誤認為三維。或者你是這麼認為的。

茂德希納的發現之路很迂迴曲折，經過了極值黑洞、D 膜和某種叫做矩陣理論的東西[4]，最後意想不到地證實了全像原理。

起點是普欽斯基的 D 膜。回想一下，D 膜是一種實物，可以是點、線、薄片或填滿空間的立體，視它的維度而定。區別 D 膜和其他東西的主要性質，是基本弦可停駐在上面。為求明確，我們就專心看 D2 膜吧。[5] 考慮一個平坦的二維面，像魔毯般飄在三維空間中。開弦能夠把自己的兩端接在 D 膜上，也可以沿著 D 膜滑動，但不能隨意跳進第三維。這些弦段彷彿在沒有摩擦力的薄冰上滑冰，雙腳無法提起。從遠處看，每一段弦看起來像是在二維世界中移動的粒子。如果有超過一條弦，它們就會碰撞、散射，甚至合併成更複雜的物體。

4 在這個脈絡下，矩陣理論（Matrix Theory）跟 S 矩陣並無關係。它是茂德希納的發現的前身和近親，也牽涉到不明的維度增長。它是證實全像原理的數學對應關係的第一個例子。矩陣理論是班克斯、菲施勒、申克和我在 1996 年發現的。

5 在茂德希納最初的研究工作中，他專注在需要四維空間的例子上。它稱為 4 + 1 維的反德西特空間。之所以處理四維空間，而不是一般的三維空間，有專業上的理由，這對本章後面要談的部分並不重要，但和本書後記的一部分有關。

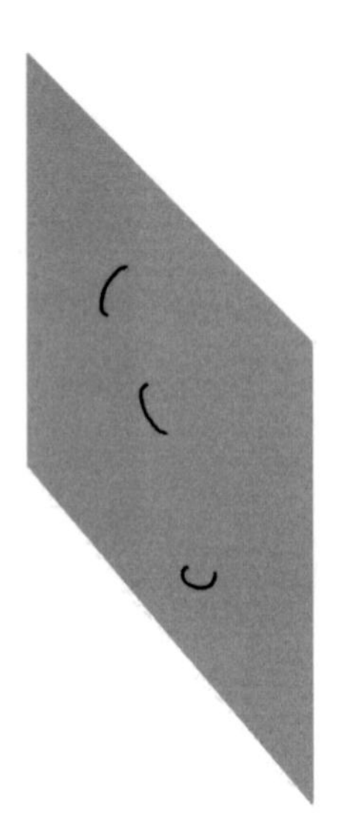

D 膜可以單獨存在，但它們是有黏性的。如果輕輕拉攏在一起，它們會黏合成多層的複合膜，如下圖所示。

我在圖中讓 D 膜稍微彼此隔開，但當它們黏結在一起的時候，縫隙就不見了。黏在一起的 D 膜叫做 D 膜堆（D-brane stack）。

在 D 膜堆上移動的開弦，比在單一 D 膜上移動的弦，帶有更豐富多采的性質和更多的變化。弦的兩端可以分別固定在 D 膜堆不同的膜上，就好像一隻冰鞋和另一隻在略有不同的平面上滑動一樣。為了記下不同的膜，我們可以替它們命名，舉例來說，在上圖的 D 膜堆中，我們可以稱它們紅、綠、藍。

在 D 膜堆上滑動的弦，兩端必定固定在 D 膜上，但現在有幾種可能性。譬如說，一條弦的兩端可能都接在紅膜上，那就會讓它變成一條紅－紅弦。同樣的，也會有藍－藍弦和綠－綠弦。但弦的兩端也有可能固定在不同的膜上，因此可能會有紅－綠弦、紅－藍弦等等。事實上，在這個 D 膜堆上移動的弦總共有九種不同的可能情形。

如果有幾條弦接在膜上，就會發生有趣的事情。

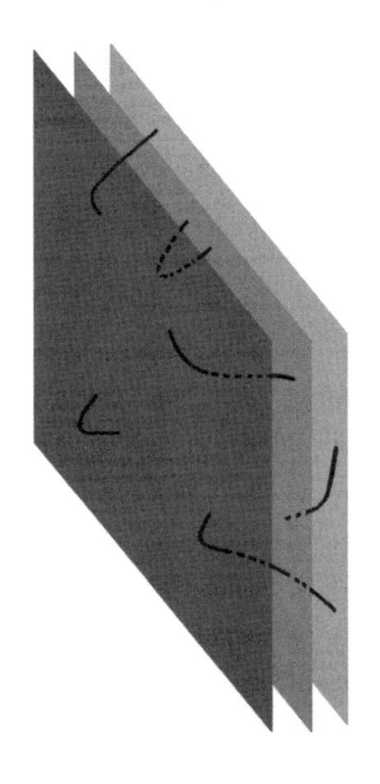

D2 膜堆上的弦看起來非常像普通的粒子，雖然是在一個只有兩個空間維度的世界裡。它們彼此作用，發生碰撞時散射開來，並且會對附近的弦施力。一條弦還可以分裂成兩條弦。以下這組圖在描述單一膜上的一條弦分裂成兩條弦的情形，時間順序是從上走到下。

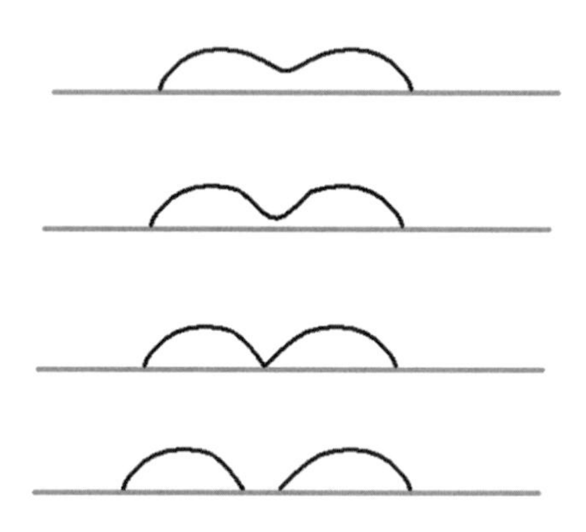

原始弦上的一個點與膜碰觸，讓這條弦一分為二，但分裂的過程中所有的端點都一直固定在膜上。這組圖也可以從下往上看，變成在描述兩條弦合併成單一條弦的過程。

下面是弦在三個 D 膜的堆疊上的連續圖。這組圖描繪了紅－綠弦和綠－藍弦發生碰撞的情形。碰撞之後，這兩條弦合併成一條紅－藍弦。

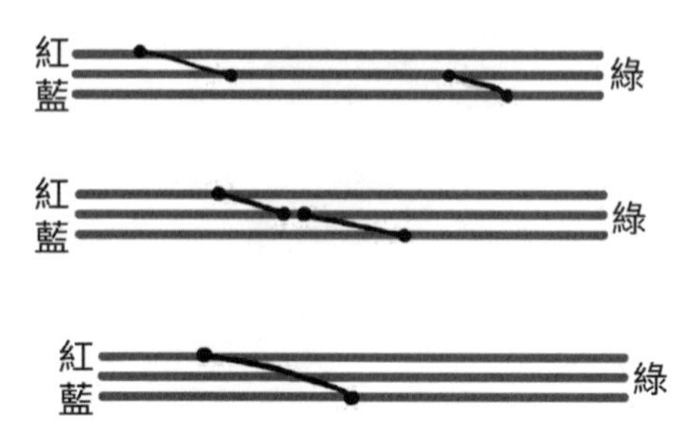

紅－紅弦無法和綠－綠弦合併，因為它們的端點永遠不會相碰。

你有沒有感覺到自己以前看過這些？假設你讀了第 19 章，你就看過。支配著停駐在 D 膜堆上的弦的法則，和支配量子色動力學中的膠子的規則，是一模一樣的。我在第 19 章解釋過，膠子很像有兩個端點的小磁棒，每個端點都標示著一種顏色。相似處不只有這些。上圖顯示出兩條弦結合成一條弦，就像量子色動力學的膠子頂點圖一樣。

我們在下一章會看到，「D 膜上的物理學」和一般基本粒子世界之間的這種相似處，是一件已經證明非常有用且令人著迷的事實。當物理學家找到兩種描述同一個系統的不同方法，會稱這兩種描述「互為對偶」。說光要麼是波、要麼是粒子的對偶描述就是一例。物理學中充滿了對偶性（或稱二象性），茂德希納發現 D 膜上的弦有兩種對偶描述，這並不是什麼特別出人意料或新奇的事。真正新奇、幾乎聞所未聞[6]的事情是，這兩種描述描繪出空間維數不同的世界。

我已經暗示過一種描述：量子色動力學的 2 + 1 維平面國版本。那個版本描述了平面上的質子、介子和膠球，但就像真實的量子色動力學，它不帶重力。對偶性的另外一半，即描述同一件事的另一種說法，描繪出一個三維空間的世界，但可不是一般的三維

6　幾乎聞所未聞，但也並非完全沒聽過。矩陣理論是更早的例子。

空間，而是反德西特空間。茂德希納認為，平面國版本的量子色動力學和 3 + 1 維的反德西特互為對偶。除此之外，在這個三維的世界中，物質和能量就像在真實世界中一樣會施加重力。換句話說，包含量子色動力學、但不含重力的 2 + 1 維世界，和帶有重力的 3 + 1 維宇宙等價。

怎麼會有這種事？為什麼只有兩個維度的世界會跟有三個維度的世界一模一樣？多出來的空間維度是從哪裡來的？關鍵就在反德西特空間的扭曲變形，它會讓靠近邊界的物體看起來比空間內部深處的相同物體來得小。扭曲變形不但對假想的魔鬼有影響，也對穿越空間的真實物體有影響。舉例來說，假如有人把一公尺長的字母 A 投影到邊界上，產生的影子會隨著物體靠近或遠離邊界而縮放。

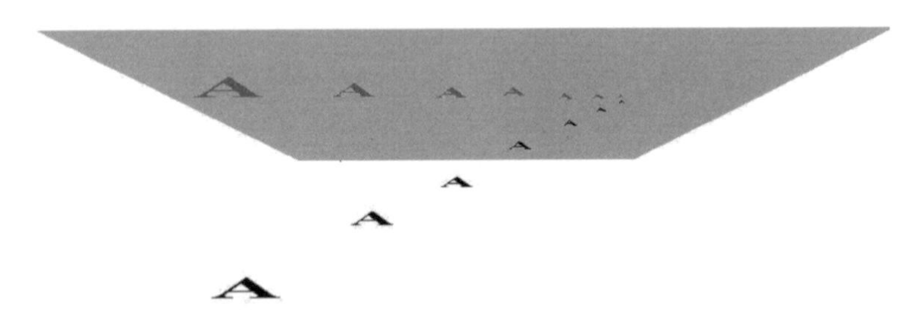

從三維空間內部的角度來看，這是一種幻覺，就像格陵蘭在麥卡托地圖上的面積一樣不真實。但在對偶描述（平面國理論）中，鉛直的第三維中沒有距離這個概念，而是由大小的概念取代了。這是非常出人意料的數學關係：在對偶性的平面國半邊變大和縮小，就和沿著對偶性另外半邊的第三個方向來回移動完全相同。

同樣的，這聽起來應該也很耳熟，這次是第 18 章，我們在那章發現宇宙是某種全像圖。茂德希納的兩種對偶描述是全像原理在發揮作用。反德西特空間內部發生的一切，都「是全像圖，是在遠方二維面上編碼的現實生成的影像」。帶有重力的三維世界，和空間邊界上的二維量子全像圖等價。

我不知道茂德希納有沒有把他的發現跟全像原理聯繫起來，但沒多久威頓就做了這件事。茂德希納的論文發表短短兩個月後，威頓把自己的論文放在網路上，並且下了〈反德西特空間與全像術〉（Anti De Sitter Space and Holography）這個標題。

湯

威頓在論文裡寫到的事情當中，關於黑洞的段落特別引起我的注意。原版的反德西特空間（而不是變平的磚牆版本）很像一罐濃湯。水平切過罐頭的切片可以代表空間，罐頭的縱軸代表時間，罐頭外的標籤貼紙是邊界，而內部是時空連續體。

純粹的反德西特空間好比空罐頭，但把「湯」（也就是物質和能量）裝進去之後，就可以讓它變得更有趣。威頓解釋，如果在罐頭裡加足夠大的質量和能量，就可以創造出黑洞。這引出了一個問題。根據茂德希納的說法，一定會有不涉及罐頭內部的第二種描述（對偶描述），這種替代描述會用到粒子的二維量子場論，就像在罐頭標籤紙上移動的膠子。濃湯裡有黑洞存在，必定等同於邊界全像圖上的某樣東西，但那樣東西是什麼？在邊界理論中，威頓認為濃湯中的黑洞等同於一種普通的基本粒子（基本上只有膠子）熱流。

我一看到威頓的論文，就知道黑洞戰爭要結束了。量子場論是量子力學的特例，而量子力學中的資訊永遠不可能被破壞。不論茂德希納和威頓還做了什麼，他們確實證明了資訊永遠不會在黑洞視界後方遺失。弦論學者馬上就能理解這一點；相對論學者會需要比較久的時間。但戰爭結束了。

黑洞戰爭本來應該在 1998 年初結束的，但霍金就像那些倒楣的士兵，在叢林中徘徊多年，不知道戰爭已經結束。到這個時候，他已經成為悲劇人物。霍金 56 歲了，腦力不再處於巔峰狀態，而且幾乎無法與人溝通，他還沒明白這點。我很確定原因不在他的腦力局限，從我和他在 1998 年之後的互動看來，他的腦袋顯然還是非常敏捷，但他的身體殘疾已經嚴重惡化到幾乎完全困在他自己的腦袋裡。沒辦法寫方程式，和他人合作又極度困難，他想必覺得不可能做物理學家通常會為了理解不熟悉的新研究而去做的那些事。因此，霍金繼續搏鬥了一段時間。

在威頓發表論文之後不久，另一場會議在聖巴巴拉召開，這次開會的目的是慶祝全像術和茂德希納的發現。晚宴後的演講者是哈維（CGHS 當中的 H），但他沒做演講，而是帶著大家用〈瑪卡蓮娜〉的旋律，手舞足蹈地唱起凱旋之歌〈茂德希納〉。[7]

You start with the brane（從膜開始）
and the brane is BPS（這個膜是 BPS）8

Then you go near the brane（接著靠近膜）
and the space is ADS（空間是 ADS）

Who knows what it means（誰知它的意思）
I don't I confess（我承認不知）

Ehhhh! Maldacena!（啊！茂德希納！）

Super Yang Mills（超級楊－米爾斯）
With very large N（有 N 非常大）

Gravity on a sphere（球上重力）
flux without end（奔流不息）

7 〈瑪卡蓮娜〉（Macarena）是 1990 年代中期非常流行的拉丁舞曲。

8 BPS 是 D 膜的專門性質，這個縮寫代表此性質的三位發現者——Bogomol'nyi、Prasad 和 Sommerfield。

黑洞戰爭

Who says they're the same（誰說是同樣）
holographic he contends（全像，他辯稱）

Ehhhh! Maldacena!（啊！茂德希納！）

Black holes used to be（黑洞曾是）
a great mystery（世紀之謎）

Now we use D-brane（現在用 D 膜）
to compute D-entropy（算出 D 熵）

And when D-brane is hot（D 膜高溫時）
D-free energy（D 釋放能量）

Ehhhh! Maldacena!（啊！茂德希納！）

M-theory is finished（M 理論大功告成）
Juan has great repute（胡安享美名）

The black hole we have mastered（黑洞已掌握）
QCD we can compute（QCD 能算出）

Too bad the glueball spectrum（實在遺憾，膠球譜）

is still in some dispute（仍有異議）

Ehhhh! Maldacena!（啊！茂德希納！）[9]

9　歌詞創作：哈維（Jeff Harvey）。

23

核物理？
你在開玩笑吧！

懷疑者會指出，我所講的黑洞量子性質，從熵、溫度、霍金輻射，到黑洞互補性和全像原理，全都是純理論，沒有半點實驗數據可以證實。很遺憾，他們的說法在很長一段時間裡可能還會是對的。

但話又說回來，最近出現了一個完全意料不到的關聯性，在黑洞、量子重力、全像原理及實驗核物理之間的關聯性，或許會徹底證明，聲稱這些理論無法得到科學證實的說法是錯的。從表面看，核物理似乎是最沒希望檢驗全像原理、黑洞互補性等概念的領域。一般人不會把核物理視為重要的領域。核物理是個老話題，包括我在內的大多數物理學家，都認為它已經無法再教我們什麼新的基礎原理了。從近代物理的觀點來看，原子核就像棉花糖一樣——留有很多空間的碩大扁球。[1] 它們有可能教我們什麼普朗克尺度下的物理嗎？出乎意料的是，似乎相當多。

弦論學者一直對原子核很感興趣。弦論的史前階段都在談強子：質子、中子、介子和膠球。就像原子核一樣，這些粒子是由夸克和膠子組成的大型鬆軟複合物。然而，在普朗克尺度一億兆倍大的尺度上，自然界似乎會重演。強子物理學的數學，幾乎和弦論的數學一樣，考慮到尺度上有這麼大的差異，這看來非常出人意料：核子可能是基本弦的 10^{20} 倍大，而振盪速度是 10^{20} 分之一倍慢。這些理論怎麼可能是一樣的，或有那麼一點相似呢？不過，從某種逐漸變明朗的程度上來說，它們就是相似的。如果普通的次核粒子真的和基本弦非常相似，何不在核物理實驗室裡檢驗這些弦論概念呢？事實上，已經檢驗近 40 年了。

強子和弦之間的關聯，是近代粒子物理的重要支柱之一，但直到近期還不可能檢驗黑洞物理學的核物理類比。這個情況現在改變了。

在距離曼哈頓 70 英里外的長島，布魯克海文國家實驗室（Brookhaven National Laboratory）的核物理學家讓重原子核撞在

1 計算核子的質量密度（以普朗克單位來計）是很有趣的事。質子的半徑約為 10^{20}，質量大約是 10^{-19}，這就可以算出每單位體積的質量大約為 10^{-79}。

一起，看看會發生什麼結果。相對論性重離子對撞機（Relativistic Heavy Ion Collider，簡稱 RHIC）把金原子核加速到接近光速——金原子核在這麼快的速度下碰撞，會爆發出極大的能量，熾熱的程度是太陽表面的一億倍。布魯克海文的物理學家對核武或其他核技術不感興趣，他們的動機是單純的好奇心——對新物質的性質的好奇心。這種高溫核物質會有什麼行為？它是某種氣體？還是液體？它會聚在一起，還是立刻蒸發，變成單獨的粒子？能量極大的粒子噴束會從呼嘯而出嗎？

我說過，核物理和量子重力發生在極為不同的尺度上，那它們之間怎麼可能有關係呢？我所知道的最佳類比，牽涉到史上最糟糕的電影之一，美國露天汽車電影院時代的一部恐怖片。這部老片中有一隻碩大的蒼蠅。我不知道這部電影是怎麼製作的，但我想像，他們這把一隻普通的蒼蠅拍攝下來，然後放大到占據整個銀幕。這個影像用非常慢的鏡頭放映出來，賦予那隻蒼蠅一種不祥的感覺，彷彿一隻可怕的巨鳥。效果令人恐懼，但更重要的是，它幾乎完美說明了重力子和膠球之間的關係。兩者都是閉弦，但重力子比膠球小多了，且速度快很多——體積和速度大約相差 10^{20} 倍。看來強子很像放大和放慢版的基本弦，但不是像蒼蠅那樣放大了幾百倍，而是極大的 10^{20} 倍。

所以，如果我們不能用奇大無比的能量讓普朗克尺度的粒子發生碰撞來製造黑洞，也許可以改讓它們的放大版，即膠球、介子或核子發生碰撞，然後產生出放大版的黑洞。但等一下，難道這也不需要龐大的能量嗎？對，不需要，如果要弄懂為什麼不需要，我們必須回想一下第 16 章，在 20 世紀發現大小與質量之間的

那個反直覺關係：小即重，大即輕。核物理發生在比基礎弦論大了許多的尺度上，這件事就暗示，當集中在大得多的體積中，相對應的現象所需要的能量會少很多。把數字代入計算之後，普通的核子在 RHIC 中發生碰撞時，應該會形成一個跟慢動作的放大版黑洞非常類似的物體。

為了弄懂 RHIC 是在什麼意義上創造出黑洞的，我們必須回到全像原理和茂德希納的發現。茂德希納以無人預見的方式，發現兩個不同的數學理論其實是等同的——用弦論的術語來說就是「互為對偶」。其中一個是帶著重力子和黑洞的弦論，雖然是在 4 + 1 維的反德西特空間中。（在第 22 章，為了方便想像，我隨意減少了空間的維度。在這一章，我要把去掉的維度還原。）

四個空間維度對核物理來說太多了，但請記住全像原理：在反德西特空間中發生的一切，必能用少一個空間維度的數學理論完整描述。茂德希納是從四個空間維度開始的，所以全像對偶理論僅有三個維度，和平常的空間一樣多。這個全像的描述，跟我們用來描述傳統物理的任何一個理論有可能相似嗎？

結果發現，答案是肯定的：這個全像對偶理論在數學上和量子色動力學（描述夸克、膠子、強子和核子的理論）非常相似。

反德西特空間中的量子重力 ⟷ 量子色動力學

在我看來，茂德希納的研究的主要吸引力，在於它證實全像原理及解釋量子重力運作的方法。但茂德希納和威頓還看到了別的機會。他們領悟到，全像原理是一條雙向通行道——不得不說，他們能想到這一點實在太高明了。為什麼不反過來看呢？也就是運用我們對重力的了解，在這裡是指 4 + 1 維反德西特空間中的重力，來告訴我們普通量子場論的事。這對我來說是完全意想不到的轉折，是全像原理的額外所得，而我根本沒想過。

要完成這件事，還需要一點工作。量子色動力學不完全等同於茂德希納的理論，但可以簡單修正反德西特空間來考慮主要的差異。我們就從非常靠近邊界的位置（可看見的最後那個魔鬼縮小到零的地方）來回顧反德西特空間吧。我要把這個邊界稱為 UV 膜。[2] UV 代表紫外，我們也用這個術語形容波長非常短的光。（這

2　我在這幾段裡描述的許多內容，在藍道爾的精采之作《彎扭的旅程》中有非常清楚的解釋。

些年來，紫外一詞已經開始代表在小尺度發生的現象，在這裡它是指艾雪畫作邊界附近的天使與魔鬼縮成極小。）UV 膜當中的「膜」字，實際上是誤用，但因為已經沿用下來了，我就繼續使用吧。UV 膜是個靠近邊界的曲面。

想像一下從 UV 膜離開，進入內部，在那裡，古板的魔鬼無限膨脹，時鐘無限放慢。我們愈往反德西特空間的深處走去，在 UV 膜附近很小又很快的物體就變得愈大愈慢。不過，反德西特空間不太適合拿來描述量子色動力學。雖然差異不大，但修正過的空間應該有自己的名稱；我們就稱它 Q 空間吧。和反德西特空間一樣，Q 空間也有 UV 膜，在那裡的東西會縮小並且變快，但和反德西特空間不同的是，Q 空間還有第二邊界，叫做 IR 膜。（IR 代表紅外，這個術語用來指波長非常長的光。）IR 膜是第二個邊界，是一種無法穿越的屏障，天使與魔鬼的大小在這裡達到最大值。如果 UV 膜是無底深淵的天花板，那麼 Q 空間就是有天花板和地板的普通房間。若忽略時間方向，只畫出兩個空間方向，反德西特空間和 Q 空間看起來就會像這樣：

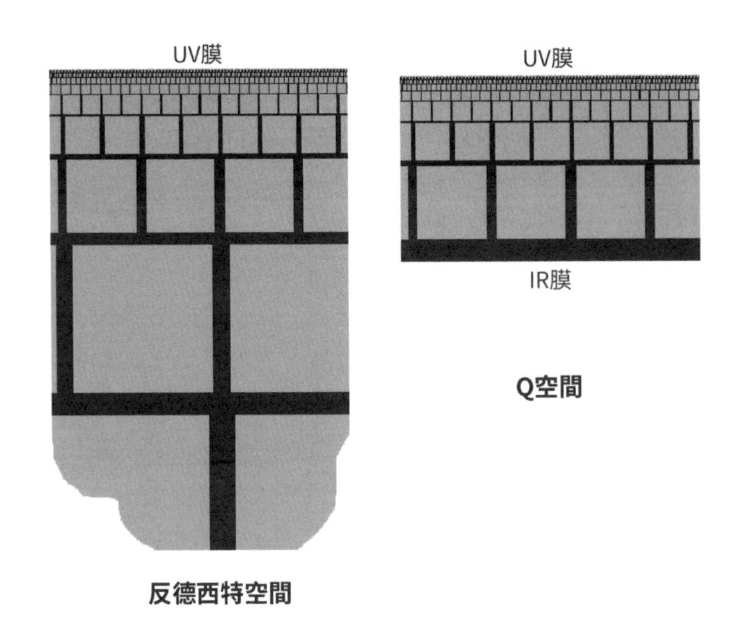

想像我們把像弦一樣的粒子放進 Q 空間，先放在 UV 膜的附近。這個粒子會像圍繞著它的天使和魔鬼一樣，顯得非常小，可能是普朗克尺度的大小，而且振動得非常快。不過，如果同樣的粒子朝 IR 膜移動，它看起來就會變大，彷彿投影到正在後退的螢幕上。現在觀察這條弦的振動。振動可以定義一種時鐘，而且就像所有的時鐘一樣，它在靠近 UV 膜時走得比較快，靠近 IR 膜時走得比較慢。靠近 IR 端的弦不但看起來像它在 UV 端的縮小版的放大版，還會以慢很多的速率振盪。這個差異聽起來很像真實蒼蠅和牠們在電影裡的影像之間的差別，或是像基本弦和它們在核物理中的對應物之間的差異。

如果弦論中超級小的普朗克尺度粒子「生活」在 UV 膜附近，

而它們的放大版本（強子）生活在 IR 膜附近，它們之間相距多遠呢？就某種意義來說，不怎麼遠；從普朗克尺度的物體走到強子，會需要穿過大約 66 個魔鬼。但要記住，每一步都是前一步的兩倍高，加倍 66 次就等於放大成 10^{20} 倍。

針對基本弦論和核物理之間的相似處，有兩種看法。比較保守的觀點認為這是偶然的，多少有點像原子與太陽系之間的相似性。這種相似性在原子物理的早期非常有用。波耳在他的原子理論中，運用了牛頓用來研究太陽系的數學去處理原子，但不管是波耳還是其他人，都不會真的認為太陽系是原子的放大版。照這個比較保守的看法，量子重力與核物理之間的關聯也只是個數學類比，但它是個很有用的類比，讓我們得以運用重力的數學，去解釋核物理的某些特徵。

比較令人興奮的觀點是，核物理中的弦和基本弦實際上是同樣的東西，只是透過了扭曲的鏡頭來觀看，這個鏡頭會讓影像拉長，速度放慢。照這個觀點，粒子（或弦）在靠近 UV 膜的位置時，看起來很小、能量很大，而且振盪得很快。它看上去會像基本弦，表現得像基本弦，所以必定是基本弦。舉例來說，位於 UV 膜的閉弦會是一個重力子。但同樣的弦如果移動到 IR 膜上，就會放慢速度而且變大。從各方面看，它的外觀和行為都像膠球。從這個觀點來看，除了在膜夾心結構中的位置不同，重力子和膠球是完全一樣的東西。

想像兩個快要相撞的重力子（靠近 UV 膜的弦）。

UV 膜附近即將發生碰撞的兩個粒子

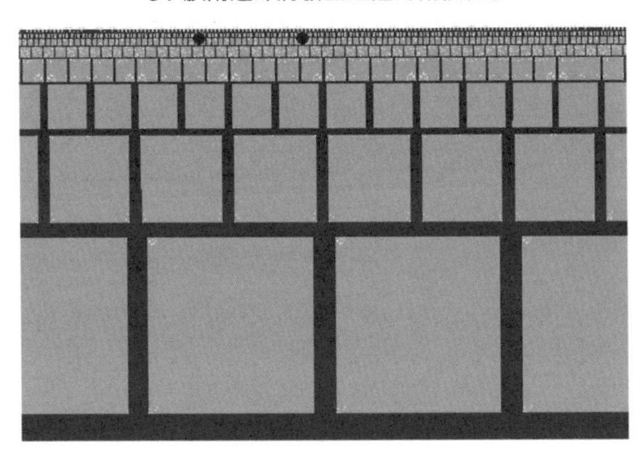

如果它們的能量夠大，在 UV 膜附近相撞的時候，就會形成一個普通的小黑洞：一團能量會困在 UV 膜上。把它想成從天花板垂下的液滴。構成這個小黑洞視界的資訊位元是普朗克尺度的。

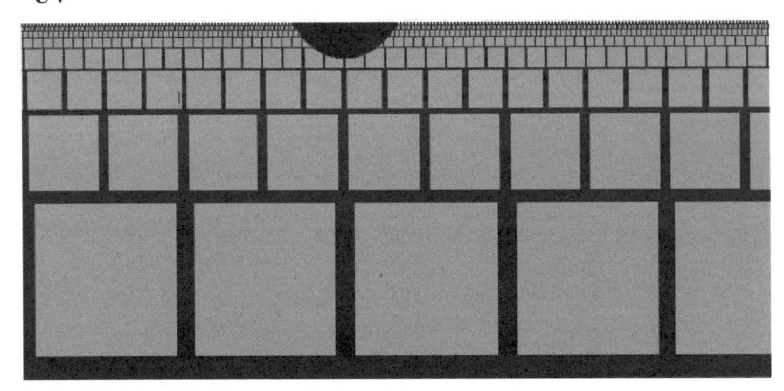

這當然是我們可能永遠做不了的實驗。

但現在把重力子換成兩個（靠近 IR 膜的）原子核，然後讓它們互撞。

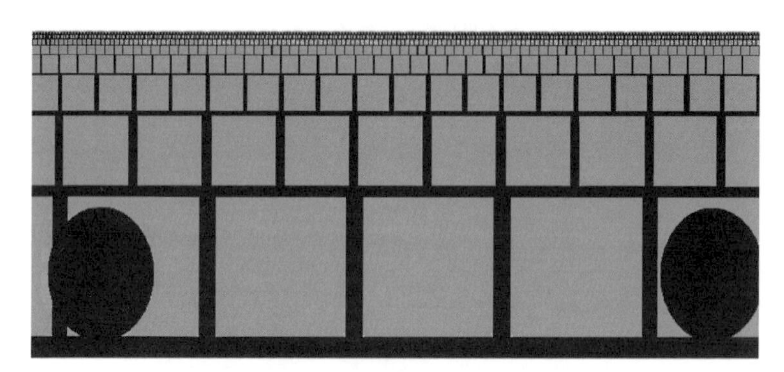

IR 膜附近即將發生碰撞的兩個原子核

對偶性的威力就在這裡凸顯出來。一方面，我們可以把它想成在四維的版本中，兩個物體碰撞後形成一個黑洞。這次黑洞會靠近 IR 膜，就像地板上的大水窪。需要多少能量呢？比 UV 膜附近形成黑洞所需的能量少很多。事實上，這種能量在 RHIC 很容易達到。

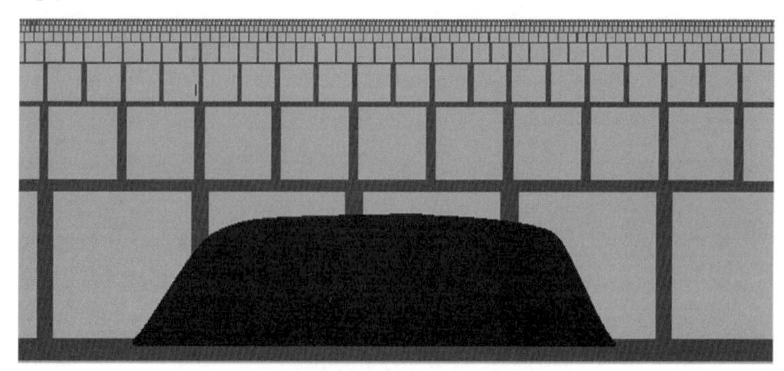

我們也可以從三維的角度來看。在那個情況下，強子或原子

核發生碰撞，飛濺出夸克和膠子。

起初，在還沒有人領悟量子色動力學和黑洞物理可能有關之前，量子色動力學專家就曾預料，碰撞的能量會以一團粒子氣體的形式再度出現，這團氣體會快速飛散開來，幾乎沒有什麼阻力。但他們看到了不一樣的結果：能量聚在一起，看上去很像一團流體——稱為熱夸克湯。熱夸克湯可不是隨便什麼流體；它帶有一些非常令人意外的流動性質，很類似黑洞視界。

所有的流體都是黏滯的。黏滯性是一種摩擦力，流體內部各層產生相對運動時，就會有這種作用力。黏滯性可用來區別非常黏的流體（如蜂蜜）和沒那麼黏的流體（如水）。黏滯性不光是定性的概念，而是每一種流體各有各的精確數值標準，稱為剪切黏度（shear viscosity）。[3]

理論學家最初用了標準逼近法，推斷出熱夸克湯的黏度非常高。當結果顯示它的黏度[4]無比小的時候，大家都非常吃驚——只有少數幾位碰巧懂一點弦論的核物理學家除外。

根據黏滯性的某個定量標準，熱夸克湯是科學界已知最不黏的流體——比水還不黏稠。就連超流體液氦（低黏度的昔日冠軍），也比它黏得多。

自然界裡有沒有什麼低黏度的東西可以比得上熱夸克湯？有，

3 剪切一詞是指其中一層滑過另一層。

4 嚴格說來，是黏度除以這種流體的熵會無比小。

但不是普通的流體。黑洞視界在受到擾動時，行為會像流體。舉例來說，如果一個小黑洞掉入一個大黑洞，會在視界上短暫產生一個隆起，就像一滴蜂蜜滴落在一灘蜂蜜表面上所留下的隆起。視界上的那團東西，會像黏滯的流體一樣漫布開來。很久以前，黑洞物理學家算出了視界的黏度，在轉換成流體的說法之後，輕易擊敗了超流體液氦。弦論學者開始猜想黑洞和核碰撞之間的關聯時[5]，他們明白，在所有的東西當中，熱夸克湯最像黑洞的視界。

這團流體最後會有什麼結果？就像黑洞，最後它會蒸發，變成各種粒子，包括核子、介子、光子、電子和微中子。黏滯性和蒸發只是視界和熱夸克湯的其中兩個共同性質。

科學家目前正在認真研究核流體，想找出是不是有其他的性質也顯示它和黑洞物理有類似的關聯。如果這種趨勢繼續下去，就代表我們獲得了大好的機會，可去證實霍金和貝根斯坦的理論，以及黑洞互補性和全像原理——這個機會就是向量子重力世界開了一扇奇特之窗，尺度放大，頻率放慢，好讓普朗克距離不再比質子小了很多。

有人說和平只是兩場戰爭間的短暫插曲，但孔恩說得好，在科學上反面才是對的：大多數的「尋常科學」發生在劇變之間漫長、平靜、無聊的時期。黑洞戰爭導致物理定律猛烈改造，但現在我

5　美國華盛頓大學的理論物理學家 Pavel Kovtun、Dam T. Son 和 Andrei O. Starinets，最先認清全像原理對熱夸克湯黏滯性的可能影響。

們正看到它慢慢影響物理中更平凡的一面的日常活動。跟許多早期的創新想法一樣，全像原理正從激進的典範轉移，演變成核物理（這真是出乎意外）的日常工具。

24

謙卑

我們只是生活在普通恆星的次要行星上的一種高等猴子，但我們可以了解宇宙，也因此讓我們變得格外獨特。

——史蒂芬・霍金

把我們的腦神經迴路重新接線，好去弄懂相對論，這已經夠困難了，要弄明白量子力學就更難了。預測性或決定論必須刪除，失效的古典邏輯規則必須換成量子邏輯，不確定性和互補性要用抽象且無限維的希爾伯特空間、數學交換關係及其他奇異的概念來陳述。

在 20 世紀、至少到 1990 年代中期為止的整個重接線過程中，時空的現實性和事件的客觀性幾乎無可置疑。談到大尺度的時空性質，大家普遍假定量子重力不會發揮什麼作用。霍金和他的資訊弔詭，無意中且相當勉強地逼我們跳出那個思維。

十多年間演變出來的物質世界新觀點，包含一種新的相對論和一種新的量子互補性。（兩個事件的）同時性的客觀意義在 1905 年失效，但事件本身的概念依然顛撲不破。如果太陽內部發生一起核反應，所有的觀測者都會同意它發生在太陽內部，地球上沒有人會偵測它發生。但在黑洞的強大重力中，某個新的現象發生了，這個現象暗中破壞了事件的客觀性。正在落下的觀測者認為發生在極大型黑洞內部的事件，對於在視界外偵測的觀測者來說，卻是打亂在霍金輻射的光子當中。一個事件不能同時在視界內和視界外。同一個事件究竟在視界內或是視界外，端看觀測者是做哪一項實驗。但在奇特的全像原理面前，互補性不可思議的程度也相形見絀。立體三維世界似乎是某種幻覺，真實情形發生在空間的邊界上。

對大多數人來說，像（狹義相對論中的）同時性和（量子力學中的）決定論這樣的概念失靈，只不過是少數物理學家會感興趣的冷僻怪事，但實際上，反過來才是對的：人類痛苦的緩慢動作和人體內 1028 個原子的笨重質量，才是自然界裡的古怪例外。對每個人類，宇宙中大約有 1080 個基本粒子，這些粒子大多以接近光速的速率運動，而且非常不確定，不是位置無法確定，就是運動速度無法確定。

我們在地球上感受到的微弱重力，也是一個例外。宇宙在劇烈擴張的狀態中誕生；空間中的每一點四周都是視界，相距不到一個質子的大小。最引人注目的宇宙居民，星系，圍繞著不斷吞食恆星和行星的大型黑洞建構起來。在宇宙中，每 10,000,000,000 個資訊位元就有 9,999,999,999 個和黑洞視界有關。若要用我們對於空間、時間和資訊的天真想法，來了解大部分的自然界，顯然完全不夠。

為了弄懂量子重力的重接線工作尚未完成，我認為我們還沒有適當的架構，可取代老舊的客觀時空典範。強大的弦論數學會有幫助，它讓我們有嚴謹的架構去檢驗一些本來只能從哲學層面議論的想法。但弦論是進行中的未完工作，我們不知道它的關鍵原理，也不知道它究竟是最深層的事實，還是這個過程中另一個暫時的理論。黑洞戰爭給我們一些非常重要又意想不到的領悟，但這些只是在暗示，即使我們已經為相對論和量子力學把神經迴路重新接好線，現實與我們腦袋裡的模型還是那麼不同。

宇宙視界

黑洞戰爭結束了（這個說法可能會讓少數仍在搏鬥的人心煩意亂），但就在它結束的時候，自然界這個高明的攪局者又出了個難題給我們。差不多在茂德希納做出發現的同時，物理學家（在宇宙學家的說服下）開始相信，我們所生活的世界中有一個不會等於零的宇宙常數（cosmological constant）。這個宇宙常數是奇小無比的自然常數[1]，顯然比其他物理常數都要小，但卻是宇宙未來發展的主要決定因素。

這個宇宙常數，也叫做暗能量，將近一個世紀以來一直是物理學界的肉中刺。1917 年，愛因斯坦推測有一種反重力，會讓宇宙間的一切互相排斥，抵消重力的慣常引力作用。這個推測絕不是毫無根據的；它穩固地建立在廣義相對論的數學基礎上。這些方程式中有空間容納額外的項，愛因斯坦稱之為宇宙項（cosmological term）。這個新作用力的強度和一個新的自然常數成正比，這個常數叫做宇宙常數，以希臘字母 Λ 來表示。如果 Λ 是正的，宇宙項就會產生一種會隨距離增加而變大的斥力；如果是負的，這個新的作用力就是引力；如果 Λ 是零，就沒有新的作用力，我們也可以忽略它。

愛因斯坦起先猜測 Λ 會是正數，但沒多久他就開始厭惡這整個想法，說它是他最大的錯誤。他在餘生中，把他所有的方程式中的 Λ 都設成零。大多數的物理學家雖然不懂為什麼方程式中不該出現 Λ，但都贊同愛因斯坦。然而過去十年間，支持宇宙常數是很小的正數的天文證據已經變得很有說服力。

宇宙常數及伴隨而來的所有謎團和弔詭，正是我在《宇宙的

1　這個宇宙常數的數值大約是 10-123 個普朗克單位。從 1980 年代中期就有一些仔細研究天文數據的宇宙學家，開始猜想有某個宇宙常數存在，但在往後的十多年間，物理學界並沒有真正接受這件事。它的數值實在太小了，讓幾乎所有的物理學家誤以為它不存在。

地景》書中所談的主題，在這裡我只會告訴你這件事最重要的結果：作用在宇宙學距離上的斥力，會讓空間成倍數擴張。宇宙在膨脹不是什麼新鮮事，但如果沒有宇宙常數，宇宙擴張的速率會逐漸放慢，甚至還有可能倒轉過來開始收縮，最後在一場轟轟烈烈的宇宙崩墜中內爆。相反的，因為有宇宙常數，宇宙看上去每150 億年就會膨脹一倍，而所有的跡象都顯示它會無限擴張下去。

在擴張的宇宙中，或說在一個膨脹的氣球中，兩點之間距離愈遠，互相遠離的速度也愈快。這種距離和速度之間的關係，稱為哈伯定律，這個定律是說：任意兩點之間的退行速度和它們的相隔距離成正比。不論人在哪裡，觀測者環顧之後都會發現遠方的星系正離他或她而去，退行速度與它們和他或她的距離成正比。

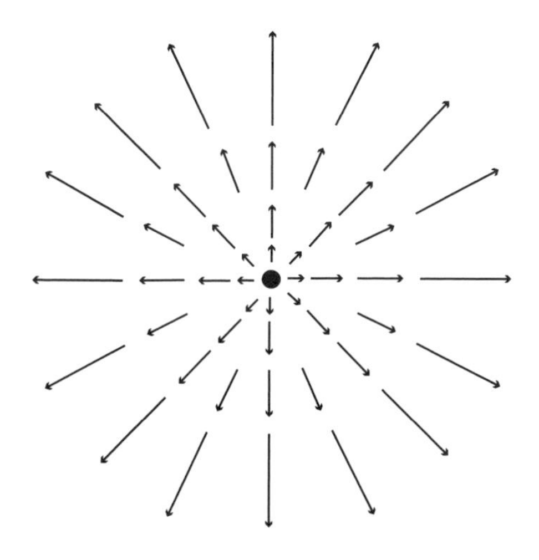

在這樣的擴展宇宙中，如果你往外看得夠遠，終會看到星系以光速離你而去的位置。成倍擴張的宇宙中最不可思議的性質之一，就是到達那個位置的距離永遠不變。看來，在我們自己的宇宙裡，距離約 150 億光年的物體會以光速遠離，但更重要的是，這種現象會永遠存在。

這件事有某種熟悉又不太一樣的地方，它讓人想起第 2 章的蝌蚪湖。如果愛麗絲順流而下，到某一刻她將越過不歸點，以聲速離鮑伯而去。類似的事情正在大規模發生，在我們眺望的每一個方向，星系都正以超光速離我們遠去。每個人的周圍都有一個宇宙視界，一個萬物以光速遠離我們的球面，我們無法收到那個視界外發出的任何訊號。恆星越過了不歸點，就永遠消失了。在大約 150 億光年遠之外，我們的宇宙視界正在吞噬星系、恆星，可能還有生命，彷彿我們都生活在各自私有的內外顛倒黑洞中。

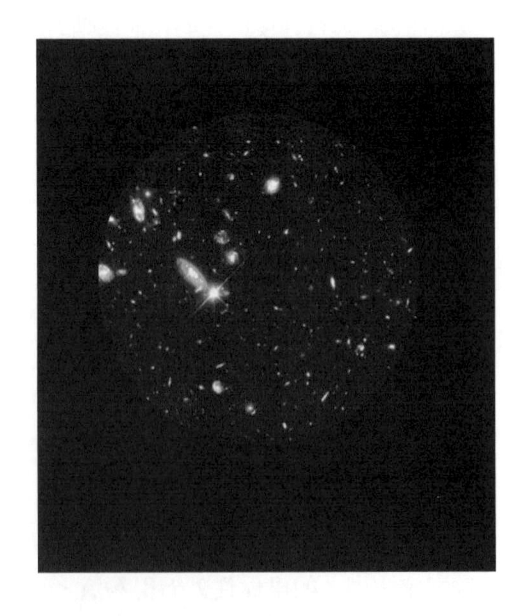

是否真的有像我們的宇宙一樣的世界，很久以前就越過了我們的視界，從此和我們所能偵測的任何東西毫不相干？或者情況

更糟，大部分的宇宙永遠超出我們的理解範圍？這讓一些物理學家感到十分焦慮。有個哲學體系是說，如果某樣東西不可觀測（原理上無法觀察到），那麼它就不屬於科學。如果沒辦法否證或證實某個假設，它就屬於玄虛猜測的範疇，跟占星術和通靈術一樣。照這個標準，大部分的宇宙沒有科學事實——只是我們憑空想像的事物。

但要把大部分的宇宙歸為胡說八道，又很困難。沒有任何證據顯示星系在視界附近變少或消失。天文觀測顯示，星系一直綿延到眼睛或望遠鏡看不見的地方。我們要如何理解這種情況？

過去也曾經有「無法觀察」的事物被歸為非科學的狀況，他人的情感就是著名的例子。有一整個心理學流派，即行為主義，主張情感和內在意識狀態不能被觀察，因此在科學討論中不應提及，只有實驗對象的可觀察行為，如身體動作、臉部表情、體溫、血壓等，才是行為主義心理學可置喙的目標。行為主義在 20 世紀中葉發揮很大的影響力，但今天大多數人認為它是一種極端的觀點。或許我們應該像同意他人也有摸不透的內心世界一樣，接受視界之外別有洞天。

不過，可能還有更好的答案。宇宙視界的性質似乎和黑洞的性質非常相似。加速（成倍）擴張宇宙的數學結果暗示，當萬物靠近宇宙視界的時候，我們會看到它們放慢。如果我們能夠把接在長鋼索末端的溫度計，送到宇宙視界附近，就會發現溫度升高，最後逼近黑洞視界的極高溫。那是不是表示遠方行星上所有的人都在承受火烤？答案是，就像他們在黑洞附近一樣，不多不少。在隨波逐流的觀測者看來，越過宇宙視界是掃興的事，是數學上的不歸點，但我們自己的觀察加上一些數學分析，會指出他們正在靠近某個極高溫區域。

他們的資訊會發生什麼事？霍金用來證明黑洞發出黑體輻射的論點告訴我們，宇宙視界也在輻射。但在這裡不是向外輻射，而是向內輻射，就好像我們是在四壁發光發熱的房間裡。從我們的角度來看，當物體向視界移動的時候，它們似乎被加熱了，並以光子的形式輻射回來。可能有宇宙互補性原理嗎？

對身在宇宙視界內的觀測者來說，視界是由視界原子組成的高溫層，這些原子會吸收、打亂然後送回所有的資訊位元。對自由穿越宇宙視界的觀測者來說，這個通行過程有點令人失望。

然而，目前我們對宇宙視界所知有限。物體落入視界後方的意義，可能是宇宙學中最深奧的問題——無論那些物體是否真實，也不管它們在我們對宇宙的描述中扮演什麼角色。

墜落的石頭和在軌道上運行的行星，只稍微暗示重力真正的本質。黑洞是重力占有正當位置的所在。黑洞不只是密度極大的恆星，更應該說是最大的資訊儲存器，裡面的位元壓縮緊密得像二維砲彈堆一般，但規模小了 34 個數量級。這就是量子重力的本質：資訊和熵，緊密堆積起來。

霍金對於自己提出的問題，也許給了錯的答案，但這個問題本身卻是物理學近來發展史上最深奧的問題之一。或許他的腦袋太過古典，太傾向把時空視為原已存在但可變動的物理畫布，因而無法認清讓量子資訊守恆與重力達成一致的深遠意義。不過，或許這個問題本身已經為物理學下一個重大觀念革命打開了大門，沒有幾個物理學家敢說。

至於霍金留給我們的東西，必然非常可觀。在他之前的其他人，都知道重力和量子理論之間的不一致總有一天會消除，但貝根斯坦和霍金是率先涉足偏遠國度並帶黃金回來的人。我希望將來的科學史家會說，一切是他們起頭的。

未曾失敗過的人，不可能優秀。

——赫曼・梅爾維爾（Herman Melville）

用一句話說清物理學

困惑迷惘當道，因果關係蕩然無存，確定性蒸發，所有的老規矩失去作用。這正是主流典範崩解時發生的狀況。

但隨後會出現新的模式。一開始毫無道理可言，但它們總還是模式，那該怎麼做？把這些模式分類、量化，用新的數學甚至全新的邏輯規則（如果必要的話）加以編纂。把舊的線路換成新的，然後去熟悉新的線路。熟悉了就不會覺得敬畏，或至少表示接納。

我們很有可能仍是困惑不已的生手，腦袋裡的印象大錯特錯，而要理解最根本的事實對我們來說還早得很。不禁想起古代地圖繪製師的用語 terra incognita（未知之地）。我們發現的愈多，所知道的似乎愈少。一言以蔽之，這就是物理學。

後記

我們只是生活在普通恆星的次要行星上的一種高等猴子，但我們可以了解宇宙，也因此讓我們變得格外獨特。

——史蒂芬・霍金

2002 年，霍金迎接 60 歲生日。沒人想得到他會活到這個年紀，尤其是他的醫生。這件大事值得好好慶祝一番，一場真正盛大的生日派對，於是我發現自己又到了劍橋，連同其他幾百人，有物理學家、記者、搖滾明星、音樂家、某個模仿瑪麗蓮夢露的人、康康舞者，還有許多美食和美酒。這是引起媒體極大關注的盛事，同時也有一場嚴肅的物理會議。霍金科學生涯中的每個大人物都致了詞，包括霍金本人。以下是我的致詞的簡短摘錄。

> 我們都知道，史蒂芬絕對是宇宙中最固執、最讓人生氣的人。我跟他之間的科學關係，我認為可以用敵對來形容。在黑洞、資訊和所有這種事情的深層議題上，我們有極大的爭論。有時候他讓我感到挫折，焦慮到狂抓頭髮——你們可以清楚看到結果。我可以向你們保證，二十多年前我們開始爭論的時候，我還有滿頭的頭髮。

講到這裡，我看到坐在後方的霍金露出頑皮的笑容。我繼續說：

> 我也可以說，在我認識的所有物理學家當中，他對我和對我的想法一直有最大的影響。我從 1983 年開始思考的幾乎每一個問題，從某方面來說都在回應他對於掉進黑洞的資訊有什麼命運的深刻提問。雖然我堅信他的答案是錯的，但這個問題以及他堅持要有令人信服的答案，逼我們重新思考物理的基礎。結果就是現在正逐漸成形的全新典範。我非常榮幸能在這裡慶賀史蒂芬的不朽貢獻，特別是他的無比頑固。

我的每一個字都是說真的。

我只記得另外三個致詞，其中兩個是潘若斯的，我不記得他為什麼要發言兩次，但確實是這樣。第一次致詞時，他說資訊在黑洞蒸發的過程中必定會遺失。潘若斯說出了霍金在 26 年前提出的原始論點，並堅稱自己和霍金仍持這樣的看法。我很驚訝，因為就我（和一直在關注最新進展的人）所知，矩陣理論、茂德希納的發現及史壯明格和瓦法的熵計算結果，已經徹底回答這個問題了。

但在他的第二次致詞中，潘若斯堅稱全像原理和茂德希納的工作建立在一連串的錯誤想法上。簡單說，他的論點就是：「更高維中的物理怎麼可能用較低維的理論來描述？」我認為他沒有好好思考過這件事。我和潘若斯是 40 年的老朋友了，知道他是叛逆分子，老是跟一般的看法唱反調。我其實不該對他故意作對感到意外。

另一個令我記憶深刻的是霍金的發言——不是因為他說了什麼，而是他沒講出來的東西。他簡略回憶了生涯中值得一提的高點，像是宇宙學、霍金輻射、出色的漫畫，但關於資訊遺失，他隻字不提。他會不會開始動搖了呢？我想有可能。

後來，在 2004 年的一場記者會上，霍金聲稱他改變看法了。他說，他的最新研究終於解開了自己提出的弔詭：看　資訊終究是會從黑洞中洩漏出來，最後跑進蒸發產物中。照霍金的說法，這個機制不知為何一直沒被注意到，但他總算發現了，會在即將到來的都柏林研討會上報告他的新結論。媒體接獲通知，大家都屏息等待這場研討會。

報紙也報導霍金和普瑞斯基爾（在聖巴巴拉，此人用巧妙的

How Predictable Is Quantum Gravity?

Don Page bets Stephen Hawking one pound Sterling that strong quantum cosmic censorship holds, namely, that a pure initial state composed entirely of regular field configurations on complete, asymptotically flat hypersurfaces will have a unique S-matrix evolution under the laws of physics to a pure final state composed entirely of regular field configurations on complete, asymptotically flat hypersurfaces.

Stephen Hawking bets Don Page $1.00 that in quantum gravity the evolution of such a pure initial state can be given in general only by a $-matrix to a mixed final state and not always by an S-matrix to a pure final state.

"I concede in light of the weakness of the $"
Stephen Hawking, 23 April 2007

Don N. Page
Stephen Hawking

想像實驗讓我焦慮）賭輸了，會依約認賠。1997 年，普瑞斯基爾和霍金打賭，資訊確實會逃出黑洞，賭注是一本棒球百科。

最近我得知，佩舉在 1980 年也和霍金在類似的事情上打賭。

在聖巴巴拉聽佩舉的演講時，我就在猜他一直對霍金的主張存疑。在我寫到這段文字的兩天前，也就是 2007 年 4 月 23 日，霍金正式認輸。佩舉很好心，影印一份原始賭約寄給我，用一英鎊賭一美元，上面還有霍金親筆簽署認輸的文字。最底下的那團黑塊是霍金的指印。

霍金講了什麼？我不知道，我並不在場，但隨後有一篇論文，幾個月後寫的，提供了相關細節。篇幅不多：先是關於這個弔詭發展史的簡述，然後是對茂德希納的幾個論點的冗長描述，最後是歷經一番折磨後的解釋，承認每個人一直都是對的。

然而不是每個人都是對的。

過去幾年我們看到一些非常具爭議的論戰，打著科學辯論的

霍金和作者，攝於2008年，在智利的瓦爾迪維亞（Valdivia）。

左起：提特波因（邦斯特）、特胡夫特、作者、惠勒、弗朗索瓦・恩勒特（François Englert），攝於1994年，在智利的瓦爾帕來索。

名號，實際上卻是政治口水戰，包括：關於智慧設計論的爭執；是否真的有全球暖化，如果有，是不是人為造成的；高價飛彈防禦系統的價值；甚至還有弦論。然而，幸好不是所有的科學辯論都是激烈論戰。有些時候，關於實質議題的真正歧見會突然出現，然後產生新的獨到見解，甚至促成典範轉移。黑洞戰爭就是非激烈論戰的例子；它牽涉到對於相牴觸的科學原理的真正歧見。關於資訊是否會遺失在黑洞中的問題，起初確實是見仁見智的事，但現在科學界已經大致朝一個新的典範凝聚共識。不過，縱然原先的戰爭結束了，我仍懷疑我們得到了所有的重要領悟。弦論最令人困擾的未完之事，就是該如何應用到真實的宇宙中。茂德希納的反德西特空間理論很漂亮地證實了全像原理，但真實宇宙的幾何結構並不是反德西特空間。我們居住在不斷擴張的宇宙裡，要說它像什麼的話，它反倒更像是帶著宇宙視界和沸騰小型宇宙的德西特空間。目前還沒有人知道怎麼把弦論、全像原理，或其他跟黑洞視界有關的所學，應用到宇宙視界上，但中間的關聯很可能非常深奧。我自己的推測是，這些關聯是許多宇宙學謎團的根由，我希望有朝一日能再寫一本書，解釋這一切到底是如何發生的，但我認為這一天不會太早到來。

謝誌

我非常感激很多人協助這本書完成。一如往常，我的經紀人 John Brockman 充滿智慧，總有源源不斷的好建議。我要對所有在 Little, Brown 出版社認真工作的人，Geoff Shandler、特約人員 Barbara Jatkola、Karen Landry 和 Junie Dahn，致上最誠摯的謝意。

我也非常感激霍金和特胡夫特多年的情誼，有我們這段不同凡響又令人興奮的經歷，才會有這本書。

名詞解釋

anti de Sitter Space 反德西特空間

帶有負曲率的時空連續體，類似球形的箱子。

antipodal 對蹠

位於地球的另一側。

bit 位元

資訊的基本單位。

black body radiation 黑體輻射

由於不反射物體自身的熱能而發出的電磁輻射。

black hole 黑洞

質量和密度大到任何東西都無法脫離其重力的物體。

Black Hole Complementarity 黑洞互補性

把波耳的互補性原理應用到黑洞的情形中。

Boundary Theory 邊界理論
探討某個空間區域的邊界的數學理論，可描述此區域內部的一切事物。

Brownian Motion 布朗運動
懸浮在水中的花粉粒進行的隨機運動，起因是受熱的水分子持續撞擊花粉粒。

classical physics 古典物理
不考慮量子力學的物理學，通常是指決定性的物理學。

closed string 閉弦
像橡皮筋一樣沒有端點的弦。

corpuscles 光粒子
牛頓用來描述光的假想粒子的用語。

curvature 曲率
空間或時空的彎曲程度。

dark star 暗星
質量和密度都大到光線無法脫離的恆星，現在稱爲黑洞。

D-brane D 膜
基本弦的端點可停駐的曲面。

determinism 決定論
聲稱未來完全由過去決定的古典物理學原則。量子力學讓這個原則動搖了。

Dollar-matrix 美元矩陣
霍金嘗試用來取代 S 矩陣的發明。

duality 對偶性
兩個描述同一個系統、但看似不同的說法之間的關係。

dumb hole 啞洞
洞口附近的流速超過（水中）聲速的排水洞。

electric field 電場
電荷周圍的力場。

electromagnetic waves 電磁波
像波一般的空間擾動，由不斷振動的電場和磁場組成。光也是一種電磁波。

embedding diagram 嵌入圖
呈現時空連續體在某一刻「切」出來的時空圖像。

entropy 熵

度量隱藏資訊的標準，這些資訊通常儲存在非常小又非常多而難以記錄的東西裡。

escape velocity 脫離速度
讓拋體脫離大質量物體的重力所需要的最小速度。

Equivalence Principle 等效原理
愛因斯坦提出的原理，指出重力與加速度難以區分——譬如在電梯裡。

event 事件
時空中的一點。

extremal black hole 極值黑洞
在給定的電荷下達到最小質量的帶電黑洞。

First Law of Thermodynamics 熱力學第一定律
即能量守恆定律。

fundamental strings 基本弦
構成重力子的弦。一般認爲基本弦的典型大小和普朗克長度差不多。

gamma rays 伽瑪射線
波長最短、能量最大的電磁波。

General Theory of Relativity 廣義相對論
愛因斯坦在彎曲時空的基礎上建構出的重力理論。

geodesic 測地線
彎曲空間中最接近直線的東西；兩點間的最短路徑。

glueball 膠球
單純由膠子組成而沒有夸克的強子。膠球就是閉弦。

gluons 膠子
結合成弦、把夸克束縛在一起的粒子。

grok 深知
把某件事理解得很透澈且出於直覺。

ground state 基態
量子系統處於最小能量的狀態，常指絕對零度下的狀態。

hadrons 強子
與原子核密切相關的粒子：核子、介子和膠球。強子是由夸克和膠子構成的。

Hawking radiation 霍金輻射
黑洞發出的黑體輻射。

Hawking temperature 霍金溫度
從遠處所見的黑洞溫度。

Heisenberg Uncertainty Principle 海森堡測不準原理
讓我們無法同時測定位置和速度的量子力學原理。

hertz 赫茲
計量每秒完整振盪次數的頻率單位。

hologram 全像圖
展現三維資訊的二維表述。讓三維影像得以重建的照片類型。

Holographic Principle 全像原理
認爲所有資訊都位於空間區域邊界上的原理。

horizon 視界
一進入這個曲面，任何東西都無法逃離黑洞的奇（異）點。

information 資訊
區別一個情況和另一個情況的資料，以位元爲單位。

infrared radiation 紅外輻射
波長比可見光稍微長一點的電磁波。

interference 干涉
兩個波源發出的波在某些位置會互相抵消或強化的波動現象。

IR 即紅外，常用來指很大的距離。

magnetic field 磁場
磁鐵和電流周圍的力場。

microwaves 微波
波長比無線電波稍微短一點的電磁波。

neutron star 中子星
恆星質量大到無法演化成白矮星，但又沒有大到能夠塌縮成黑洞的最後階段。

Newton's constant 牛頓常數
出現在牛頓重力定律中的數值常數 G；在公制單位下，$G = 6.7 \times 10^{-11}$。

No-Quantum-Xerox Principle 無量子影印機原理
量子力學中的定理，禁止可完美複製量子資訊的機器存在的可能性，又稱無複製原理（No-Cloning Principle）。

nucleon 核子

質子或中子。

open string 開弦

有兩個端點的弦。橡皮筋是閉弦，但如果用剪刀剪斷，它就會變成開弦。

oscillator 振盪器

任何一個進行週期振動的系統。

photons 光子

不可分割的光量子（粒子）。

Planck length 普朗克長度

自然界的三個基本常數 c、h 和 G 都設爲 1 時的長度單位，常視爲有意義的最小長度，大約 10^{-33} 公分。

Planck mass 普朗克質量

普朗克單位中的質量單位；大約 10^{-8} 公斤。

Planck's constant 普朗克常數

支配量子現象的數値常數 h。

Planck time 普朗克時間

普朗克單位中的時間單位；大約 10^{-42} 秒。

point of no return 不歸點

黑洞視界的類比。

proper time 原時

按照移動中的時鐘流逝的時間；沿著世界線的距離量尺。

QCD

量子色動力學。

QCD strings QCD 弦

把夸克結合成強子的膠子所組成的弦。

Quantum Chromodynamics 量子色動力學

描述夸克和膠子及它們如何形成強子的量子場論。

Quantum Field Theory 量子場論

統一解釋物質的粒子性和波動性的數學理論。基本粒子物理學的基礎。

quantum gravity 量子重力

把量子力學和愛因斯坦的廣義相對論統一起來的理論；描述重力的量子理論。目前還不完備的理論。

radio waves 無線電波

波長最長的電磁波。

RHIC

相對論性重離子對撞機（Relativistic Heavy Ion Collider）。把重核加速到接近光速，然後讓它們碰撞出極高溫核物質的加速器。

Schwarzschild radius 施瓦氏半徑

黑洞視界的半徑。

Second Law of Thermodynamics 熱力學第二定律

熵永遠在增加。

simultaneity 同時性

指同時發生的事件。自從狹義相對論之後，同時性就不再當作客觀的性質了。

singularity 奇（異）點

位於黑洞中心、密度無限大的點，在那裡潮汐力會變成無限大。

S-matrix S 矩陣

關於粒子碰撞的數學描述。S 矩陣列出了所有可能的入態及所有結果的機率幅。

space-time 時空

合併成單一四維流形的所有空間與時間。

Special Theory of Relativity 狹義相對論

愛因斯坦在 1905 年提出的理論，處理光速的弔詭。這個理論假定時間是第四個維度。

speed of light 光速

光的移動速率，大約是每秒 30 萬公里；以字母 c 來代表。

String Theory 弦論

把基本粒子視爲具有能量的微小、一維弦的數學理論。量子重力的候選理論。

temperature 溫度

系統中增加一個位元的熵時的能量增加量。

tidal forces 潮汐力

由於重力強度的空間變化造成的扭曲力。

tunneling 穿隧

一種量子力學現象，是指一個

粒子帶有的能量，即使在古典力學中不足以穿過某個勢壘，但在量子力學中卻有機會穿過。

ultraviolet radiation 紫外輻射
波長比可見光稍微短一些的電磁波。

UV
紫外。常用來指非常小的大小。

viscosity 黏滯性
流體內部各層有相對運動時產生的摩擦力。

wavelength 波長
一個完整波形相鄰兩波峰間的距離。

white dwarf 白矮星
質量沒比太陽大多少的恆星的最後階段。

world line 世界線
粒子在時空中的軌跡。

X-rays X 射線
波長比紫外輻射稍微短些，但沒有伽瑪射線那麼短的電磁波。

zero point motion 零點運動
由於測不準原理，量子系統中永遠不可能去除的殘餘運動。又稱量子抖動（quantum jitter）。

關於作者

李奧納德·瑟斯坎是史丹佛大學理論物理學布洛赫（Felix Bloch）講座教授，美國國家科學院（NAS）和美國人文與科學學院（AAAS）院士，著有《宇宙的地景》（*The Cosmic Landscape*）。

黑洞戰爭
我與史蒂芬・霍金的理論之戰
力保量子力學安全無虞

作　　者：李奧納德・瑟斯坎
翻　　譯：畢馨云
主　　編：黃正綱
資深編輯：魏靖儀
美術編輯：吳立新
圖書版權：吳怡慧

發 行 人：熊曉鴿
總 編 輯：李永適
發行副總：鄭允娟
印務經理：蔡佩欣
圖書企畫：林祐世

出 版 者：大石國際文化有限公司
地 址：新北市汐止區新台五路一段97號14樓之10
電 話：（02）2697-1600
傳 真：（02）8797-1736
印 刷：群鋒企業有限公司

2024年（民113）8月初版二刷
定價：新臺幣 699 元／港幣 233 元

ISBN：978-626-98271-4-5（平裝）
＊本書如有破損、缺頁、裝訂錯誤，請寄回本公司更換

總代理：大和書報圖書股份有限公司
地址：新北市新莊區五工五路2 號
電話：（02）8990-2588
傳真：（02）2299-7900

國家圖書館出版品預行編目（CIP）資料

黑洞戰爭：我與史蒂芬・霍金的理論之戰 力保量子力學安全無虞 / 李奧納德・瑟斯坎 作；畢馨云 翻譯. -- 初版. -- 新北市：大石國際文化，民113.2　512頁；14.8 x 21.5公分
譯自：The black hole war : my battle with Stephen Hawking to make the world safe for quantum mechanics.

ISBN 978-626-98271-4-5(平裝)

1.CST: 霍金(Hawking, Stephen, 1942-2018)
2.CST: 量子力學 3.CST: 物理學 4.CST: 黑洞

331.3　　113000535

Original Title: The Black Hole War: My Battle with Stephen Hawking to Make The World Safe for Quantum Mechanics